高等职业教育（本科）机电类专业系列教材

AutoCAD 工程制图实用教程

（2024 版）

主　编　王丽敏　张建巧
副主编　赵　丹　唐佳佳　吕会敏
参　编　陈宇轩　陈荣强　高英敏
　　　　蒲筠果　计小辈
主　审　杨老记

机械工业出版社

本书是在"十二五"职业教育国家规划教材《AutoCAD 2013（中文版）工程制图实用教程》的基础上，依照 AutoCAD 2024（中文版）软件重新编写的。

本书根据认知规律和工程实际编排内容。本书在密切结合工程制图实际的基础上，以高效绘制机械工程图样为主线，针对 AutoCAD 软件在机械工程图样绘制中的应用来编写。全书根据工程图样的复杂程度，设置初识 AutoCAD 2024、绘制单面图形、绘制多面图形、绘制零件图和绘制装配图 5 个学习模块，每个模块又设置难度递进的学习任务，以掌握 Auto-CAD 2024 软件的各种命令。每个模块以知识点导图的形式展示出所包含的命令，方便学习者针对性学习。每个学习任务选取典型的机械工程图样作为载体，以完成图样绘制够用的绘图命令组成学习内容，使学习者在每个任务的学习过程中均能体验一个完整的绘图流程。

本书注重介绍 AutoCAD 2024 新功能，注重在工程图样绘制中利用 AutoCAD 2024 的新功能提高绘图效率。同时，本书还注重介绍 AutoCAD 命令的应用技巧，以及各命令的综合应用，并配以实例说明，以期学习者能快速掌握。

本书可作为高等职业院校本科及专科层次机械类及近机械类专业的教材，也可用作相关从业人员自学用书及参考书。

本书配套教学资源丰富。每个学习任务均配有操作视频、PPT、拓展练习。操作视频是书中所有学习任务的完整操作过程，以二维码的形式插入书中；PPT 中包含书中所有学习任务下的命令按钮并配以文字描述；拓展练习为学习者提供提升自我能力的途径，为各层次的学习者提供全面的 AutoCAD 软件学习帮助。凡选用本书作为教材的教师，可登录机械工业出版社教育服务网（http://www.cmpedu.com），注册后免费下载相关资源。

图书在版编目（CIP）数据

AutoCAD 工程制图实用教程：2024 版 / 王丽敏，张建巧主编. -- 北京：机械工业出版社，2025.8.
（高等职业教育（本科）机电类专业系列教材）. -- ISBN 978-7-111-78623-8

Ⅰ. TB237

中国国家版本馆 CIP 数据核字第 20252P5T38 号

机械工业出版社（北京市百万庄大街 22 号　邮政编码 100037）
策划编辑：于奇慧　　　　　　　责任编辑：于奇慧
责任校对：梁　园　刘雅娜　　　封面设计：马精明
责任印制：邓　博
北京中科印刷有限公司印刷
2025 年 9 月第 1 版第 1 次印刷
184mm×260mm · 14.25 印张 · 349 千字
标准书号：ISBN 978-7-111-78623-8
定价：45.00 元

电话服务　　　　　　　　　　网络服务
客服电话：010-88361066　　　机　工　官　网：www.cmpbook.com
　　　　　010-88379833　　　机　工　官　博：weibo.com/cmp1952
　　　　　010-68326294　　　金　书　网：www.golden-book.com
封底无防伪标均为盗版　　机工教育服务网：www.cmpedu.com

前　言

AutoCAD 是 Autodesk 公司开发的计算机辅助设计软件，具有使用方便、体系结构开放、功能强大和易于掌握等特点，能够对平面或三维图形进行绘制、标注、渲染及打印输出图样等，深受广大工程技术人员的欢迎，在机械、建筑、电气、化工、广告、服装等行业有较广泛的应用。

随着版本的不断升级，AutoCAD 的功能不断增强并日趋完善，其操作和应用将进一步向智能化方向发展。AutoCAD 2024 是目前最新版本，也是功能最强大的版本，本书以此版本为基础进行编写。

本书主要借助 AutoCAD 2024 软件研究机械图样的绘制和管理，面向高等职业院校学生和有意愿掌握计算机绘图技能的技术人员，培养利用 CAD 软件进行二维图形绘制和管理的能力。本书以培养技术应用型、务实型人才为目的，并结合素质要求培养学生严谨细致、一丝不苟、善于团结协作的工作作风，以及独立思考和创新性的思维方法。

本书的主要特点如下：

1. 注重职业能力培养

本书深入贯彻党的二十大精神，以立德树人为根本任务，以培养学生数字化、智能化综合设计职业能力为中心，注重高效、完整、合规地绘制图样，每项任务均以分析图样开篇，锻炼和培养学生分析和绘制图样的能力，为培养卓越工程师、大国工匠、高技能人才奠定基础。

2. 模块化知识体系

本书按照机械类专业教学标准的要求，以职业能力为导向，基于教学目标和学习者认知规律，以企业真实项目案例为依据，融合机械工程制图 1+X 证书对二维工程图的标准要求，采用任务链小步快进方式搭建由浅入深、循序渐进的模块化知识体系，共设置 5 个学习模块，并在每个模块中又设置若干有代表性的学习任务。

3. 任务链式内容安排

本书采用任务导向并按照从简单到复杂的顺序安排学习任务。完成一个完整任务所涉及的知识点构成每个任务的学习内容。在每个任务的实施过程中，始终将学习者置于"工作"的氛围中，通过实例学习二维绘图过程中的各类绘图命令、编辑命令、尺寸标注、图块、文本和表格、辅助绘图工具等知识，同时掌握 AutoCAD 2024 的使用方法和编辑技巧。

4. 资源充沛，案例丰富

各模块和任务中配有各环节操作视频，便于学习者自学及快速掌握。此外本书还提供多种类型的拓展练习，可供不同接受能力的学习者有选择地自主练习。

了解 AutoCAD 并不难，精通它则很不易。要想应用 AutoCAD 高速度、高质量地绘图，必须非常熟悉 AutoCAD 的操作，做大量的绘图练习。因此，希望学习者细心研读，练习每一章的习题或有代表性的工程图。同时特别注意细心体会，总结经验，琢磨技巧。通过足够的实践，AutoCAD一定会成为您得心应手的绘图工具。

本书的编写分工为：王丽敏、高英敏编写模块一、二，唐佳佳、蒲筠果编写模块三，张建巧、陈荣强、计小辈编写模块四，赵丹、吕会敏、陈宇轩编写模块五。例题和相关操作视频分别由王丽敏、唐佳佳、张建巧和赵丹制作。随书PPT由陈荣强、吕会敏和陈宇轩制作。本书由王丽敏、张建巧任主编，并负责全书统稿，由杨老记主审。

由于编者水平有限，书中难免存在疏漏和不当之处，恳请读者批评指正。

编　者

目 录

初识 AutoCAD 2024

AutoCAD 是目前市场上主流的计算机辅助设计软件之一，它在机械、建筑、电气、化工、广告、服装等行业有较广泛的应用。

本模块知识点如图 1-1 所示。

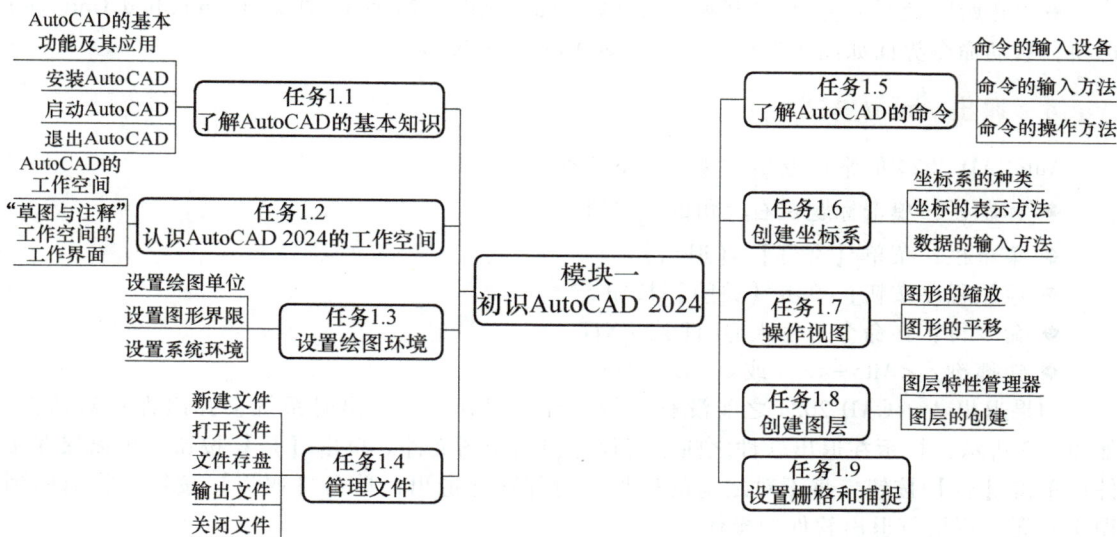

图 1-1　模块一知识点导图

任务 1.1　了解 AutoCAD 的基本知识

1.1.1　AutoCAD 的基本功能及其应用

AutoCAD（Autodesk Computer Aided Design）是 Autodesk 公司开发的计算机辅助设计软件，随着版本的升级，其功能不断增强并日趋完善。AutoCAD 具有使用方便、体系结构开放、功能强大和易于掌握等特点，能够对平面或三维图形进行绘制、标注、渲染及打印输出图样等，深受广大工程技术人员的欢迎。本书只介绍二维平面图形的相关内容。AutoCAD 的基本功能有图形的绘制与编辑、尺寸标注、图形显示控制、图形的输出与打印，以及二次开发等。

了解 AutoCAD
的基本知识

AutoCAD 具有良好的用户界面，通过交互菜单或命令行方式可进行各种操作。AutoCAD

已成为常用的设计工具和设计手段之一，被广泛应用于机械制造、土木建筑、装饰装潢、电子工业、服装加工等领域。

1.1.2　安装 AutoCAD

安装 AutoCAD 2024 需确保计算机满足最低系统需求，如果系统不满足这些需求，安装或运行 AutoCAD 2024 可能会出现问题。AutoCAD 2024 的安装过程会自动检测 Windows 操作系统是 32 位还是 64 位版本。不能在 32 位系统上安装 64 位版本，反之亦然。

1.1.3　启动 AutoCAD

AutoCAD 2024 的常用启动方法有以下两种。

◆ 鼠标直接双击桌面快捷方式：AutoCAD 2024 安装后会在桌面上生成一个快捷方式，双击快捷方式即可启动 AutoCAD 2024。

◆ "开始" 菜单：单击 "开始" 菜单→AutoCAD 2024-简体中文（Simplified Chinese）选项，启动命令界面如图 1-2 所示，将启动 AutoCAD 2024。

1.1.4　退出 AutoCAD

AutoCAD 2024 的常用退出方法有以下几种。

◆ 标题栏：单击标题栏右上角的 ✕ 按钮。

◆ 菜单栏：菜单【文件】→【退出】。

◆ 应用程序按钮：单击【关闭】按钮。

◆ 命令行：在命令行输入 QUIT 或 EXIT。

◆ 快捷键：<Alt>+<F4>或<Ctrl>+<Q>。

如果退出 AutoCAD 2024 之前没有进行文件的保存，在退出时系统会弹出提示对话框，如图 1-3 所示，提示在退出软件之前是否保存当前绘图文件。单击【是】按钮，可以保存文件；单击【否】按钮，将不对之前的操作进行保存并退出；单击【取消】按钮，将返回到操作界面，不执行退出软件的操作。

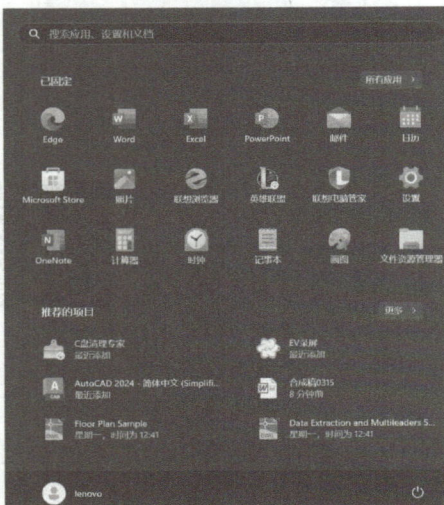

图 1-2　AutoCAD 2024 启动命令界面

图 1-3　提示对话框

任务1.2　认识AutoCAD 2024的工作空间

1.2.1　AutoCAD的工作空间

AutoCAD 2024中文版的工作界面随工作空间的不同而有所区别。AutoCAD 2024包含以下3种工作空间。

◆ "草图与注释"：服务于二维平面图形绘制所需的各种功能。

◆ "三维基础"和"三维建模"：主要针对三维图形绘制，本书不赘述。

认识AutoCAD 2024 的工作空间

启动AutoCAD 2024后，系统默认显示的是"草图与注释"工作空间界面。在快速访问工具栏右侧的工作空间切换下拉列表 草图与注释 中可实现工作空间的切换，如图1-4所示。

1.2.2　"草图与注释"工作空间的工作界面

默认情况下，启动AutoCAD 2024后首先显示"开始"窗口，如图1-5所示。可分别选择"打开"或"新建""最近使用的项目"等内容。

◆ "打开"：打开文件或打开图纸集或联机获取更多样板或了解样例图形。

◆ "新建"：用来新建图纸文件。

◆ "最近使用的项目"：打开最近使用的文档。

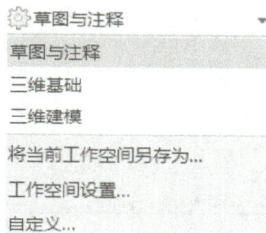

图1-4　工作空间的切换

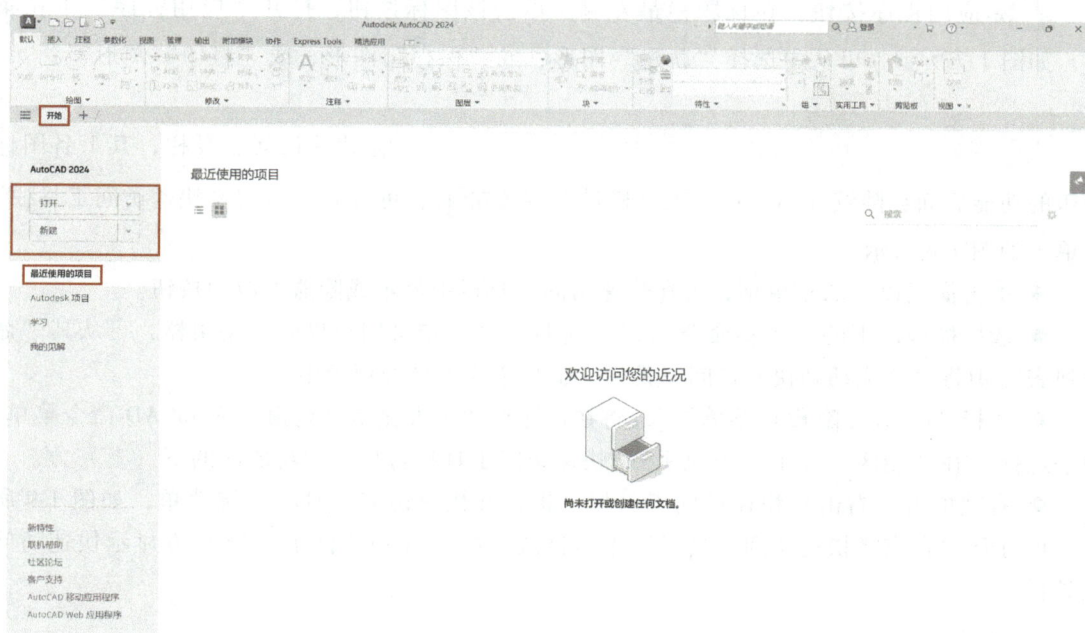

图1-5　"开始"窗口

单击"新建"，系统进入 AutoCAD 2024 工作界面的"草图与注释"工作空间，如图 1-6 所示。下面分别介绍"草图与注释"工作空间各个部分的作用。

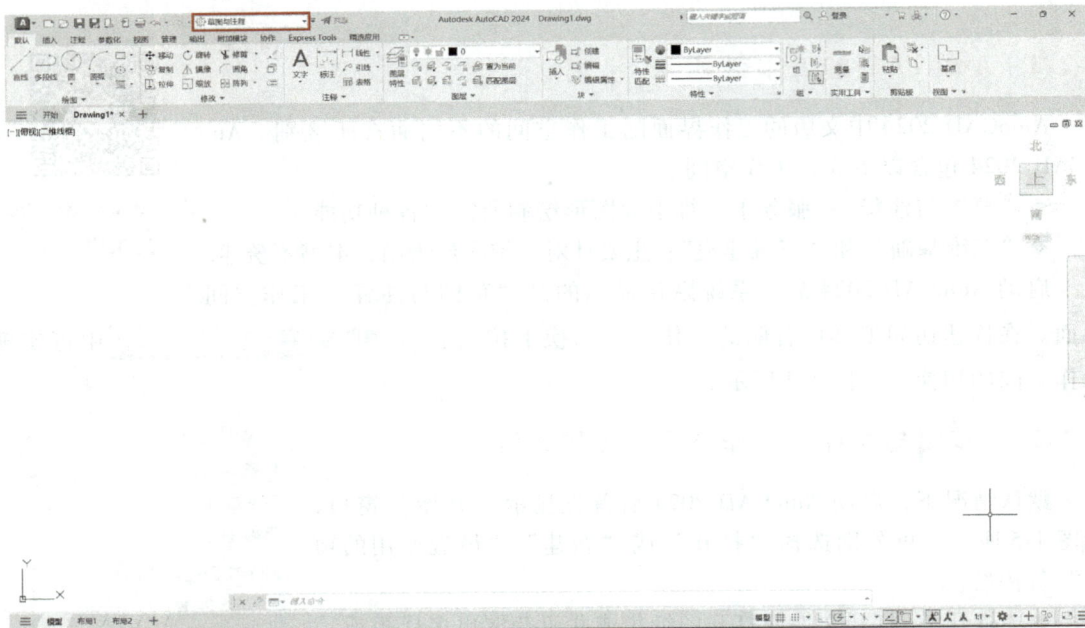

图 1-6 "草图与注释"工作空间

1. 应用程序按钮

是应用程序按钮，在标题栏最左侧。单击该图标按钮，打开"应用程序"下拉菜单，如图 1-7 所示，可从中选择"新建"图形，或"保存"图形，或"打印"图形等。

2. 快速访问工具栏

是快速访问工具栏，其上各图标按钮的功能后面会陆续介绍。单击工具栏最右侧按钮，可打开"自定义快速访问工具栏"菜单，如图 1-8 所示。

◆ 单击横线以上的菜单项，可在快速访问工具栏中显示或隐藏相应的按钮。

◆ 选择横线以下的"更多命令..."，将打开"自定义用户界面"编辑器，可从其"命令列表"中将命令拖动到快速访问工具栏、工具栏或工具选项板中。

◆ 选择"显示（隐藏）菜单栏"，将在标题栏的下方显示（隐藏）AutoCAD 命令菜单。如果选择"在功能区下（上）方显示"，快速访问工具栏将显示在功能区的下（上）方。

◆ 右键单击（右击）快速访问工具栏，将打开快速访问工具栏右键菜单，如图 1-9 所示。可打开"自定义快速访问工具栏"编辑器或选择"在功能区下（上）方显示快速访问工具栏"。

3. 标题栏

标题栏位于工作界面的最上面一行，其内容及含义见表 1-1。

图 1-7 "应用程序"下拉菜单

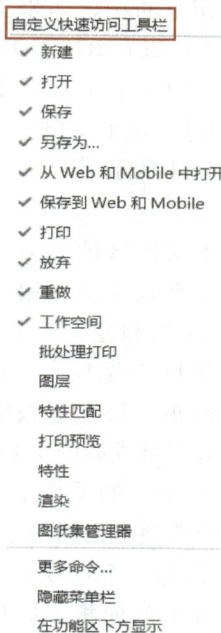

图 1-8 "自定义快速访问工具栏"菜单

表 1-1 标题栏的组成

序号	图标或文字	含义
1	Autodesk AutoCAD 2024 Drawing1. dwg	AutoCAD 的版本信息和当前正在处理的图形文件的名称
2	键入关键字或短语 登录	关于 AutoCAD 帮助及在线服务的文字框和按钮
3		AutoCAD 窗口的"最小化""最大化"和"关闭"按钮

4. 菜单栏

菜单栏位于标题栏的下方，为下拉式菜单，其中包含了相应的子菜单，如图 1-10 所示。菜单栏涵盖了所有的绘图命令和编辑命令。

图 1-9 快速访问工具栏右键菜单

图 1-10 菜单栏

下拉菜单使用注意事项：

◆ 菜单项后面跟有 "…" 符号的，表示选中该菜单项时将会弹出一个对话框。

◆ 菜单项右边有小三角符号 ＞ 的，表示该菜单项有一个子菜单。

◆ 可使用热键快捷地打开下拉菜单，即<Alt>键+菜单名称中括号内的字母。

5. 工具栏

工具栏是一组图标型工具的集合，其中每个图标都形象地显示该工具的作用。在 "草图与注释"工作空间中，如果不显示工具栏，可通过下列方法显示所需工具栏。

在菜单栏中单击【工具】→【工具栏】→【AutoCAD】，在子菜单中选择所需的工具栏，如图 1-11 所示。

6. 功能区

功能区位于绘图区的上方，是菜单栏和工具栏的主要替代工具，用于显示与工作空间关联的按钮和空间，如图 1-12 所示。功能区包含 11 个选项卡，每个选项卡中包含若干个面板，每个面板中包含许多命令按钮，其基本组成如图 1-13 所示。

◆ 选项卡：不同的工作空间，选项卡也不同，亮显的选项卡是当前选项卡。

◆ 面板：在每一个选项卡中，有若干个按操作功能分类的面板，面板可能包括命令按钮、控件工具（如系统变量按钮、下拉列表、文字框、滑块滑条等）。

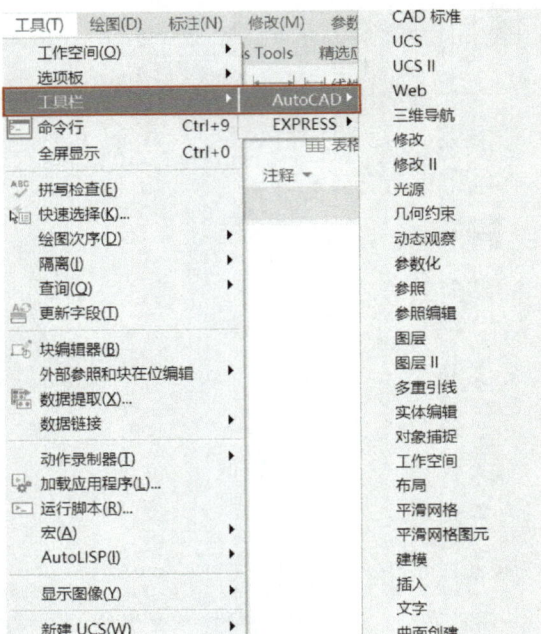

图 1-11 "工具栏"子菜单

图 1-12 功能区

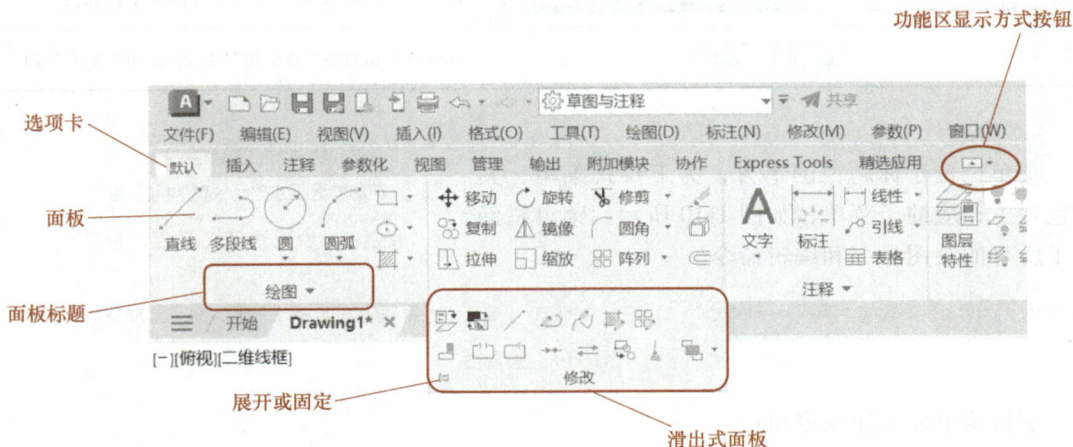

图 1-13 功能区的组成

◆ 功能区显示方式按钮 ⬛ ▾：在功能区选项卡的右侧，单击按钮 ▾，将打开下拉菜单，每一个菜单项是一种功能区状态，当前状态前面有 "✓"。该下拉菜单中有以下四种功能区状态。

"最小化为选项卡"：功能区仅显示选项卡标题。

"最小化为面板标题"：功能区显示选项卡和面板标题。

"最小化为面板按钮"：功能区显示选项卡标题和面板按钮。

"循环浏览所有项"：按顺序循环浏览所有四种功能区状态，即完整的功能区、最小化为面板按钮、最小化为面板标题、最小化为选项卡。

◆ 滑出式面板：每一个选项卡中有若干个面板，在面板的下方是面板标题，如果标题后有向下的箭头▼（如 修改 ▼），该面板还有滑出式面板。单击面板的标题，可以展开滑出式面板，以显示同类功能的其他命令按钮或控件等。若要使滑出式面板处于展开状态，单击滑出式面板左下角的图标—📌，使其成为 🔘。再单击 🔘，使其成为—📌，滑出式面板恢复默认设置。

7. 绘图区

绘图区是用户显示、绘制和修改图形的工作区域，是十字光标活动的区域。默认情况下，绘图区的右上角是ViewCube（视图立方），右边有"导航栏"，绘图区的左上角的三个方括号 [−][俯视][二维线框]，分别是视口控件、视图控件和视觉样式控件。在绘图区中除了显示当前的绘图结果外，还显示当前使用的坐标系，坐标原点，X轴、Y轴、Z轴的方向及导航栏等。

8. 命令行与文本窗口

命令行位于绘图区的下方，是用户输入命令及AutoCAD显示提示符和信息的地方，如图1-14所示。不执行任何命令时，命令行窗口的最下面一行显示灰色字体"键入命令"。在执行某一命令时，命令行和绘图区中会显示提示信息，提示用户当前的操作状态。使用过程中的注意事项如下：

× 🔧 / ▼ LINE 指定第一个点：

图 1-14 命令行

◆ 单击命令行窗口的"关闭"按钮 ✖，可随时隐藏命令行窗口。

◆ 单击菜单栏中的【工具】→【命令行】，或按<Ctrl>+<9>组合键，可隐藏或打开命令行窗口。

◆ 按<F2>功能键，可打开或关闭"AutoCAD文本窗口"，也可查看以前执行过的命令。

9. 状态栏

状态栏（也称为状态行）位于屏幕的最下方，主要反映当前的工作状态，如图1-15所示。

模型 ⊞ ⬚ ▼ ∟ ⌖ ▼ ⌅ ▼ ∠ ▼ ✕ ✕ ✕ 1:1 ▼ ⚙ 草图与注释 ▼ ✛ 🔲 🔳 ≡

图 1-15 状态栏

状态栏中主要包括坐标区、绘图辅助工具、快速查看工具、注释工具和工作空间工具等。无论工具按钮是哪一种形式，当光标悬停在一个按钮上时，会提示该按钮的名称。在后面讲解绘图工具按钮时，按图标形式叙述。

任务 1.3　设置绘图环境

为保证绘制图形文件的规范性和准确性，在绘图之前应对绘图环境进行设置。

设置绘图环境

1.3.1　设置绘图单位

在用 AutoCAD 绘制一幅新图时，所采用的计数制及其精度、角度制及其精度、角度的度量方向等，一般采用 AutoCAD 的默认设置。如果需要修改，可通过菜单"单位"命令和UNITS 命令来设置。

◆ 菜单栏：【格式】→【单位】。
◆ 命令行：UNITS ↙或 DDUNITS ↙或 UN ↙。

操作实例：设置如下绘图单位：长度单位：毫米，精度：0.0000；角度单位类型：十进制，精度：0；方向：设置"东"为 X 轴正向。

➢ 命令行输入：UNITS ↙；
➢ 系统弹出图 1-16 所示的"图形单位"对话框；
➢ 在"图形单位"对话框中，"长度类型"选择"小数"，"长度精度"选择"0.0000"；
➢ 在"图形单位"对话框中，"角度类型"选择"十进制度数"，"角度精度"选择"0"；
➢ 单击"图形单位"对话框下方的【方向】按钮，系统弹出图 1-17 所示的"方向控制"对话框，选中"东"，单击【确定】按钮，完成设置。

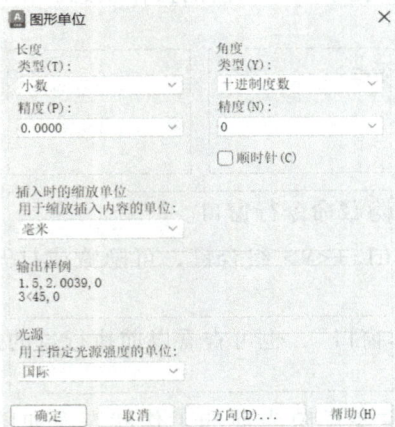

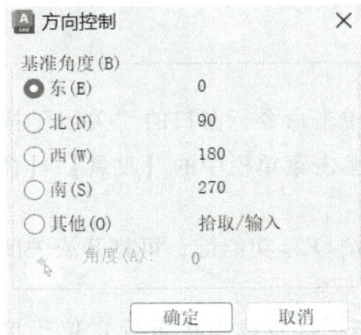

图 1-16　"图形单位"对话框	图 1-17　"方向控制"对话框

1.3.2　设置图形界限

图形界限是在绘图空间中一个假象的矩形绘图区域，标明用户的工作区域和图纸的边界，从而可以避免所绘制的图形超出该边界。设置图形界限的方式如下。

◆ 菜单栏：【格式】→【图形界限】。
◆ 命令行：LIMITS ↙。

要注意的是，在绘图过程中，图形界限可随时改变。

操作实例：设置 A3 幅面的图形界限。

➤ 命令行输入：LIMITS↙；

➤ LIMITS 指定左下角点或［开（ON）关（OFF）］<0.0000,0.0000>：（输入 0,0）↙；

➤ LIMITS 指定右上角点：（输入 420,297）↙。

1.3.3 设置系统环境

作为一个开放的绘图平台，AutoCAD 为用户提供便捷的系统环境设置的选项，可以设置绘图区域的背景、文件保存等属性，"选项"对话框如图 1-18 所示。系统环境设置的方式如下。

◆ 菜单栏：【工具】→【选项】。

◆ 命令行：OPTIONS（OP）↙。

◆ 快捷键：在没有执行命令，也没有选择任何对象的情况下，在绘图区单击鼠标右键，在弹出的快捷菜单中选择【选项】。

通过"选项"对话框，可以对"文件""显示""打开和保存"和"系统"等选项卡进行设定。

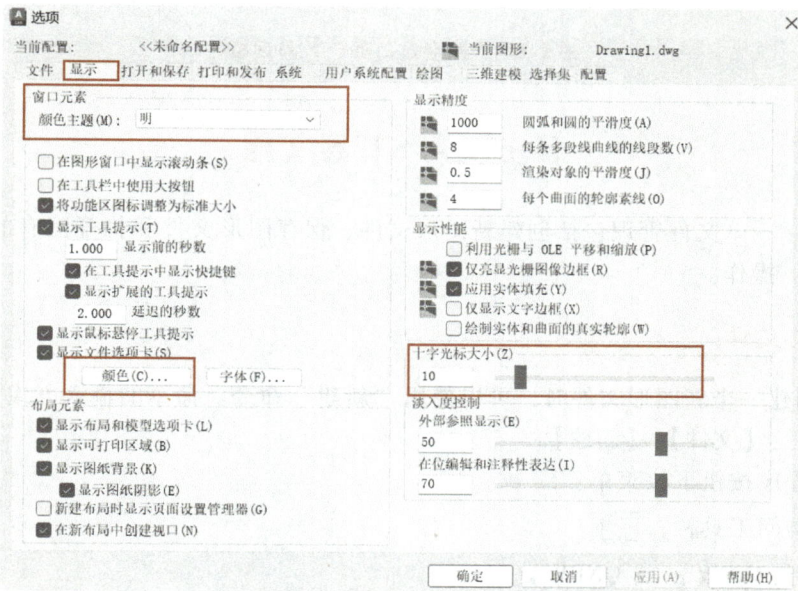

图 1-18 "选项"对话框

操作实例：在 A3 图纸幅面的绘图文件中，设置绘图区域背景为白色，窗口元素设置为白色；十字光标的大小设为 10。

➤ 命令行输入：OPTIONS（OP）↙；

➤ 在弹出的图 1-18 所示"选项"对话框中，"窗口元素"的"颜色主题"选择"明"；

➤ 在"选项"对话框中单击【颜色】按钮，系统弹出图 1-19 所示的"图形窗口颜色"对话框；在右侧"颜色"下拉列表中选择"白"，单击下方的【应用并关闭】按钮，返回"选项"对话框；

➢ 在"选项"对话框右侧的"十字光标大小"下面的文字框中输入"10"；

➢ 单击【确定】按钮，完成设置。

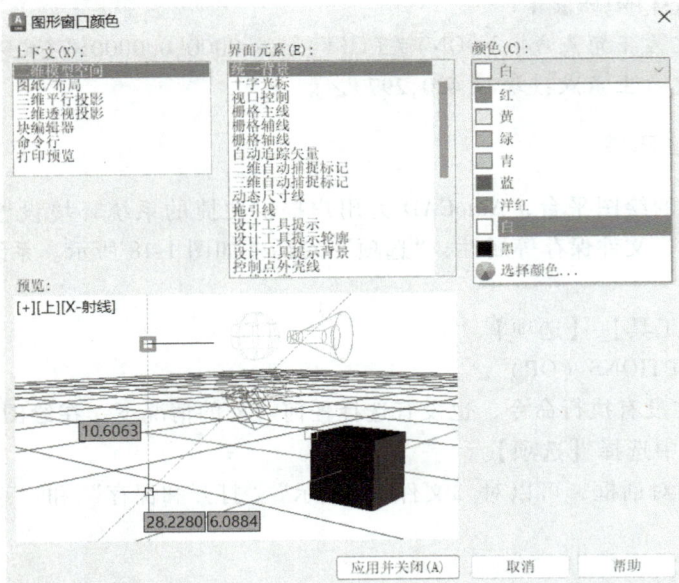

图1-19 "图形窗口颜色"对话框

任务 1.4 管理文件

管理文件

文件管理包括创建新图形文件、保存图形文件和打开已有的图形文件等操作。

1.4.1 新建文件

当需要创建一个新图形文件时，可以使用"新建"命令。命令的输入方式如下。

◆ 菜单栏：【文件】→【新建】。

◆ 应用程序按钮下拉菜单：⬚ 新建。

◆ 快速访问工具栏：⬚。

◆ 命令行：NEW↙ 或 QNEW↙。

◆ 快捷键：<Ctrl>+<N>。

命令输入后，弹出"选择样板"对话框，如图1-20所示，这是一个标准文件选择对话框。对话框左边是文件位置列表，中间是文件列表区，列出了当前文件夹或驱动器下的文件夹和文件。

"选择样板"对话框的各项内容解释如下：

◆ 位置列表：默认的图标有"历史记录""文档""桌面"等，其功能是提供对预定义文件位置的快速访问。

◆ "查找范围"下拉列表：显示当前文件夹或驱动器。单击下拉列表或其右侧的按钮

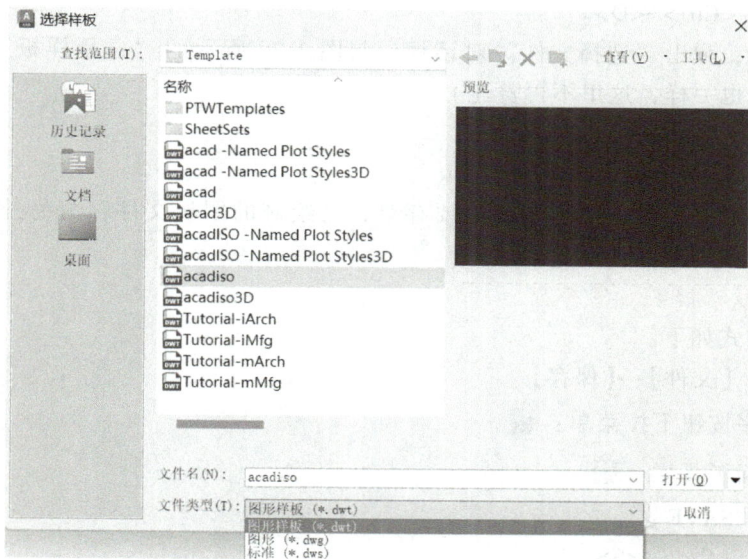

图 1-20　"选择样板"对话框

![图标]，可查看文件夹路径的层次结构并浏览路径树、其他驱动器、网络连接、FTP 位置或 Web 文件夹。

◆ ![图标] 按钮：用来返回到上一个文件列表区。

◆ ![图标] 按钮：用来回到当前路径的上一级。

◆ ![图标] 按钮：用来删除选定文件或文件夹。

◆ ![图标] 按钮：用来在当前路径中创建一个新文件夹。

◆ 查看(V) ·下拉列表：用来控制文件列表区的文件或文件夹的显示方式。

◆ 工具(L) ·下拉列表：用来提供用于选择文件的工具等。

◆ 文件列表区：显示位于当前的路径并属于选定文件类型的文件和文件夹。

◆ "预览"区：显示选定文件的缩微预览图像。如果未选择文件，则"预览"区域为空。

◆ "文件名"文本框：显示在文件列表中选中的文件的名称。也可在"文件名"文本框中直接键入文件的路径和文件名后，单击【打开】按钮打开文件。

◆ "文件类型"下拉列表：从中选择文件的类型。

1.4.2　打开文件

已保存的图形文件需要再次打开时，使用"打开"命令。命令的输入方式如下。

◆ 菜单栏：【文件】→【打开】。

◆ 应用程序按钮下拉菜单：![图标]。

◆ 快速访问工具栏：![图标]。

◆ 命令行：OPEN↙。

◆ 快捷键：<Ctrl>+<O>。

命令输入后，弹出"选择文件"对话框，与图 1-20 所示的"选择样板"对话框一样，大部分操作方式也一样，这里不再赘述。

1.4.3　文件存盘

绘制的新图形要存盘，图形修改后要存盘，已绘制的图形文件存为另外的名字也要存盘。AutoCAD 提供以下几种存盘方式。

1. 将新图形以指定名字存盘

命令输入方式如下。

◆ 菜单栏：【文件】→【保存】。

◆ 应用程序按钮下拉菜单： 🖫 。

◆ 快速访问工具栏： 🖫 。

◆ 命令行：SAVE ↙ 。

◆ 快捷键：<Ctrl>+<S>。

2. 将图形另存盘

命令输入方式如下。

◆ 菜单栏：【文件】→【另存为】。

◆ 应用程序按钮下拉菜单： 🖫 。

◆ 快速访问工具栏： 🖫 。

◆ 命令行：SAVEAS ↙ 。

◆ 快捷键：<Ctrl>+<Shift>+<S>。

命令输入后，弹出"图形另存为"对话框。对话框的大部分功能和操作方法与新建文件的"选择样板"对话框中一样，不再详述。

3. 自动存盘

"自动保存文件位置"是 AutoCAD 按设定的时间间隔自动保存文件的路径。用户可以在"选项"对话框的"打开和保存"选项卡中设置"自动保存"的间隔分钟数，如图 1-21 所示。如果设置了"自动保存"，一旦因停电等原因造成关机，不至于使所绘制的图形全部丢失。待重新开机后，再从该文件夹中找出 AutoCAD 自动保存的文件，并将其扩展名改为".dwg"后，所绘制的图形即可被打开。

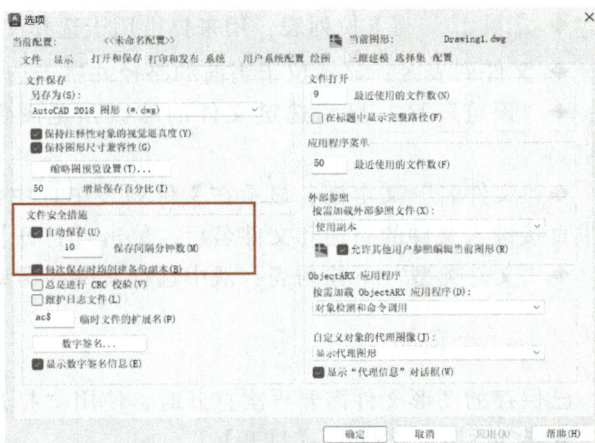

图 1-21　自动保存设置

1.4.4　输出文件

为适应在其他程序软件中的编辑需要，可输出的文件格式如图 1-22 所示。在 AutoCAD

中可以通过下列方法输出文件。

◆ 菜单栏：【文件】→【输出】。

◆ 应用程序按钮下拉菜单： 。

◆ 功能区："输出"选项卡→"输出"面板→"输出"
按钮。

◆ 命令行：EXPORT ↙。

1.4.5　关闭文件

关闭当前图形文件的命令输入方式如下。

◆ 菜单栏：【窗口】→【关闭】。

◆ 应用程序按钮下拉菜单： 。

◆ 命令行：CLOSE ↙。

◆ 绘图窗口： ✖ 按钮。

图 1-22　输出的文件格式

通常最常用的方法是单击绘图窗口的"关闭"按钮。

AutoCAD 可同时处理多个图形文件，如果所有文件都要关闭，但又不想退出 AutoCAD，则可以使用"全部关闭"命令，命令输入方式如下。

◆ 菜单栏：【窗口】→【全部关闭】。

◆ 应用程序按钮下拉菜单：

◆ 命令行：CLOSEALL ↙。

在关闭文件时，对于修改后未保存的文件，AutoCAD 将弹出"是否将改动保存到……"的警告框，如图 1-3 所示，具体操作不再赘述。

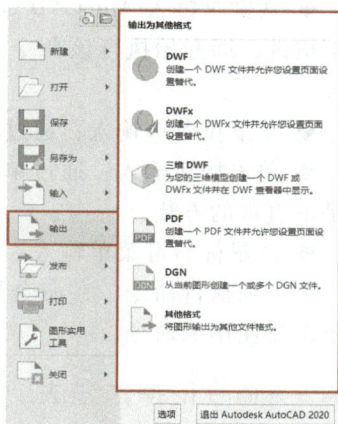

任务 1.5　了解 AutoCAD 的命令

AutoCAD 是人-机交互式软件。用 AutoCAD 绘图时，多数情况是用户输入命令，要求计算机做什么，计算机询问用户该怎么做或通过哪种方法做（此时，在命令行或光标旁出现动态命令提示，也可能屏幕出现对话框……），用户再告诉计算机做的方式方法（通过键盘或鼠标回答命令行提示或对话框……），整个过程是人与计算机的对话过程。

了解 AutoCAD
的命令

1.5.1　命令的输入设备

AutoCAD 的输入设备有键盘、鼠标及数字化仪，通常是键盘和鼠标。

鼠标用于控制 AutoCAD 的光标和屏幕指针。当处于绘图区内时，AutoCAD 的光标为"十"字线形，通过"选项"对话框中"显示"选项卡中的"十字光标大小"选项，可设置十字光标的大小；当鼠标指针处于菜单、工具栏或对话框内时，则显示为一个箭头 ↖。

1.5.2　命令的输入方法

AutoCAD 命令的输入方法有下面几种。

◆ 从键盘键入 AutoCAD 命令：从键盘键入命令的字符串，然后按<Enter>键（回车）或空格键，即开始执行该命令。熟记常用命令的缩写再结合回车或空格键，可加快命令的输入。

◆ 从下拉菜单输入：通过单击下拉菜单的菜单项后输入 AutoCAD 命令。

◆ 单击按钮输入：通过单击工具按钮或单击功能区面板上的按钮输入 AutoCAD 命令，这是最直观的方法。

◆ 从鼠标右键菜单输入：在绘图区右击，会弹出相应的右键快捷菜单，从菜单中选择相应菜单项执行命令。在命令行窗口右击，打开右键菜单，从"最近使用的命令"子菜单中单击要使用的命令。

1.5.3　命令的操作方法

1. 命令行输入方法

命令输入后，人与计算机的对话过程可在命令行执行，在命令后将提示下一步如何操作。一般提示输入点、输入参数、选择对象或选择其他选项等，待回答了这步提示，或者结束命令，或者执行下一步操作。

下面以直线命令 LINE 为例说明命令在命令行的操作方法。

命令：LINE ↙　　　　　　　　　　　（输入直线命令）

指定第一个点：（输入第一点）　　　　　（开始回答命令行提示）

指定下一点或［放弃(U)］：（输入第二点画出直线的第一段，或选择放弃(U)放弃第一点）

指定下一点或［放弃(U)］：（输入第三点画出直线的第二段，或选择放弃(U)放弃第一段）

指定下一点或［闭合(C)/放弃(U)］：（输入第四点画出直线的第三段，或选择放弃(U)放弃第二段，或选择闭合(C)使第三段的终点与第一段的起点重合且结束命令，否则继续提示）

指定下一点或［闭合(C)/放弃(U)］：

……

说明：这里"LINE"是命令，"↙"表示回车确认，加阴影的楷体字是命令行提示，加括号的斜体字是对提示的回答。

命令行提示可能有三部分。

1）命令行提示的首选项：即"［　］"前面的内容，是应该首先考虑回答的提示选项。

2）命令行提示的其他选项：即"［　］"里的内容，选项间用分隔符 "/" 隔开。每个选项由文字和括号里的大写字母组成，大写字母是选择该选项的关键字；要选择该选项有以下两种方法：

◆ 从命令行键入该关键字后回车。

◆ 用鼠标单击该选项。

3）命令行提示的当前默认值或默认选项：有些命令的提示最后显示 "<×××>"，"<>" 内的内容即为该命令的当前默认值或默认选项（有些默认值或默认选项可修改）。若对提示直接回车，则执行默认值或默认选项。

2. 放弃当前命令

在命令执行过程中的任一环节，需要取消执行该命令时，可采用下列几种方法。

◆ 菜单栏：【编辑】→【放弃】。

◆ 快速访问工具栏：← 按钮。

◆ 命令行：UNDO ↙ 或 U ↙。

◆ 快捷键：<Ctrl>+<Z>。

3. 退出命令

在执行绘图操作过程中，完成一个命令后，不再需要执行该命令时，可以采用下列方法退出命令。

◆ 回车：按<Enter>键，但有时会重复执行上次的命令。

◆ 右键快捷菜单：在绘图区空白处单击鼠标右键，在弹出的快捷菜单中选择"确认"。

◆ 快捷键：<Esc>键。

4. 重复执行命令

绘图时若需重复执行同一个命令，可以通过下列方法启动重复执行命令。

◆ 快捷键：按<Enter>键（回车）或按空格键重复执行上次的命令。

◆ 右键快捷菜单：在绘图区空白处单击鼠标右键，在弹出的快捷菜单中选择"最近使用的命令"，可重复调用同一命令。

任务 1.6 创建坐标系

为了绘图更方便、更精确，AutoCAD 2024 提供了绘图坐标系和绘图工具。

创建坐标系

1.6.1 坐标系的种类

AutoCAD 2024 提供了两种坐标系：世界坐标系和用户坐标系。在画倾斜的图形时，灵活设置用户坐标系可方便绘图。

1. 世界坐标系

世界坐标系（World Coordinate System，简称 WCS）又称为通用坐标系，是一种绝对坐标系，不能被改变。使用世界坐标系时，图形中的点具有唯一的坐标（X，Y，Z），图形的生成及修改等都是在一个固定的坐标系中进行。

采用默认设置时，坐标系图标显示在绘图窗口左下角，X 轴与 Y 轴的交点处有一个"□"标志，表示当前正在使用的是世界坐标系，如图 1-23 所示。AutoCAD 2024 默认的世界坐标系是 X 轴正向水平向右，Y 轴正向竖直向上，Z 轴与屏幕垂直，其正向由屏幕向外。

2. 用户坐标系

用户坐标系（User Coordinate System，简称 UCS）是一种相对坐标系。如果坐标系的图标中没有"□"标志，表示当前正在使用用户坐标系，如图 1-24 所示，此时状态行显示的点的坐标是相对于该坐标系的坐标。

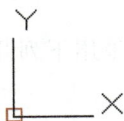

图 1-23 世界坐标系

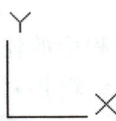

图 1-24 用户坐标系

根据用户的需要，可以随时建立新的坐标系，可以随时调用已有的坐标系，可以随时改变用户坐标系位置和方向。灵活地使用用户坐标系，可使绘图工作更方便。可以采用下列方法创建用户坐标系。

◆ 菜单栏：【工具】→【新建 USC】，如图 1-25 所示。

◆ 功能区："视图"选项卡→"坐标"面板→"USC"按钮。

◆ 命令行：USC ↙ 。

绘制二维图形时，常用的建立坐标系的方法见表 1-2。

随图形对象的不同，UCS 的原点、坐标轴的方向也不同，如图 1-26 所示。

对于圆，圆的圆心为新 UCS 的原点，新 UCS 的 X 轴通过拾取点。

对于圆弧而言，弧的圆心为新 UCS 的原点，新 UCS 的 X 轴通过距拾取点最近的弧的端点。

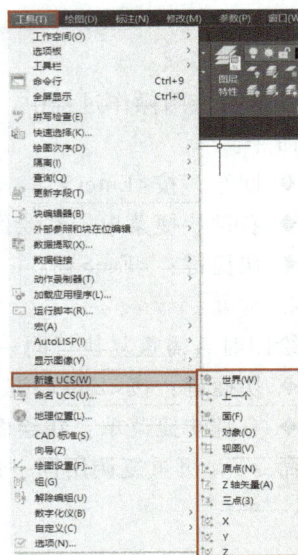

图 1-25 新建用户坐标系的方法

对于直线，新 UCS 的原点为线上距拾取点最近的直线的端点，X 轴过拾取点。

表 1-2 创建用户坐标系的方法

序号	图标	含义
1	世界（W）	用来恢复世界坐标系,由于恢复世界坐标系是用户坐标系命令的默认选项,键入 UCS 后回车两次即恢复世界坐标系
2	对象（O）	通过选择一个对象来定义新的坐标系,新坐标系的原点及 X 轴的正方向视不同对象而定,如图 1-26 所示
3	原点（N）	改变 UCS 的原点,保持 X 轴、Y 轴和 Z 轴方向不变
4	Z	原点不变,UCS 绕 Z 轴旋转一个角度,通过旋转角度创建用户坐标系

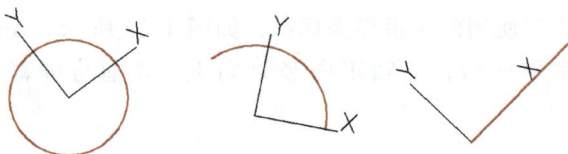

图 1-26 选择一个对象来定义新的坐标系

旋转角度可通过键盘键入角度，也可在屏幕上指定两点，由第一点到第二点的方向为 X 轴的方向。一旦用户坐标系旋转一个角度后，光标、栅格、捕捉、正交等都旋转相同的角度，如图 1-27 所示，这时将方便于倾斜图形的作图。

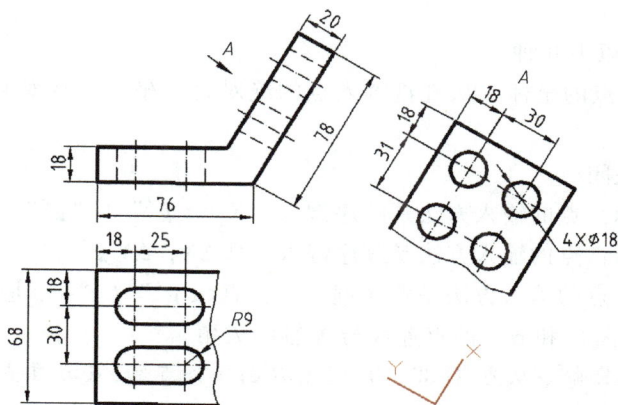

图 1-27　用户坐标系旋转

1.6.2　坐标的表示方法

无论绘制何种图形，都是在 AutoCAD 的坐标系中进行的，因此，有必要了解 AutoCAD 中坐标的表示方法。

1. AutoCAD 的三种坐标

在 AutoCAD 中绘制二维图形时，主要使用以下三种坐标来确定 XOY 平面内的点的位置。

◆ 绝对坐标：坐标值 X、Y 是相对于当前坐标系的坐标原点（0，0）的值。

◆ 相对坐标：以前一点作为参照点，坐标值分别是相对前一点沿 X 轴的位移量 ΔX 和沿 Y 轴的位移量 ΔY，而不是相对于坐标原点（0，0）的值。

◆ 相对极坐标：以前一点作为参照点，坐标值分别是两点之间的距离和两点连线与水平向右方向（X 轴）的夹角。

2. 状态栏中坐标的显示方式

在默认情况下，AutoCAD 在状态栏的左端以三个用逗号隔开的数字显示当前十字光标交点的位置。三个数字分别是直角坐标系的 X 轴、Y 轴和 Z 轴坐标值。实际上，坐标的显示有以下三种形式。

◆ 动态绝对直角坐标：这是默认形式。在这种形式下，随着光标的移动，坐标值（X，Y，Z）不断变动。

◆ 静态绝对直角坐标：在静态绝对直角坐标形式下，坐标值不随光标的移动而变化，只有输入点后坐标值才变化。

◆ 动态相对极坐标：在动态相对极坐标形式下，若没有命令执行，坐标值仍以绝对直角坐标的形式显示；一旦执行命令，随着光标的移动，坐标值以相对极坐标"距离<角度"的形式显示并不断变化，这种形式对要求角度时非常有用。

1.6.3　数据的输入方法

一些 AutoCAD 的命令行提示要求输入点的坐标数值。实际绘图时数据的输入方法有多种。了解数据输入方法，有益于命令的操作。

1. 点的输入

输入点的方法有以下几种。

（1）用键盘输入点的坐标　从键盘键入点的绝对直角坐标、相对直角坐标或相对极坐标的方法如下。

① 在动态输入关闭时。

◆ 绝对直角坐标：点的输入方法是顺序键入"X，Y↙"（"↙"是回车）。

◆ 相对直角坐标：点的输入方法是顺序键入"@ΔX，ΔY↙"。

◆ 相对极坐标：点的输入方法是顺序键入"@D<α↙"（"<"是角度符号），坐标值是 D（两点之间的距离）和 α（两点连线与 X 轴的夹角）。

操作实例：用 LINE 命令从点 A(80,90)到点 B 画一条直线，点 B 在点 A 右下方，点 A、B 的 X 和 Y 坐标各相差 20。

➢ 输入 LINE 命令后，根据提示从键盘键入"80,90↙"；

➢ 再键入"@20,-20↙"（或键入"100,70↙"）。

实际上，点 B 的绝对坐标为（100，70），相对于点 A 的相对坐标是（20，-20）。

操作实例：画直线 CD，点 C 为起点，点 D 距点 C 的距离为 60，CD 与 X 轴的夹角为45°。

➢ 输入 LINE 命令后，根据提示先确定点 C；

➢ 再从键盘键入"@60<45↙"。

② 在动态输入打开时。

◆ 默认情况下，如果输入点的绝对坐标，要先键入"#"，再顺序键入"X，Y↙"；如果输入的是命令要求的第一个点，不用加"#"号。

◆ 输入点的相对直角坐标和相对极坐标时，无需再键入@，即如果点的相对直角坐标值是 ΔX 和 ΔY，顺序键入"ΔX，ΔY↙"。如果点的相对极坐标值是 D 和 α，顺序键入"D<α↙"；也可以键入"D（按<Tab>键）α↙"。

（2）用鼠标输入点　这是最常用的方法。当命令提示要求输入点时，在绘图区移动鼠标，将十字光标移到所需的位置，按下鼠标的左键（单击）即可。

2. 数值的输入

有些命令的提示要求用数值回答，这些数值有高度、宽度、长度、行数或列数、行间距及列间距等。回答的方式有以下两种。

（1）直接键入　从键盘直接键入数值。

（2）光标指定两点　在 AutoCAD 中，把从光标指定的两点之间的距离作为输入的数值。尽管这种方法不是对所有的命令行提示都适用，但对于适用的情况则比较直观。

3. 角度的输入

有的命令行提示要求输入角度。采用的角度制与精度由"单位"命令 UNITS 打开的"图形单位"对话框设置。角度的输入方式有以下几种。

（1）直接键入　从键盘键入角度值。

（2）光标指定两点　在 AutoCAD 中，把两点连线与 X 轴正向的夹角作为输入的角度（注意：两点的顺序很重要，起点到终点的方向是连线的方向）。

（3）光标指定一点　在 AutoCAD 中，认为该点是输入角的终边上的一点。

任务 1.7 操作视图

实际绘图时，图的实际幅面可能大，也可能小，为了在有限的屏幕绘图区域内绘制任意大小的图形，屏幕绘图区域显示的图形范围应是可变的。

操作视图

1.7.1 图形的缩放

AutoCAD 中图形缩放的启动方法有以下几种。

◆ 菜单栏：【视图】→【缩放】，如图 1-28 所示。缩放命令各选项的含义见表 1-3。

◆ 功能区："视图"选项卡→"二维导航"面板→"缩放"按钮。

◆ 导航栏："缩放"按钮。

◆ 命令行：ZOOM ↙。

◆ 鼠标：鼠标中键向前为放大，向后为缩小。

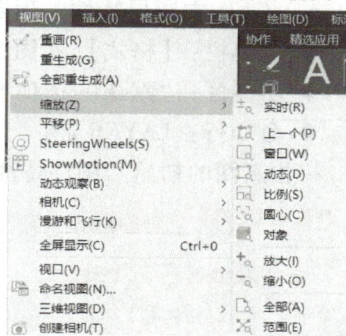

图 1-28 缩放命令的选项

表 1-3 缩放命令各选项的含义

序号	选项	含义
1	实时	用于交互缩放，以更改视图的比例
2	上一个	用于缩放显示上一个视图
3	窗口	用于缩放显示矩形窗口指定的区域
4	动态	使用矩形视图框进行平移和缩放
5	比例	使用比例因子缩放视图，以更改视图的比例
6	圆心	缩放以显示由中心点和比例值/高度所定义的视图
7	对象	用于尽可能大地显示一个或多个选定的对象并使其位于视图的中心
8	全部	用于缩放显示所有可见对象和视觉辅助工具
9	范围	缩放以显示所有对象的最大范围

1.7.2 图形的平移

AutoCAD 中图形平移的启动方法有以下几种。

◆ 菜单栏：【视图】→【平移】。

◆ 功能区："视图"选项卡→"二维导航"面板→"平移"按钮。

◆ 导航栏："平移"按钮。

◆ 命令行：PAN ↙。

◆ 鼠标：按住鼠标中键并拖拽。

任务 1.8 创建图层

图层是在 AutoCAD 中组织图形最有效的工具之一。一般通过图层设置工程图的各种线型。在 AutoCAD 中，一幅图中可创建多个图层，各图层没有厚

创建图层

度且透明，有相同的坐标系、绘图界限、显示缩放倍数，各层完全对齐。一个图形中创建的图层数目没有限制，每个图层上绘制的对象数也没有限制。利用图层，可实现对图形对象的管理和控制。

1.8.1 图层特性管理器

AutoCAD 中图层特性管理器的调用方法有以下几种。

◆ 菜单栏：【格式】→【图层】。
◆ 功能区："默认"选项卡→"图层"面板→"图层特性"按钮。
◆ 命令行：LAYER↙。

一幅新图的初始"图层特性管理器"对话框如图 1-29 所示，其中各选项的含义见表 1-4。

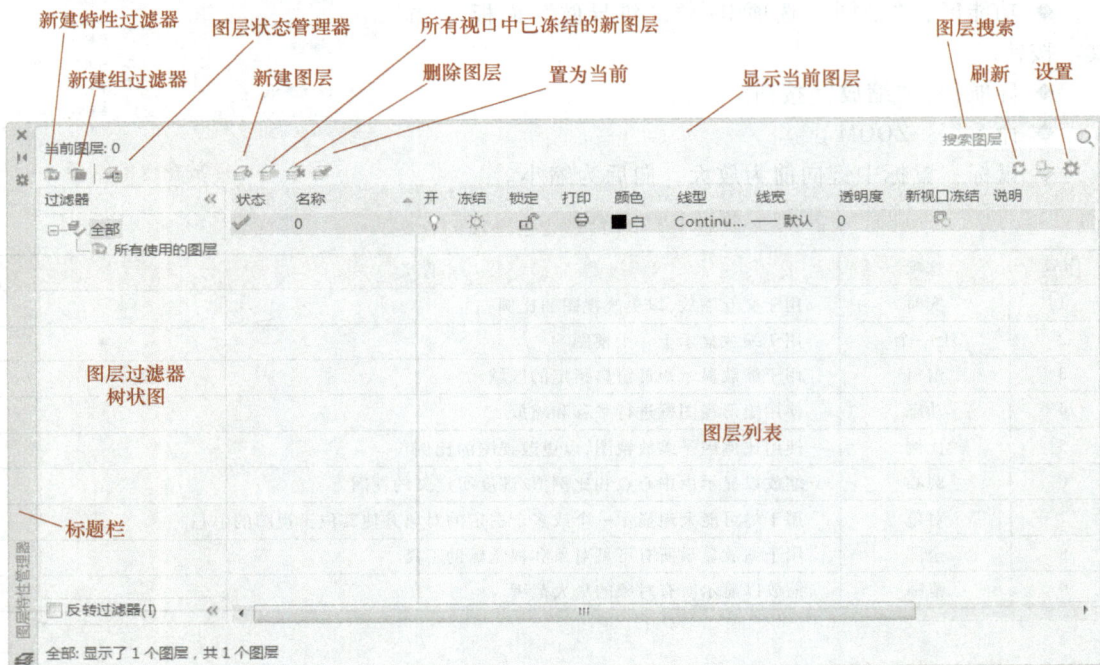

图 1-29 初始"图层特性管理器"对话框

表 1-4 图层特性管理器中各选项的含义

序号	选项	含义
1	新建图层	用于创建新图层
2	所有视口中已冻结的新图层	用于创建新图层，并在所有布局视口中将其冻结
3	删除图层	用于删除选定的图层
4	置为当前	将选定图层设置为当前图层，即在当前图层上绘制图形

1.8.2 图层的创建

新建文件时，系统默认的图层是 0 层，用户可根据需要创建任意多个图层，并对图层进行设置。图层创建的步骤如下：

（1）创建图层　单击"图层特性管理器"中的"新建图层"按钮。

（2）图层命名　在新建的图层"名称"栏中输入图层名称。

（3）图层的颜色　如果不同的图层设置不同的颜色，就可以通过对象的颜色区分图层。图层颜色的设置方法有下列几种。

◆ 在"索引颜色"选项卡（图1-30）中设定颜色，"索引颜色"中有255种颜色，选择颜色时，单击所希望的颜色，或在"颜色"文本框中输入相应的颜色名或颜色号。

◆ 在"真彩色"选项卡中设定颜色，有色调、饱和度、亮度（HSL）和红、绿、蓝分量（RGB）两种颜色模式，这两种模式可以使用非常大的颜色范围。HSL模式如图1-31所示。在"颜色模式"下拉列表中选择"RGB"，RGB模式如图1-32所示。

◆ 在"配色系统"选项卡（图1-33）中，从"配色系统"下拉列表中选择配色系统，在颜色条中拖动滑块▭（或在任一处单击），或单击其上、下两侧的增减按钮▼和▲，即可浏览配色系统页，相应的颜色和颜色名将按页显示。一旦找到想要的颜色，在配色系统页上单击，颜色名显示在"颜色"文本框中。

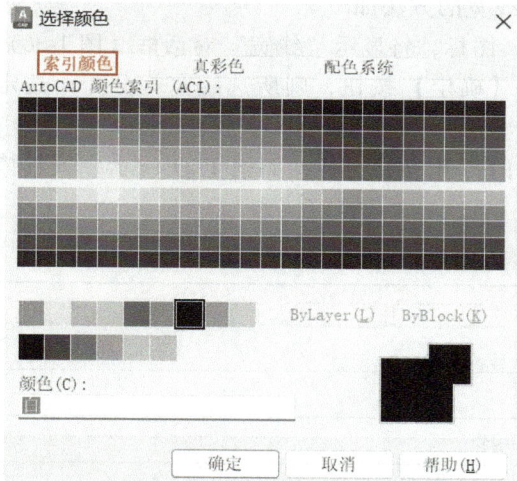

图 1-30　"索引颜色"选项卡

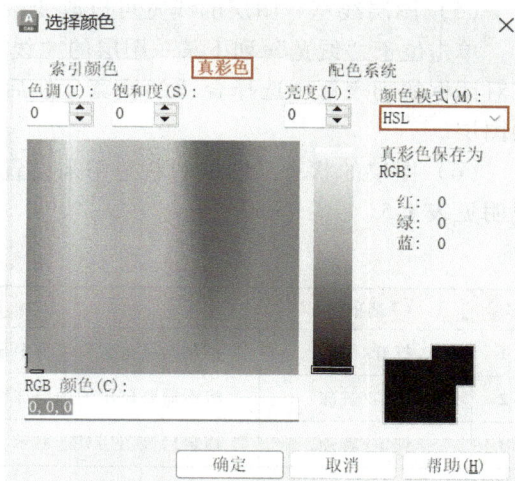

图 1-31　"真彩色"选项卡（HSL 模式）

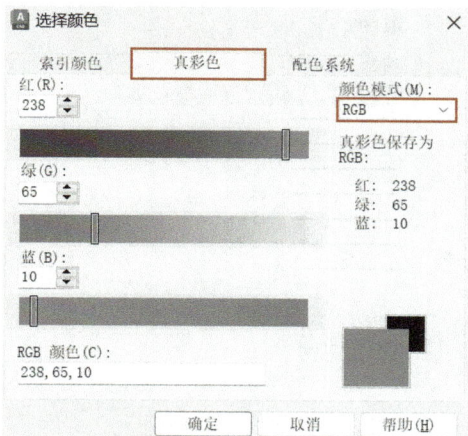

图 1-32　"真彩色"选项卡（RGB 模式）

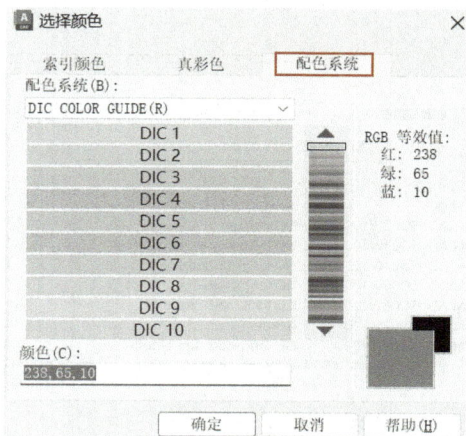

图 1-33　"配色系统"选项卡

选择好颜色后，单击【确定】按钮，则选中的颜色就分配给选中的图层。

（4）图层的线型　图层的线型是指在图层中绘图时所用的线型，每一层都有一个相应线型。设置线型的方法如下。

◆ 单击位于"线型"列下某一图层的"线型名"图标。将显示"选择线型"对话框，如图 1-34 所示，从列表框中选择恰当的线型。

◆ 若图形还需要另外的线型，可单击该对话框中的【加载 ...】按钮，将显示"加载或重载线型"对话框（图 1-35），可选择其中一种或按住<Ctrl>键或<Shift>键选择几种线型，再单击【确定】按钮，将所选线型加到"选择线型"对话框中。

（5）图层线宽　图层的线宽可以改变，设置线宽的方法如下。

单击位于"线宽"列下某一图层的"线宽值"图标，将显示"线宽"对话框（图 1-36）。在对话框的列表框中选择合适的线宽，然后单击【确定】按钮，则所选线宽就分配给选定的图层。

（6）图层的状态　图层的状态用来设置图层的打开或关闭等，如图 1-29 所示，其具体说明见表 1-5。

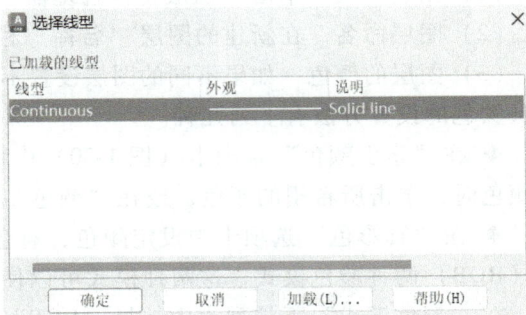

图 1-34　"选择线型"对话框

表 1-5　图层状态各选项的含义

序号	选项	含义
1	打开/关闭	控制图层是否在屏幕上显示
2	冻结/解冻	将不需要显示的图层冻结
3	锁定/解锁	锁定后该图层只能显示,但不能编辑
4	打印开关	当打印开关关闭时,不论该图层显示与否,该图层都不会被打印出来

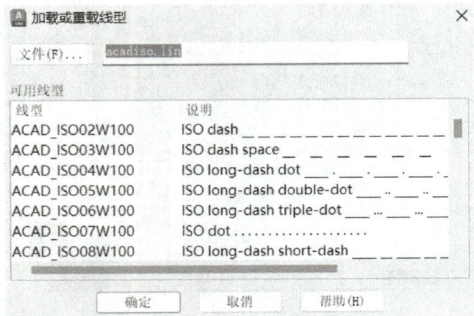

图 1-35　"加载或重载线型"对话框

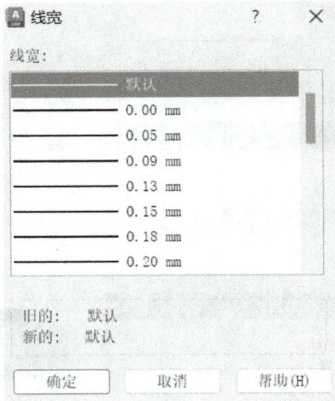

图 1-36　"线宽"对话框

操作实例：在新建的"A3幅面"的图形文件中，打开"图层特性管理器"，按照图1-37所示建立各个图层并设置各个图层的颜色、线型、线宽。

图1-37　图层设置样板

➢ 第一步，命令行：LAYER↙；

➢ 第二步，系统弹出图1-29所示的"图层特性管理器"，单击其中的"新建图层"按钮，如图1-38所示；

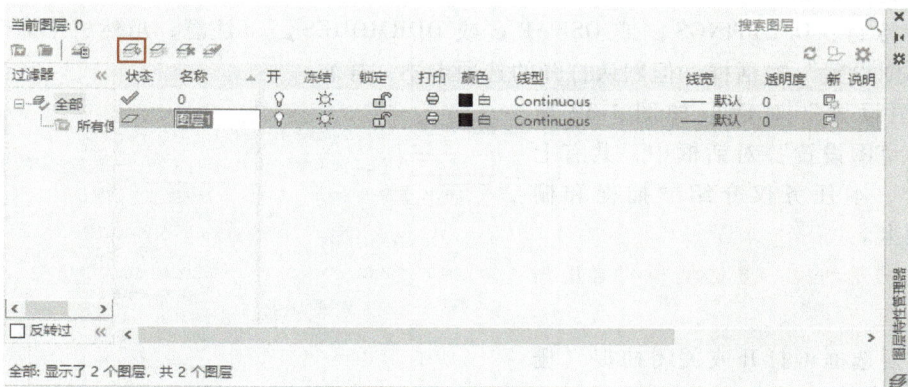

图1-38　新建图层

➢ 第三步，在"名称"栏中输入图层名称"粗实线"；单击"颜色"栏，系统弹出图1-30所示的"选择颜色"对话框，选择其中的"黑"色，完成对"粗实线"层的颜色设置；

➢ 第四步，单击"线型"栏，系统弹出图1-34所示的"选择线型"对话框，沿用系统默认选项"Continuous"，完成对"粗实线"层的线型设置；

➢ 第五步，单击"线宽"栏，系统弹出图1-36所示的"线宽"对话框，在"线宽"下拉列表中选择0.50mm，完成对"粗实线"层的线宽设置；

➢ 第六步，重复第二、三步，在"名称"栏中输入图层名称"点画线"，在"颜色"栏中选择"红"色，完成对"点画线"层的颜色设置；

➢ 第七步，重复第四步，在"选择线型"对话框中单击【加载...】按钮，在弹出的图1-35所示的"加载或重载线型"对话框中选择"ACAD_ISO04W100"，系统返回"选择线型"对话框，单击【确定】按钮，完成对"点画线"层的线型设置；

➢ 第八步，重复第五步，在"线宽"对话框中选择"默认"，完成对"点画线"层的线宽设置；

23

➤ 第九步，创建其他图层，步骤同上，不再赘述。

任务1.9　设置栅格和捕捉

设置栅格
和捕捉

"栅格"类似于坐标纸中的格子线，为作图过程提供参考。栅格只是绘图辅助工具，不是图形的一部分，所以不会被打印。

当鼠标移动时，有时很难精确定位到绘图区的一个点。"捕捉"是在绘图区设置有一定间距、规律分布的一些点，光标只能在这些点上移动。捕捉间距就是鼠标移动时每次移动的最小增量。捕捉的意义是保证快速准确地输入点。

如果设置的捕捉间距和栅格间距一样，当捕捉打开后，它会迫使光标落在最近的栅格点上，而不能停留在两点之间。

在"草图设置"对话框中可设置栅格和捕捉的各项参数、样式及类型。打开"草图设置"对话框的方式如下。

◆ 菜单栏：【工具】→【绘图设置】→"捕捉和栅格"选项卡。

◆ 快捷键：在状态栏的 ▦ 按钮或 ⠿ 按钮上右击，从弹出的快捷菜单中选择"网格设置"或"捕捉设置"。

◆ 命令行：DSETTINGS ✓或 OSNAP ✓或 DDRMODES ✓（注意，虽然三个命令都可以打开"草图设置"对话框，但默认打开的选项卡不一样）。

"草图设置"对话框如图1-39所示。在"草图设置"对话框中，共有七个选项卡，本任务仅介绍"捕捉和栅格"选项卡。

1. "启用捕捉"复选框和"启用栅格"复选框

通过复选框可打开或关闭捕捉（栅格）。当捕捉（栅格）打开后，在屏幕底部的状态栏中的捕捉模式按钮 ⠿（显示图形栅格按钮 ▦）将亮显。如果仅打开或关闭捕捉（栅格），单击状态栏中的捕捉模式按钮 ⠿（显示图形栅格按钮 ▦）即可。

图 1-39　"草图设置"对话框

2. "捕捉间距"栏

在"捕捉X轴间距"文本框中输入X轴方向捕捉间距；在"捕捉Y轴间距"文本框中输入Y轴方向捕捉间距。X轴方向捕捉间距与Y轴方向捕捉间距可以相同，也可以不同，可以通过"X轴间距和Y轴间距相等"复选框实现。在绘制机械图样时，可考虑把捕捉间距设置为1。

3. "栅格样式"栏

默认的栅格样式是"线"栅格，可以把栅格线改成"点"栅格。

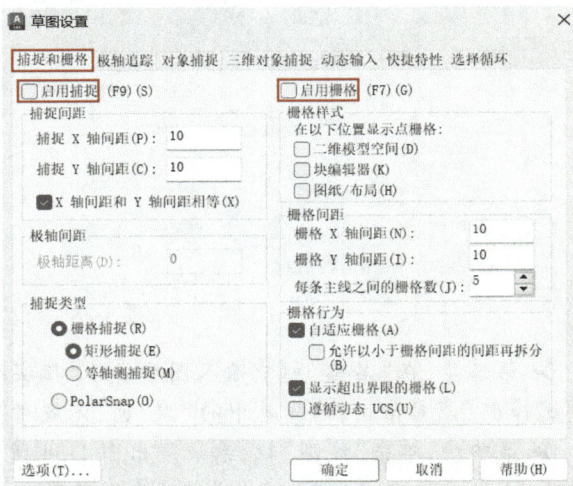

"二维模型空间"：选中该复选框，将二维模型空间的栅格样式设定为点栅格。

"块编辑器"：选中该复选框，将块编辑器中的栅格样式设定为点栅格。

"图纸/布局"：选中该复选框，将图纸和布局的栅格样式设定为点栅格。

4. "栅格间距"栏

在"栅格 X 轴间距"文本框中输入 X 轴方向栅格间距；在"栅格 Y 轴间距"文本框中输入 Y 轴方向栅格间距。栅格线有主栅格线和辅助栅格线，"每条主线之间的栅格数"文本框中的数字是主栅格线相对于辅助栅格线的频率。

"栅格"和"捕捉"各自独立，但经常同时打开，栅格间距与捕捉间距可以相同也可以不同。

5. "极轴间距"栏

当"捕捉类型"选中"PolarSnap"时，在"极轴距离"文本框中可设置沿极轴捕捉的间距。如果设置"极轴距离"为"1"，则沿极轴追踪时，追踪提示距离为整数；如果值为"0"，则以"捕捉 X 轴间距"的值作为该值。

6. "捕捉类型"栏

（1）"栅格捕捉"　栅格捕捉分为"矩形捕捉"和"等轴测捕捉"两种。矩形捕捉就是指前面所讲的捕捉（这也是默认情况）。等轴测捕捉通常用来绘制正等轴测图，光标线与水平轴成 30°、90° 和 150°，按<F5>键或<Ctrl>+<E>组合键可将光标在 30°、90° 和 150° 之间切换。图 1-40 所示是正等轴测图的栅格样式设定为点栅格时，光标和栅格的样式。

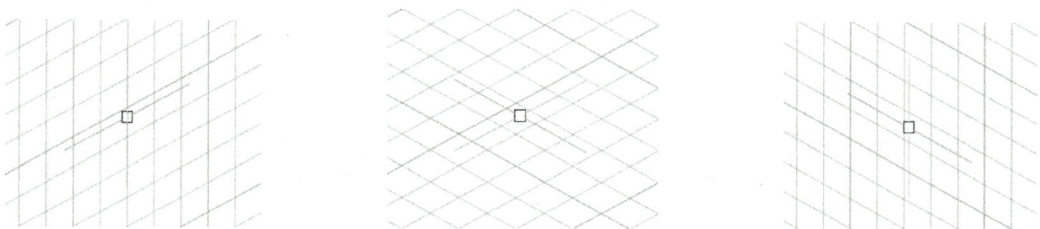

图 1-40　正等轴测图的光标和栅格的样式

（2）"PolarSnap"（极轴捕捉）　在启用了极轴追踪的情况下，当"捕捉"打开时，光标将沿在"极轴追踪"选项卡中设置的极轴角，相对于极轴追踪起点，按"极轴间距"栏设置的"极轴距离"进行捕捉。

7. "栅格行为"栏

（1）"自适应栅格"复选框　当栅格间距相对图形显示的范围较小，以至于栅格太密而无法显示栅格时，若选中该复选框，AutoCAD 会自动限制栅格密度，显示栅格。

选中"允许以小于栅格间距的间距再拆分"复选框，则在图形放大时，如果栅格间距较大，AutoCAD 自动生成更多间距更小的栅格。

（2）"显示超出界限的栅格"复选框　选中该复选框，LIMITS 命令设置的图形界限外也显示栅格。如果不选中该复选框，栅格仅出现在 LIMITS 命令设置的图形界限内。如果用户需要形象地看到所设置的图形界限——图幅，就要启用栅格，且不要选中该复选框。

（3）"遵循动态 UCS"复选框　选中该选项，将会更改栅格平面以跟随动态 UCS 的 XY 平面。

习　　题

创建一幅新图，图形界限为"297×210"，并利用 ZOOM 命令的"全部"选项缩放全图。打开"图层特性管理器"，按图 1-41 所示建立各个图层并设置各个图层的颜色、线型、线宽，设置完成后将文件保存为"A4 模板"。

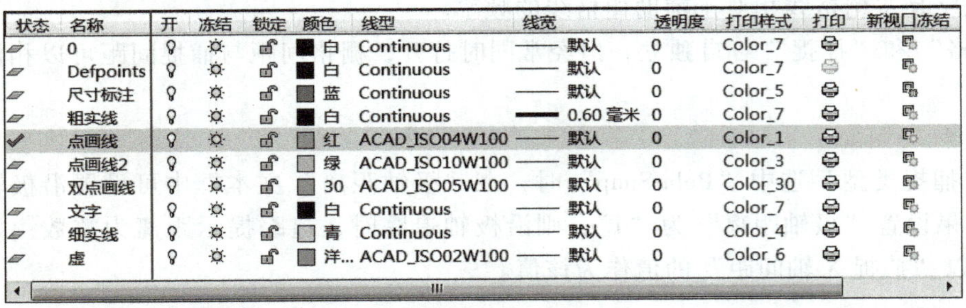

状态	名称	开	冻结	锁定	颜色	线型	线宽	透明度	打印样式	打印	新视口冻结
	0	♀	☼	🔓	■ 白	Continuous	—— 默认	0	Color_7	🖨	
	Defpoints	♀	☼	🔓	■ 白	Continuous	—— 默认	0	Color_7	🖨	
	尺寸标注	♀	☼	🔓	■ 蓝	Continuous	—— 默认	0	Color_5	🖨	
	粗实线	♀	☼	🔓	■ 白	Continuous	—— 0.60 毫米	0	Color_7	🖨	
✓	点画线	♀	☼	🔓	□ 红	ACAD_ISO04W100	—— 默认	0	Color_1	🖨	
	点画线2	♀	☼	🔓	□ 绿	ACAD_ISO10W100	—— 默认	0	Color_3	🖨	
	双点画线	♀	☼	🔓	□ 30	ACAD_ISO05W100	—— 默认	0	Color_30	🖨	
	文字	♀	☼	🔓	□ 白	Continuous	—— 默认	0	Color_7	🖨	
	细实线	♀	☼	🔓	□ 青	Continuous	—— 默认	0	Color_4	🖨	
	虚	♀	☼	🔓	■ 洋...	ACAD_ISO02W100	—— 默认	0	Color_6	🖨	

图 1-41　习题图例

模块二

绘制单面图形

机械设计工程师在绘制零件图的过程中，是从抄画平面图形开始的。本模块选取具有代表性的单面图形，融入绘图、编辑等命令，实现单面图形的绘制与标注。

本模块知识点如图 2-1 所示。

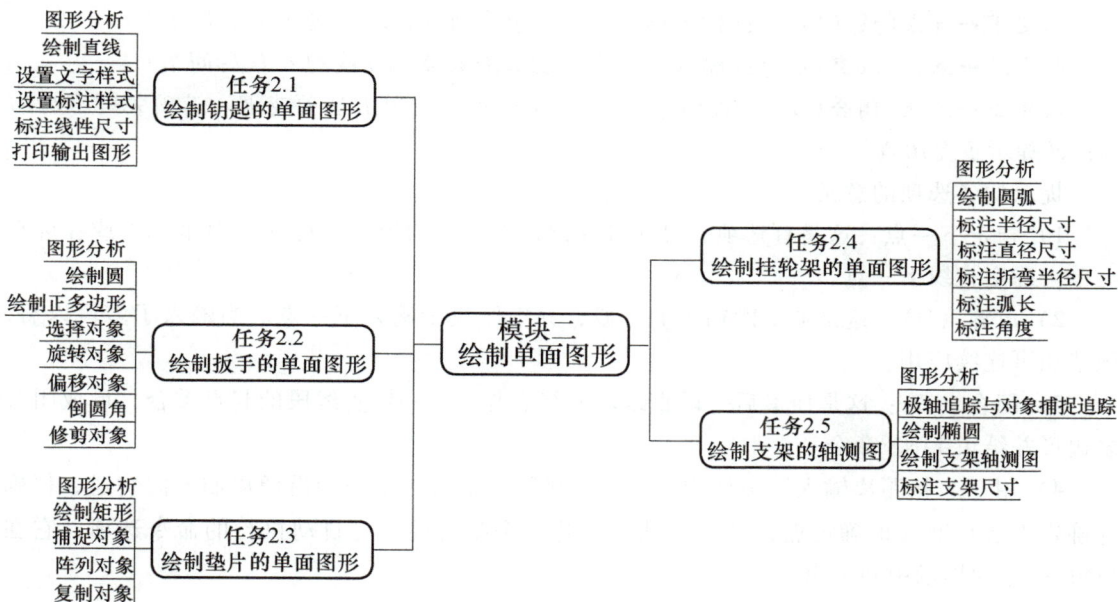

图形分析
绘制直线
设置文字样式
设置标注样式
标注线性尺寸
打印输出图形

任务2.1
绘制钥匙的单面图形

图形分析
绘制圆
绘制正多边形
选择对象
旋转对象
偏移对象
倒圆角
修剪对象

任务2.2
绘制扳手的单面图形

模块二
绘制单面图形

任务2.4
绘制挂轮架的单面图形

图形分析
绘制圆弧
标注半径尺寸
标注直径尺寸
标注折弯半径尺寸
标注弧长
标注角度

任务2.5
绘制支架的轴测图

图形分析
极轴追踪与对象捕捉追踪
绘制椭圆
绘制支架轴测图
标注支架尺寸

图形分析
绘制矩形
捕捉对象
阵列对象
复制对象

任务2.3
绘制垫片的单面图形

图 2-1　模块二知识点导图

任务 2.1　绘制钥匙的单面图形

2.1.1　图形分析

图 2-2 所示为钥匙的单面图形。此图形由 12 条直线构成，这些直线分别为 X 轴或 Y 轴的平行线。图形绘制过程：采用直线命令绘制图形，设置文字样式和标注样式后标注尺寸，最后将图形打印输出。

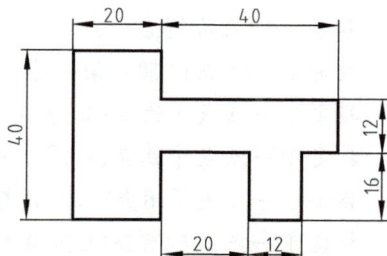

图 2-2　钥匙的单面图形

2.1.2 绘制直线

1. 直线命令

直线命令 LINE 可以绘制一段直线。LINE 命令也可以绘制多段连接的直线段，此时前一条直线的终点是下一条直线的起点，其中的每一段都是独立的图形对象，可对每段直线进行单独修改。

直线命令的输入方式如下。

◆ 菜单栏：【绘图】→【直线】。

◆ 功能区："默认"选项卡→"绘图"面板→"直线"按钮。

◆ 命令行：LINE↙。

命令输入后的提示和一般操作过程如下。

指定第一个点:(输入第一点)

指定下一点或[放弃(U)]:(输入第二点，或单击*放弃(U)*或键入 U 后回车)

指定下一点或[放弃(U)]:(输入第三点，或单击*放弃(U)*或键入 U 后回车)

指定下一点或[闭合(C)/放弃(U)]:(输入第四点，或单击选项或键入选项关键字后回车；此提示重复出现)

提示的各选项的意义如下。

1）指定下一点：这是首选项，可从键盘键入下一点的绝对坐标或相对坐标，或在屏幕上单击确定直线下一点。

2）放弃（U）：这是取消刚输入的一段，并继续提示输入下一点。当输入了多段以后，该选项可连续应用。

3）闭合（C）：这是使最后一段直线段的终点与开始一段直线段的起点重合，形成闭合多边形并结束 LINE 命令。

4）用"直接距离输入"方法定位点：直接距离输入法是一种沿橡皮筋方向快速、精确地确定直线长度（即确定点）的好方法。这是一个隐含的、可自动执行的命令选项，它在 LINE 命令的提示中并不出现。

在执行 LINE 命令的过程中，指定了前一个点之后，移动光标，使橡皮筋的方向为下一点的方向，不要输入点，而是键入相对于前一点的距离后回车，则下一点确定，这就是用"直接距离输入"方法定位点。这个过程可以连续使用。

操作实例:绘制图 2-3 所示图形,过程如下。

命令:(输入直线命令)

指定第一个点:(输入第一点) （输入第一点后使橡皮筋的方向水平向右）

指定下一点或 [放弃(U)]:*100*↙ （输入 100 后使橡皮筋方向与水平方向成−32°）

指定下一点或 [放弃(U)]:*99*↙ （输入 99 后使橡皮筋方向的水平向左）

指定下一点或 [闭合(C)/放弃(U)]:*100*↙

指定下一点或 [闭合(C)/放弃(U)]:(单击*闭合(C)*，或键入 C，↙)

从这个实例可以看出，对提示的回答都是距离值。

5）"角度替代"画确定了角度的直线：角度替代是在绘制直线过程中精确地确定角度的好方法。这也是一个隐含的、可自动执行的命令选项，也不在 LINE 命令的提示中出现。

如果要画一条与 X 轴有确定角度的直线，执行 LINE 命令后，在提示指定下一个点时，不要输入点，而是键入"<（角度值）"后回车；接下来光标旁显示 角度替代:（长度)<（角度值），如果这时用鼠标输入点，或用"直接距离输入"方法定位点，则下一点只能限定在这个角度方向上，这就是"角度替代"。这个过程可以连续使用。

操作实例:绘制图 2-4 所示图形,过程如下。

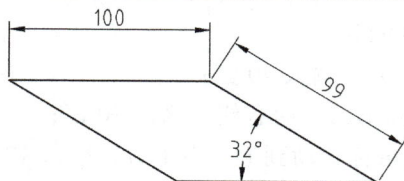

图 2-3　"直接距离输入"画直线

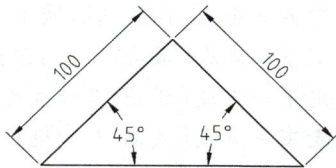

图 2-4　"角度替代"画直线

命令:（输入直线命令）

指定第一个点:（输入直线的起点）

指定下一点或［放弃(U)］:<45 ✔

角度替代:（长度)<45°

指定下一点或［放弃(U)］:100 ✔

指定下一点或［放弃(U)］:<-45 ✔

角度替代:（长度)<315°

指定下一点或［放弃(U)］:100 ✔

指定下一点或［闭合(C)/放弃(U)］:（单击 闭合(C)，或键入 C,✔）

6）用直线"续接"：这也是一个隐含的、可自动执行的命令选项。当输入 LINE 命令后，对 指定第一个点:的提示直接回车，AutoCAD 会自动将最后一次所画的直线或圆弧的端点作为新直线的起点。接下来提示 指定下一点或［放弃］:。

如果最后画的是圆弧，弧的终点就决定了新直线的起点和方向（提供了圆弧和直线相切连接的简单方法）。

操作实例:如图 2-5 所示,绘制直线 BC 以续接圆弧 AB（已画出），过程如下。

命令:（输入直线命令）

指定第一个点:✔

直线长度:（输入 BC 的长度）✔

指定下一点或［放弃(U)］:✔

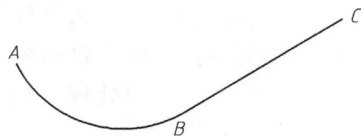

图 2-5　直线续接圆弧

从这实例可见，在回答了 直线长度:后，AutoCAD 又恢复通常的提示。

2. 设置正交

为保证绘图过程中各图线平行于 X 轴或 Y 轴，AutoCAD 提供了正交绘图工具。

所谓正交，是指在绘图时指定第一个点后，连接光标和起点的橡皮筋总是平行于 X 轴或 Y 轴，从而迫使第二点与第一点的连线平行于 X 轴或 Y 轴，如图 2-6 所示。当捕捉为等轴测模式时，正交还迫使直线平行于三个轴中的一个。

正交只有"开"和"关"两个状态。单击状态栏中的"正交"按钮▭ 或按<F8>键，可实现打开或关闭正交的切换。

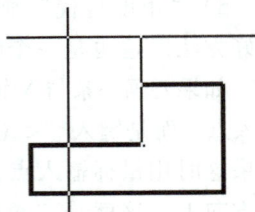

图 2-6　光标正交

3. 操作过程

本实例沿用模块一中设置好图层的 A3 绘图模板。钥匙的单面图形绘制过程如下。

➢ 状态栏中打开"正交"；

➢ 命令行输入：LINE ↙；

➢ 指定第一个点：在绘图区域中任选一点作为绘图的起点；

➢ 指定下一点或[放弃(U)]：鼠标移动到起点的上方，输入 40 ↙；

➢ 指定下一点或[退出(X)/放弃(U)]：鼠标移动到第二点的右侧，输入 20 ↙；

➢ 指定下一点或[关闭(C)/退出(X)/放弃(U)]：鼠标移动到上一点下方，输入 12 ↙；

➢ 指定下一点或[关闭(C)/退出(X)/放弃(U)]：鼠标移动到上一点右侧，输入 40 ↙；

➢ 指定下一点或[关闭(C)/退出(X)/放弃(U)]：鼠标移动到上一点下方，输入 12 ↙；

➢ 指定下一点或[关闭(C)/退出(X)/放弃(U)]：鼠标移动到上一点左侧，输入 8 ↙；

➢ 指定下一点或[关闭(C)/退出(X)/放弃(U)]：鼠标移动到上一点下方，输入 16 ↙；

➢ 指定下一点或[关闭(C)/退出(X)/放弃(U)]：鼠标移动到上一点左侧，输入 12 ↙；

➢ 指定下一点或[关闭(C)/退出(X)/放弃(U)]：鼠标移动到上一点上方，输入 16 ↙；

➢ 指定下一点或[关闭(C)/退出(X)/放弃(U)]：鼠标移动到上一点左侧，输入 20 ↙；

➢ 指定下一点或[关闭(C)/退出(X)/放弃(U)]：鼠标移动到上一点下方，输入 16 ↙；

➢ 指定下一点或[关闭(C)/退出(X)/放弃(U)]：鼠标移动到上一点下方，输入 20 ↙，

或选择关闭（C）或直接输入 C ↙。

绘制钥匙的单面图形-设置文字样式

2.1.3　设置文字样式

在图样中，有时需要输入不同形式的文字，如仿宋体、斜体、字母、汉字等。在用单行文字命令添加文字前，要先设置文字样式。

文字样式与字体是不同的概念。在 AutoCAD 中，字体是用来绘制文本字符的模式，是由字体文件定义好的。文字样式是把某种字体进行某些处理（比如倾斜一定的角度、反向、颠倒等）而得到的符号形式。

1. "文字样式"对话框

设置文字样式可在"文字样式"对话框（图 2-7）中进行。打开"文字样式"对话框的方法有：

◆ 菜单栏：【格式】→【文字样式】。

◆ 功能区："默认"选项卡→"注释"面板→"文字样式"按钮 А 。

◆ 命令行：STYLE ↙ 或 ST ↙。

命令执行后即打开图 2-7 所示的"文字样式"对话框。对话框的最上面显示当前文字样式。要更改当前样式，请从"样式"列表中选择另一种样式，然后单击【置为当前】按钮。

（1）对话框的左侧显示框　对话框的左侧从上至下依次是"样式"列表、样式列表过滤器和"预览"框。

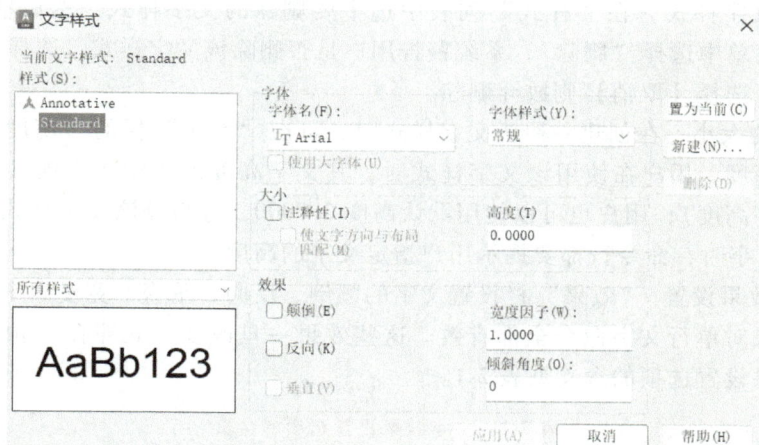

图 2-7　"文字样式"对话框

◆ "样式"列表：列出图形中已定义的文字样式名。当前文字样式亮显。样式名前的图标 ⚊ 指示样式具有"注释性"。在用户没有创建新的文字样式时，"样式"列表显示文字样式名 Annotative 和 Standard，默认高度为 0，宽度因子为 1，如图 2-7 所示。

◆ 样式列表过滤器：单击该下拉列表，选择在"样式"列表中是显示所有的样式还是显示图形正在使用的样式。

◆ "预览"框：显示"样式"列表中所选字体的外观。

（2）创建新文字样式

◆ 要创建一种新文字样式，单击【新建】按钮，弹出"新建文字样式"对话框；用户可用其默认的样式名（如"样式1""样式2"……），也可输入自己创建的样式名，单击【确定】按钮，一种新文字样式即被创建，且被置为当前文字样式。

◆ 也可以先单击"文字样式"对话框中"字体"栏中的"字体名"（或"SHX 字体"）下拉列表（图 2-8），选择一种新字体，创建一种新样式，其字体是新字体。

（3）修改文字样式的字体　若要改变已有文字样式的字体，先在"样式"列表中选中一种样式，再从"字体"栏中"字体名"（或"SHX 字体"）下拉列表（图 2-8）中选择一种新字体，则【应用】按钮可用；单击【应用】按钮，文字样式修改为新字体。

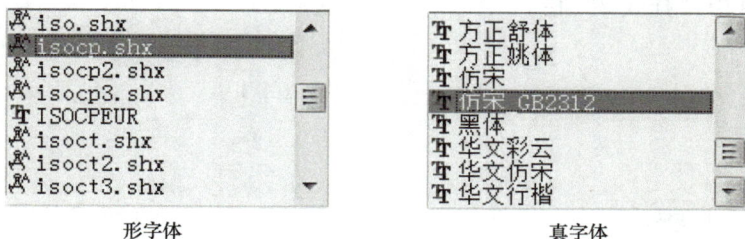

图 2-8　"字体名"下拉列表

（4）文字样式改名　在"文字样式"对话框的"样式"列表中单击要改名的文字样式，使其亮显，然后再次在其样式名上单击（或右击，在弹出的快捷菜单中单击"重命名"），输入新的名称即可。

（5）删除文字样式　在"样式"列表中选中要删除的文字样式，然后单击鼠标右键，从弹出的快捷菜单中选择"删除"，系统警告用户是否删除该文字样式，选择【确定】则删除选中的样式，选择【取消】则放弃删除。

（6）文字的大小　在创建一种新文字样式时，可在"大小"栏的"高度"文本框中输入所需的文字高度，用户在使用该文字样式时，其文字高度即为输入高度（输入单行文本时不再提示文字高度）；用户也可以使用默认高度 0.0000，每当以该文字样式用单行文字命令 TEXT 输入文字时，命令行都要提示用户指定文字的高度。

（7）文字效果设置　"效果"栏设置文字的颠倒、反向、垂直、宽度因子和倾斜角度等效果。这些效果对单行文字命令全部有效。这些效果一旦改变，立即在"预览"框中显示出来，文字效果设置选项的含义见表 2-1。

表 2-1　文字效果设置选项的含义

序号	效果设置选项	含　义
1	颠倒	选中该选项，文字颠倒书写，与正常书写关于水平方向对称
2	反向	选中该选项，文字反向书写，与正常书写关于竖直方向对称
3	垂直	选中该选项，文字按上下垂直书写。注意，有些字体不能垂直书写
4	宽度因子	默认的宽度比例为1，表示按字体文件中定义的宽度输入文字
5	倾斜角度	默认为0，表示文字不倾斜；在文本框中输入大于零的值为右倾斜，小于零的值为左倾斜

（8）【应用】按钮　如果改变了文字样式的字体或效果，则【应用】按钮可用。单击【应用】按钮，该文字样式相应改变。

（9）【取消】/【关闭】按钮　如果文字样式不做任何改变，单击【取消】按钮。若已创建了文字样式或修改了文字样式，【取消】按钮变为【关闭】按钮。单击【取消】或【关闭】按钮，都关闭"文字样式"对话框。

2. "文字样式控制"下拉列表

"文字样式控制"下拉列表的功能可在"默认"选项卡或"注释"选项卡中实现。在"默认"选项卡中单击"注释"面板，打开下拉列表，如图 2-9 所示，在文字样式下拉列表（即图 2-9 中"样式 2"栏），可实现使一种文字样式成为当前样式、查看选定文字的样式和改变选定文字的样式。若"注释"选项卡是当前选项卡，"文字"面板中也有文字样式下拉列表，即图 2-10 中"样式 2"栏。

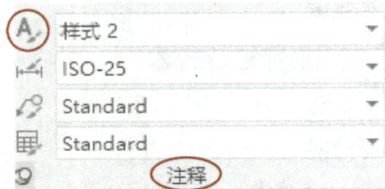

图 2-9　"默认"选项卡中的"注释"面板下拉列表

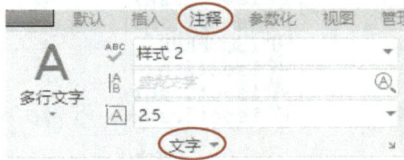

图 2-10　"注释"选项卡中的"文字"面板

3. 操作过程

➤ STYLE 命令执行后，在打开的图 2-7 所示的"文字样式"对话框中，选中"样式"列表中的 Standard，单击对话框右侧的【新建】按钮；

➤ 在弹出的图 2-11 所示的"新建文字样式"对话框中，输入样式名为"尺寸数字"，单击【确定】按钮；

➤ 系统返回"文字样式"对话框，在"字体名"下拉列表中选择"gbeitc. shx"作为尺寸数字所用字体；

➤ 在"大小"中设置文字高度为"3.5"；

➤ 在"效果"中设置"宽度因子"为"0.7"；

➤ 单击【应用】按钮，完成尺寸数字文字样式的设置。

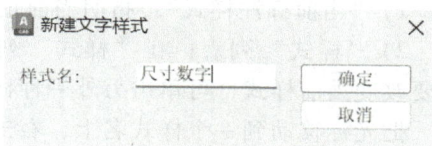

图 2-11 "新建文字样式"对话框

2.1.4 设置标注样式

一般来说，AutoCAD 的默认尺寸标注样式不适合我国图样的尺寸标注规定，因此在标注尺寸时，应根据图形中的尺寸类型（如线性尺寸、直径（半径）尺寸、角度等）的不同，首先设置合适的尺寸标注样式，再进行尺寸标注。

绘制钥匙的单面图形-设置标注样式

1. "标注样式管理器"对话框

标注样式是按需要设置了尺寸标注特性（如尺寸数字、尺寸界线、尺寸线及箭头等）的尺寸标注形式。通过"标注样式管理器"对话框可设置和管理标注样式。一般来说，一张图样应该设置几种标注样式。打开"标注样式管理器"对话框的方法如下。

◆ 菜单栏：【标注】→【标注样式】。

◆ 菜单栏：【格式】→【标注样式】。

◆ 功能区："默认"选项卡→"注释"面板→ 注释 ▼ 下拉列表中的 按钮。

◆ 功能区：【默认】选项卡→【标注】面板→下拉列表中的 ↘ （对话框启动器）。

◆ 命令行：DIMSTYLE↙ 或 D↙。

下面具体介绍"标注样式管理器"对话框（图 2-12）中的各项内容。

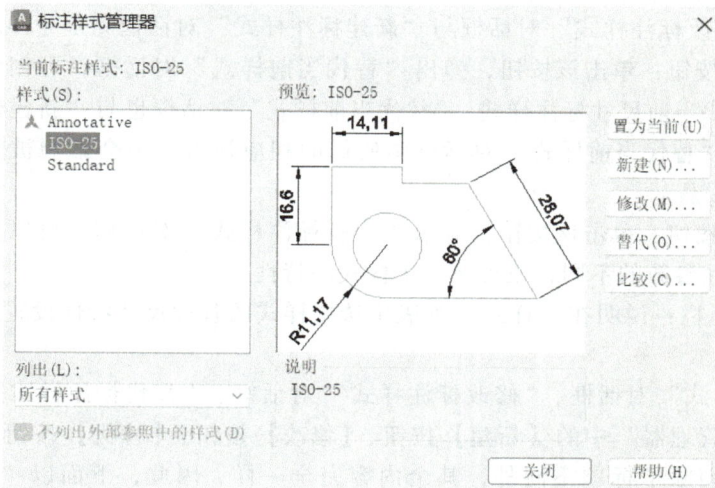

图 2-12 "标注样式管理器"对话框

1）"当前标注样式"：指明当前正在使用的标注样式。

2）"样式"列表：在"样式"列表中显示所有的样式名称，亮显的是当前标注样式。若要改变当前样式，可单击另外一种样式，再单击【置为当前】按钮。

把光标移动到一个样式名上，右击后弹出快捷菜单，单击选择其中的一项，可以实现标注样式的"置为当前""重命名"或"删除"。

3）"列出"下拉列表：该下拉列表中确定在"样式"列表中显示的样式种类，默认是显示"所有样式"，还有一种显示方式是"正在使用的样式"。

4）"不列出外部参照中的样式"复选框：该复选框控制是否在"样式"列表中显示外部参照图形中的标注样式。

5）【置为当前】按钮：单击该按钮，将选中的样式作为当前使用的标注样式。

6）【新建】按钮：单击该按钮，新建一种标注样式，弹出"创建新标注样式"对话框，如图2-13所示。

在"新样式名"文本框中输入新样式的名称，默认的样式名是在当前标注样式的基础上创建副本。为便于应用，新建的标注样式名最好是有一定意义的名字。

在"基础样式"下拉列表中选择以哪个样式为基础创建新样式。

选中"注释性"复选框，使该标注样式具有注释性特性。

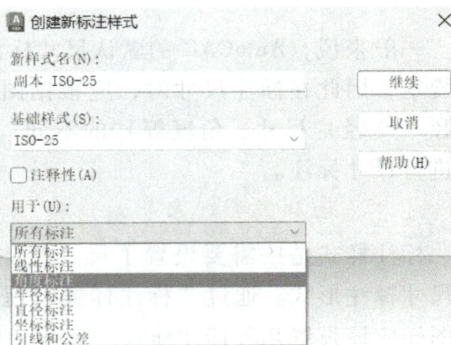

图 2-13　"创建新标注样式"对话框

在"用于"下拉列表中选择新建样式应用于哪种标注类型，默认的是用于所有尺寸标注。

完成以上操作后，单击【继续】按钮，弹出"新建标注样式"对话框（图2-14），进入样式的各种特性设置。

7）【修改】按钮：单击该按钮，将显示"修改标注样式"对话框，可对选中的标注样式进行修改。"修改标注样式"对话框与"新建标注样式"对话框完全一样。

8）【替代】按钮：单击该按钮，弹出"替代当前样式"对话框，可创建临时的标注样式，用来临时替代当前尺寸标注样式。"替代当前样式"对话框也与"新建标注样式"对话框完全一样。在"替代当前样式"对话框中所做的相应设置，不会影响被临时替代的当前尺寸标注样式的设置。

9）【比较】按钮：单击该按钮，显示"比较标注样式"对话框，可以比较两个已存在的标注样式的特性参数的不同，或查看一个样式的特性。

10）"说明"栏：说明在"样式"列表中选中样式的各种尺寸特性设置。

2. 新建、修改和替代标注样式对话框

"新建标注样式"对话框、"修改标注样式"对话框、"替代标注样式"对话框分别由单击"标注样式管理器"中的【新建】按钮、【修改】按钮、【替代】按钮得到。虽然是三个对话框，但它们除了标题不同外，其余内容完全一样，因此，下面以"新建标注样式"对话框为例说明对话框的操作。

"新建标注样式"对话框（图 2-14）包含有七个选项卡："线""符号和箭头""文字""调整""主单位""换算单位"和"公差"。用户可以通过这七个选项卡设置标注样式的特性。

1）"线"选项卡：如图 2-14 所示，在"线"选项卡中可设置尺寸线、尺寸界线的格式和特性等。

◆ "尺寸线"栏：该栏用于设置尺寸线的特性，各选项的含义见表 2-2。

◆ "尺寸界线"栏：该栏用于设置尺寸界线的特性，各选项的含义见表 2-3。

表 2-2　"尺寸线"栏各选项的含义

序号	选项	含义
1	颜色	用户可从"颜色"下拉列表中选择尺寸线的颜色，系统默认的颜色为"ByBlock"。
2	线型	设置尺寸线的线型。默认是"ByBlock"，用户可从下拉列表中选择一种线型
3	线宽	设置尺寸线的线宽，默认是"ByBlock"，用户可从下拉列表中选择一种线宽
4	超出标记	该选项用于设置尺寸线超过尺寸界线的长度值，如图 2-15 所示
5	基线间距	当使用基线标注尺寸时，设置两个尺寸线之间的距离，如图 2-16 所示
6	隐藏	该项包含两个复选框："尺寸线 1"和"尺寸线 2"，如图 2-17 所示

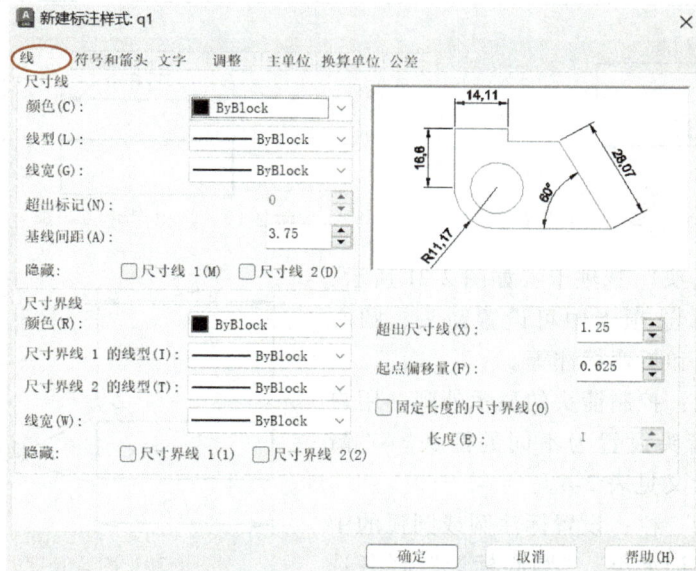

图 2-14　"新建标注样式"对话框（"线"选项卡）

图 2-15　超出标记

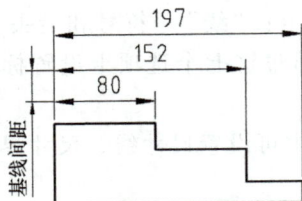

图 2-16　基线间距

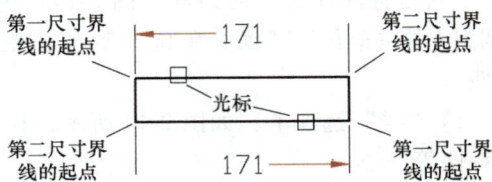

图 2-17　隐藏第二尺寸线

表 2-3　"尺寸界线"栏各选项的含义

序号	选项	含义
1	颜色	用户可从"颜色"下拉列表中选择尺寸线的颜色
2	尺寸界线 1（2）的线型	设置尺寸界线的线型，用户可从下拉列表中选择一种线型，或加载后再选择
3	线宽	设置尺寸界线的线宽，默认是"ByBlock"，用户可从下拉列表中选择一种线宽
4	隐藏	复选框"尺寸界线 1"用于隐藏第一条尺寸界线；"尺寸界线 2"用于隐藏第二条尺寸界线，如图 2-18 所示
5	超出尺寸线	设置尺寸界线超出尺寸线的长度系数，如图 2-19 所示
6	起点偏移量	设置尺寸界线相对于尺寸界线起点的偏移距离系数，如图 2-19 所示
7	固定长度的尺寸界线	设置尺寸界线从尺寸线开始到标注起点的总长度，如图 2-20 所示。选中该复选框后，"长度"在编辑框中输入或选择

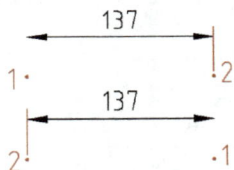

图 2-18　隐藏第一条尺寸界线

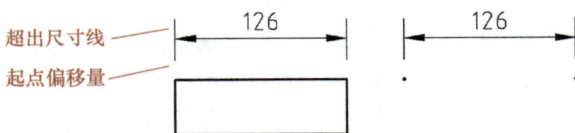

图 2-19　超出尺寸线和起点偏移量

2）"符号和箭头"选项卡：如图 2-21 所示，在"符号和箭头"选项卡中可设置箭头、圆心标记、弧长、折断和折弯标注等。

◆ "箭头"栏：控制箭头的显示外观，用户可以将两尺寸线箭头设置为不同的箭头。"箭头"栏各选项的含义见表 2-4。

◆ "圆心标记"栏：设置标注圆或圆弧的中心标记的类型和标记大小。"圆心标记"栏各选项的含义见表 2-5。

◆ 折断标注栏：控制折断标注时尺寸界线的断开间距，如图 2-23 所示。

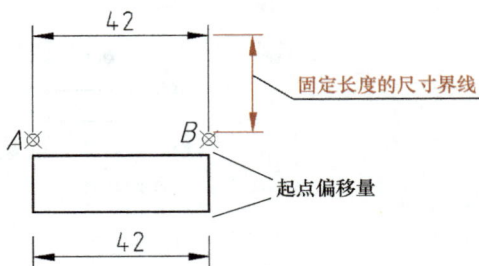

图 2-20　固定长度的尺寸界线

表 2-4　"箭头"栏各选项的含义

序号	选项	含义
1	第一（二）个	设置第一（二）条尺寸线的箭头标志，默认"第二个"和"第一个"一样
2	引线	设置指引线的箭头标志
3	箭头大小	设置箭头的大小系数

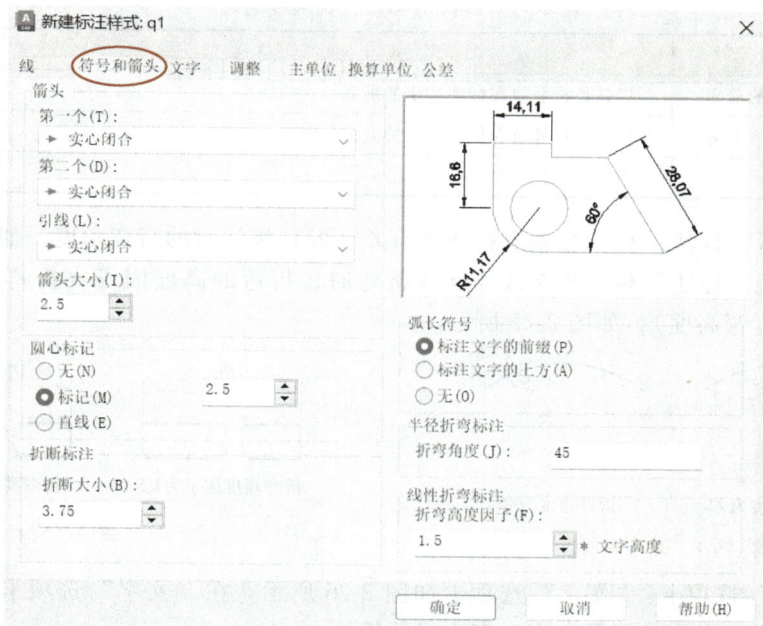

图 2-21　"新建标注样式"对话框（"符号和箭头"选项卡）

表 2-5　"圆心标记"栏各选项的含义

序号	选项	含义
1	无	不创建圆心标记或中心线,这时标注圆心标记命令 Dimcenter 不能使用
2	标记	创建圆心标记,如图 2-22 所示
3	直线	创建中心线,如图 2-22 所示

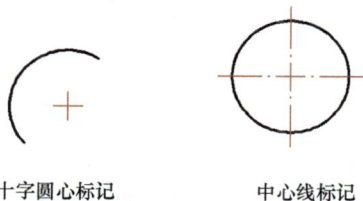

十字圆心标记　　　　　　中心线标记

图 2-22　圆心标记

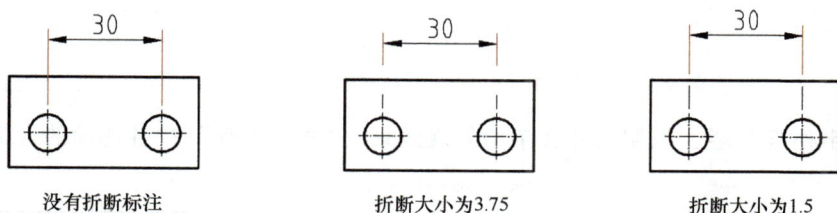

没有折断标注　　　折断大小为3.75　　　折断大小为1.5

图 2-23　折断标注

　　◆ "弧长符号"栏：控制弧长标注中圆弧符号是否显示，以及显示时圆弧符号的位置。"弧长符号"栏各选项的含义见表 2-6。

表 2-6 "弧长符号"栏各选项的含义

序号	选项	含义
1	标注文字的前缀	将弧长符号放在标注文字的前面
2	标注文字的上方	将弧长符号放在标注文字的上方
3	无	不显示弧长符号

◆ "半径折弯标注"栏：控制半径折弯（Z 字形）标注时的折弯角度，如图 2-24 所示。
◆ "线性折弯标注"栏：控制线性标注折弯时，折弯的高度因子（折弯角的两个顶点之间的距离为折弯高度），如图 2-25 所示。

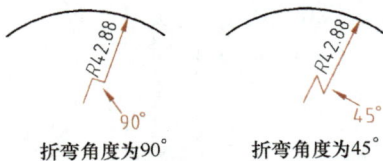

图 2-24 折弯角度

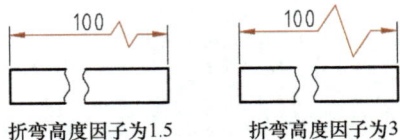

图 2-25 线性折弯标注

3）"文字"选项卡："文字"选项卡如图 2-26 所示。在"文字"选项卡中可设置尺寸标注的文字外观、文字位置及文字对齐方式等特性。

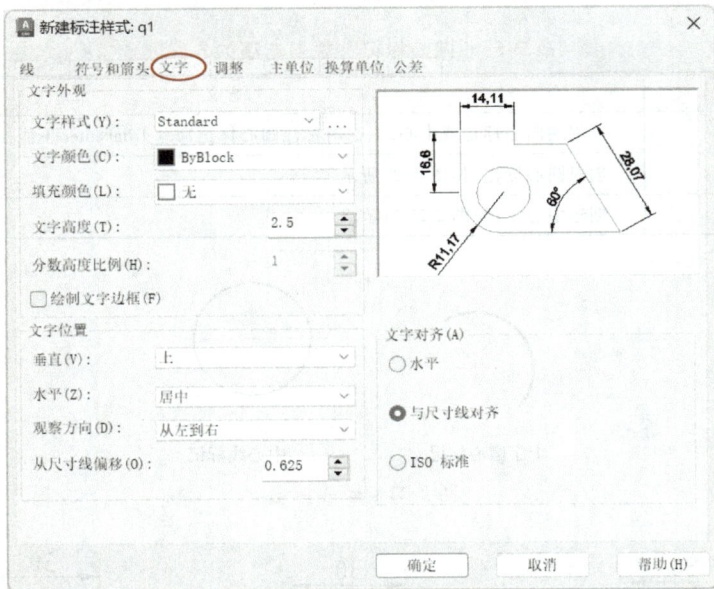

图 2-26 "新建标注样式"对话框（"文字"选项卡）

◆ "文字外观"栏：控制尺寸文字的外观效果。"文字外观"栏各选项的含义见表 2-7。

表 2-7 "文字外观"栏各选项的含义

序号	选项	含义
1	文字样式	该下拉列表用于显示和设置尺寸标注所使用的文字样式
2	文字颜色	设置文字的颜色，可从下拉列表中选择文字的颜色。默认颜色是"ByBlock"

（续）

序号	选项	含义
3	填充颜色	设置尺寸标注中尺寸数字的背景颜色,可从下拉列表中选择,默认是"无"
4	文字高度	用来设置尺寸标注数字的高度系数
5	分数高度比例	设置相对于标注文字的分数比例
6	绘制文字边框	选中该复选框,则在标注文字周围绘制一个方框

◆"文字位置"栏：该栏控制标注文字的放置方式和位置。"文字位置"栏各选项的含义见表2-8。

表2-8　"文字位置"栏各选项的含义

序号	选项	含义
1	垂直:该下拉列表控制文字相对尺寸线在垂直方向的位置	置中:文字放置在尺寸线两部分之间的位置
		上方:文字放置在尺寸线的上面,这时尺寸线到文字底线的距离为当前的文字间隙
		外部:将文字放置在尺寸线的外面,即远离标注对象的一边
		JIS:使文字的放置和日本工业标准(JIS)一致
2	水平:控制标注文字的五种水平方向的位置	居中:文字沿尺寸线放置在两尺寸线之间的中间位置
		第一条尺寸界线:文字沿尺寸线靠近第一条尺寸界线放置
		第二条尺寸界线:文字沿尺寸线靠近第二条尺寸界线放置
		第一条尺寸界线上方:文字沿第一条尺寸界线放置
		第二条尺寸界线上方:文字沿第二条尺寸界线放置
3	观察方向:该下拉列表控制标注文字的观察方向	从左到右:按从左到右阅读的方式放置文字
		从右到左:按从右到左阅读的方式放置文字
4	从尺寸线偏移	设置尺寸标注文字与尺寸线的间隙

◆"文字对齐"栏：控制标注文字是沿尺寸线还是水平放置方向。"文字对齐"栏各选项的含义见表2-9。

表2-9　"文字对齐"栏各选项的含义

序号	选项	含义
1	水平	选中该项,无论是水平标注还是垂直标注,都将文字放置在水平位置
2	与尺寸线对齐	设置文字放置和尺寸线对齐,即与尺寸线平行
3	ISO标准	使标注文字放置符合国际标准(ISO),即在尺寸界线内部文字和尺寸线对齐,在尺寸界线外部的文字水平放置

4)"调整"选项卡：可以通过"调整"选项卡来控制尺寸标注文字、箭头及尺寸线的放置。在对话框中选择"调整"选项卡,如图2-27所示。

◆"调整选项"栏：如果尺寸界线之间的空间够用,将把文字和箭头放置在尺寸界线的里面。如果尺寸界线之间的空间不够用,AutoCAD根据尺寸界线之间的有效空间控制文字或箭头放置在尺寸界线的里面还是外面。"调整选项"栏各选项的含义见表2-10。

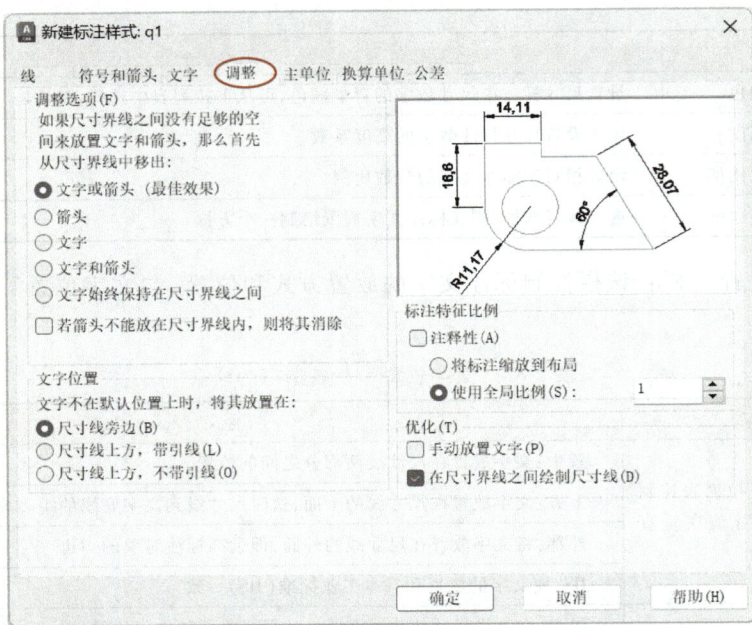

图 2-27　"新建标注样式"对话框（"调整"选项卡）

表 2-10　"调整选项"栏各选项的含义

序号	选项	含义
1	文字或箭头	当有足够的空间放置文字和箭头时,将两者都放置在尺寸界线之间
2	箭头	当尺寸界线之间的空间只够放箭头时,则箭头放置在尺寸界线之间并将文字放在尺寸界线外;若空间放不下箭头,则将文字和箭头两者都放置在尺寸界线外面
3	文字	当尺寸界线之间的空间只够放文字时,则文字放置在尺寸界线之间并将箭头放在尺寸界线外;若空间放不下文字时,则将文字和箭头两者都放置在尺寸界线外面
4	文字和箭头	若空间不能同时放下文字和箭头时,则两者都放置在尺寸界线外面
5	文字始终保持在尺寸界线之间	不管怎样总是将标注文字放置在尺寸界线之间
6	若箭头不能放在尺寸界线内,则将其消除	当空间不够时,选中该复选框则不显示箭头

◆ "文字位置"栏：把标注文字从默认位置移动后的放置方式。"文字位置"栏各选项的含义见表 2-11。

◆ "标注特征比例"栏：设置全局标注比例值或图纸空间比例。"标准特征比例"栏各选项的含义见表 2-12。

◆ "优化"栏：设置附加的最佳效果选项。"优化"栏各选项的含义见表 2-13。

表 2-11　"文字位置"栏各选项的含义

序号	选项	含义
1	尺寸线旁边	总将文字放置在尺寸线旁边
2	尺寸线上方,带引线	如果移动文字远离尺寸线,则创建一引线将文字和尺寸线连接

（续）

序号	选项	含义
3	尺寸线上方,不带引线	移动文字时保持尺寸线在原来位置,文字移动到别的位置,不用引线连接到尺寸线

表 2-12 "标注特征比例"栏各选项的含义

序号	选项	含义
1	注释性	选中该复选框,尺寸标注具有注释性
2	将标注缩放到布局	根据当前模型空间视口和图纸空间之间的比例确定比例因子
3	使用全局比例	给尺寸标注样式设置一个全局比例值。全局比例影响当前正在创建或修改的标注样式的所有设置,不影响标注的测量值

表 2-13 "优化"栏各选项的含义

序号	选项	含义
1	手动放置文字	标注尺寸时移动光标将文字放置在用户指定的位置
2	在尺寸界线之间绘制尺寸线	即使箭头在尺寸界线的外面,也在尺寸界线之间绘制尺寸线

5）"主单位"选项卡：通过"主单位"选项卡可设置尺寸标注主单位的精度和格式，给标注文字设置前缀和后缀等。"主单位"选项卡如图 2-28 所示。

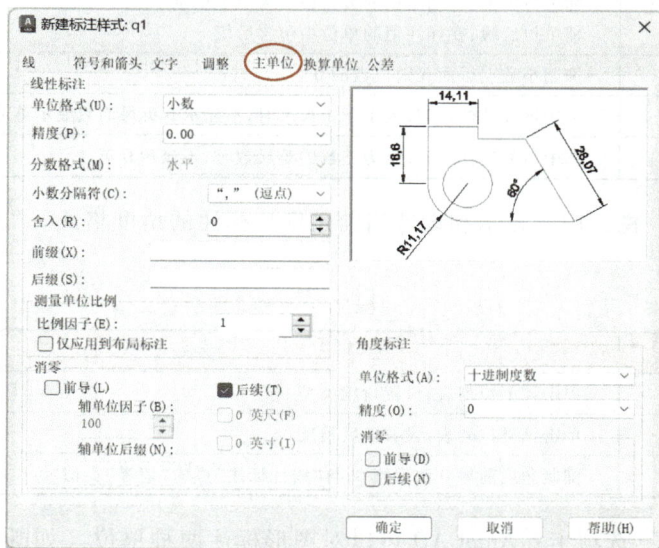

图 2-28 "新建标注样式"对话框（"主单位"选项卡）

◆"线性标注"栏：设置线性标注的主单位的格式和精度。"线性标准"栏各选项的含义见表 2-14。

表 2-14 "线性标注"栏各选项的含义

序号	选项	含义
1	单位格式	单击该下拉列表设置尺寸标注的单位类型

（续）

序号	选项	含义
2	精度	单击该下拉列表,选择单位的精度
3	分数格式	设置分数表示形式,只有在"单位格式"中选中"分数"时,这一项才有效
4	小数分隔符	设置小数点的符号,默认是逗号",",可从下拉列表中选择常用的小数点"."
5	舍入	设置除角度标注外所有尺寸标注的测量值的圆整规则
6	前缀/后缀	用于给标注文字添加一个前缀和后缀

◆ "测量单位比例"栏：定义线性比例选项。"测量单位比例"栏各选项的含义见表 2-15。

表 2-15 "测量单位比例"栏各选项的含义

序号	选项	含义
1	比例因子	设置尺寸标注时,绘制长度与标注长度的比例系数
2	仅应用到布局标注	表示只对布局尺寸标注有效

◆ "消零"栏：控制线性标注文字是否显示无效的数字 0。"消零"栏各选项的含义见表 2-16。

表 2-16 "消零"栏各选项的含义

序号	选项	含义
1	前导:抑制小数点前的 0 的显示	辅单位因子:将辅单位的数量设定为一个单位 辅单位后缀:在标注值的单位中包含后缀
2	后续	抑制小数点后面无效位数的 0
3	0 英尺	选中该复选框,当长度小于 1 英尺时,不显示 0 英尺而只显示英寸值
4	0 英寸	选中该复选框,当长度为整数的英尺数时,不显示 0 英寸

◆ "角度标注"栏：用于显示和设置当前角度型标注的角度格式。"角度标注"栏各选项的含义见表 2-17。

表 2-17 "角度标注"栏各选项的含义

序号	选项	含义
1	单位格式	单击该下拉列表,设置角度类型
2	精度	单击该下拉列表,设置角度精度
3	消零	抑制角度前导 0 和后缀 0,与"线性标注"栏的"消零"类似

6）"换算单位"选项卡：AutoCAD 可以对图形标注两种单位（如既标注毫米，又标注英寸），可通过"换算单位"选项卡来设置。"换算单位"选项卡如图 2-29 所示。

◆ "换算单位"栏：指定标注尺寸时，除角度外的自动测量值的换算单位的格式和精度。"换算单位"栏各选项的含义见表 2-18。

◆ "消零"栏：与"主单位"选项卡中的"消零"栏意义相同。

◆ "位置"栏：控制换算单位的放置位置。

7）"公差"选项卡：通过"公差"选项卡可控制尺寸标注文字公差的格式。"公差"选项卡如图 2-30 所示。

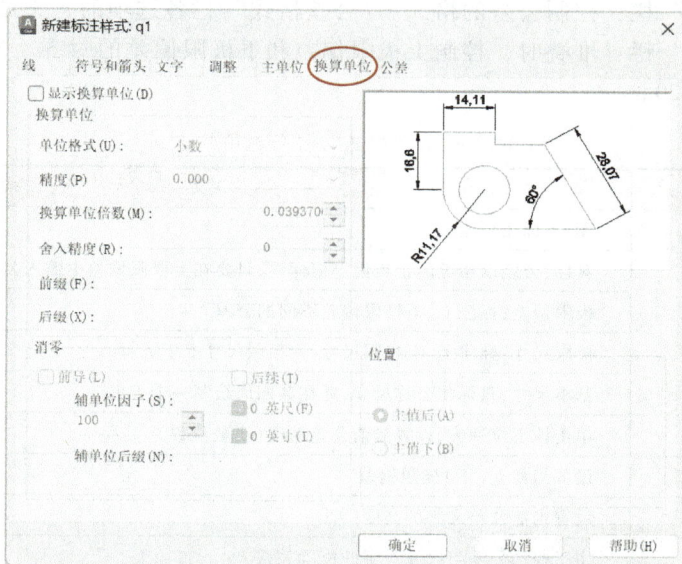

图 2-29 "新建标注样式"对话框（"换算单位"选项卡）

表 2-18 "换算单位"栏各选项的含义

序号	选项	含义
1	单位格式	单击该下拉列表,选择换算单位的类型
2	精度	单击该下拉列表,设置替代单位的精度
3	换算单位倍数	定义主单位和替代单位之间换算的倍数因子
4	舍入精度	设置换算单位的近似圆整规则,同主单位的设置
5	前缀/后缀	设置换算单位标注文字的前缀和后缀

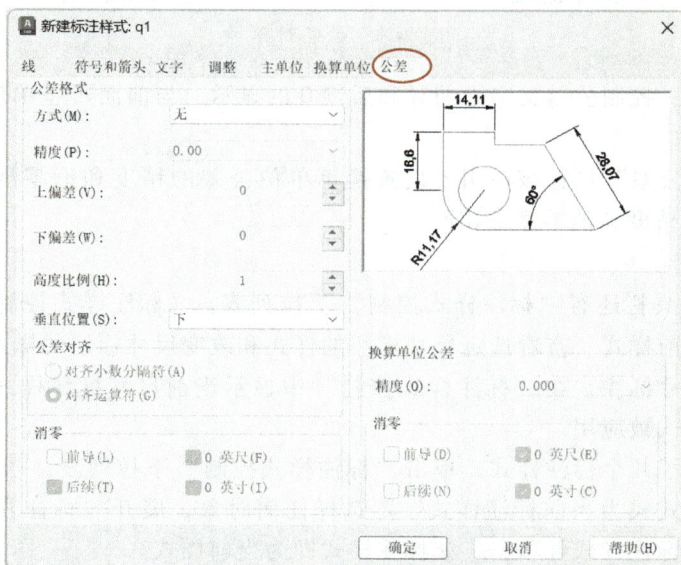

图 2-30 "新建标注样式"对话框（"公差"选项卡）

◆"公差格式"栏：控制公差的格式。"公差格式"栏各选项的含义见表2-19。

◆"公差对齐"栏：堆叠时，控制上极限偏差和下极限偏差的对齐。"公差对齐"栏各选项的含义见表2-20。

表2-19　"公差格式"栏各选项的含义

序号	选项	含义
1	方式	无:不标注公差
		对称:公差以相等的正负偏差值标注,只要在上极限偏差中输入公差值
		极限偏差:标注上、下极限偏差不同的公差
		极限尺寸:标注上、下极限尺寸,两极限尺寸上下放置
		基本尺寸:只标注公称尺寸,并在其四周绘制一个方框
1	精度	单击该下拉列表,设置当前公差精度(小数位数)
2	上偏差(下偏差)	设置当前上(下)极限偏差
3	高度比例	设置当前公差文字的高度
4	垂直位置	用于控制公差与尺寸文字的位置关系

表2-20　"公差对齐"栏各选项的含义

序号	选项	含义
1	对齐小数分隔符	通过值的小数分隔符堆叠值,如图2-31a所示
2	对齐运算符	通过值的运算符堆叠值,如图2-31b所示

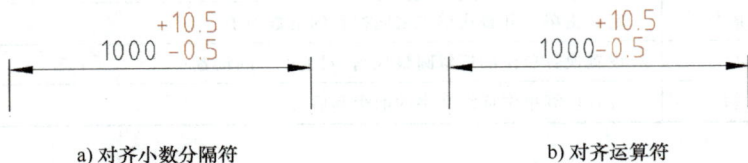

a) 对齐小数分隔符　　　　　　　　b) 对齐运算符

图2-31　公差对齐

◆"消零"栏：控制公差文字中前导和后续0的显示，与前面"主单位"中的"消零"栏相同。

◆"换算单位公差"栏：该栏用于设置换算单位公差的精度和消零规则，与前面"主单位"选项卡中的精度和消零意义相同。

3. "标注样式控制"下拉列表

在"样式"工具栏还有"标注样式控制"下拉列表。"标注样式控制"的功能是使一种标注样式成为当前样式、查看选定尺寸标注的样式和改变尺寸标注的样式。

如果未选择尺寸标注，在"标注样式控制"中显示当前尺寸标注样式。在标注新的尺寸时，当前标注样式被应用。

如果已经创建了几个标注样式，单击"标注样式控制"下拉列表，列出所有标注样式。若要使一种标注样式成为当前标注样式，不选择任何对象，展开"标注样式控制"下拉列表，从中选择一种标注样式并单击，该标注样式即为当前样式。

在"草图与注释"工作空间，"样式"工具栏中的"标注样式控制"下拉列表在"默

认"选项卡或"注释"选项卡中都有。在"默认"选项卡中，单击"注释"面板
注释 ▼，可以打开样式列表，第二行即为"标注样式"按钮和"标注样式控制"下拉列
表。在"注释"选项卡中，"标注"面板的上部即是"标注样式控制"下拉列表。

4. 操作过程

➢ 执行 DIMSTYLE 命令后打开"标注样式管理器"对话框（图 2-12），选中"样式"
列表中的 Standard，单击对话框右侧的【新建】按钮；

➢ 在弹出的图 2-32 所示的"创建新标注样式"对话框中，在"新样式名"中输入"线
性尺寸标注"，单击【继续】按钮；

➢ 系统弹出图 2-33 所示的"新建标注样式：线性尺寸标注"对话框，在"线"选项卡
中各选项按图 2-33 进行设置；

➢ 选择"符号和箭头"选项卡中，各选项按图 2-34 进行设置；

➢ 选择"文字"选项卡，各选项按图 2-35 进行设置；

➢ 选择"调整"选项卡，各选项按系统默认进行设置（图 2-36）；

➢ 选择"主单位"选项卡，各选项按图 2-37 进行设置；

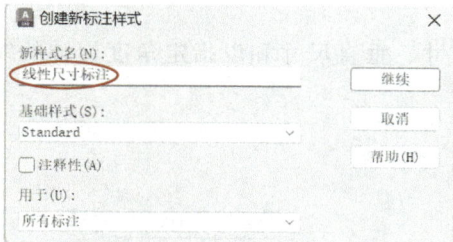

图 2-32 "创建新标注样式"对话框设置

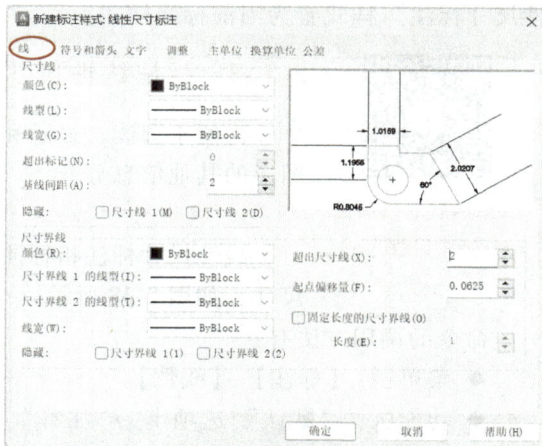

图 2-33 "线"选项卡设置

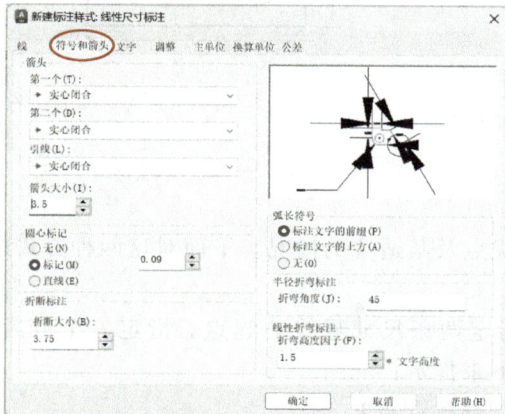

图 2-34 "符号和箭头"选项卡设置

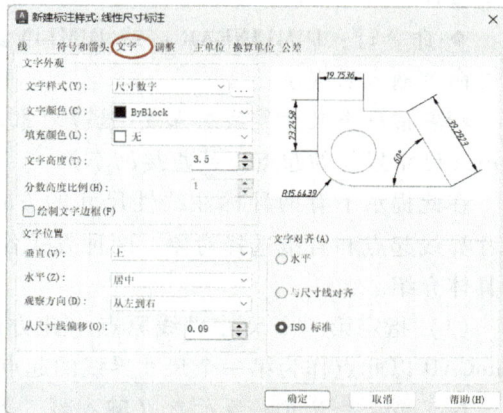

图 2-35 "文字"选项卡设置

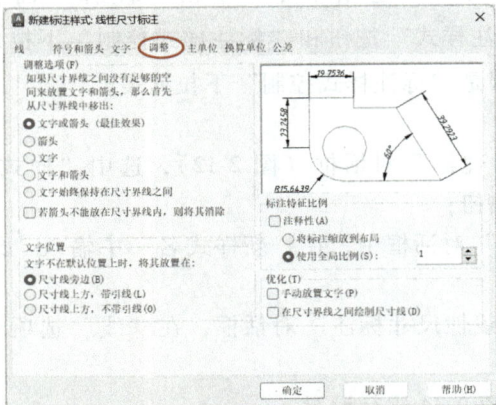

图 2-36 "调整"选项卡设置

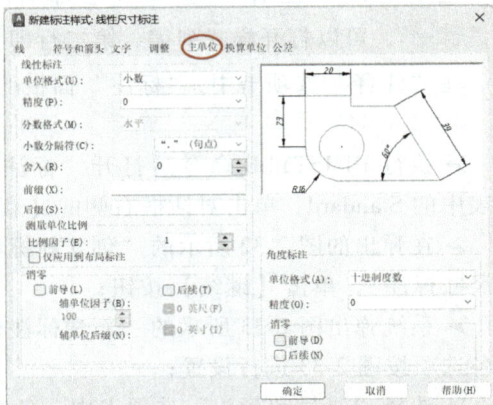

图 2-37 "主单位"选项卡设置

➤ 在"换算单位"和"公差"两个选项卡中，选择系统默认设置，完成后单击【确定】按钮，系统返回"标注样式管理器"对话框。单击右侧的【置为当前】按钮，将"线性尺寸标注"样式置为当前标注样式。

2.1.5 标注线性尺寸

为便于阅读、显示和修改，最好建立专门的尺寸标注图层，使之与图形的其他信息分开。

绘制钥匙的单面图形-标注线性尺寸

1. 线性尺寸标注

线性尺寸标注指标注水平尺寸、垂直尺寸和以指定角度旋转的线性尺寸，如图 2-38 所示。

命令的调用方法有：

◆ 菜单栏：【标注】→【线性】。

◆ 功能区："默认"选项卡→"注释"面板→ ├─┤ 线性 按钮（若未直接显示此选项，单击后方 ▼，从中选择 ├─┤ 线性 按钮）。

◆ 命令行：DIMLINEAR ✓或 DIMLIN ✓。

命令输入后提示：

指定第一个尺寸界线原点或<选择对象>：(指定第一条尺寸界线的起点，或直接回车）

图 2-38 线性尺寸标注

在此提示下有两种标注线性尺寸的方式：指定尺寸界线起点和直接选择对象。两种方式各有其优点及其适合的情况。下面对这两种方式进行具体介绍。

（1）指定第一个尺寸界线原点 此方法是指定两条尺寸界线的起点。指定一个点后，AutoCAD 以此点作为第一个尺寸界线的起点。接下来提示：

指定第二条尺寸界线原点：(输入第二条尺寸界线的起点）

指定尺寸线位置或[多行文字(M)/文字(T)/角度(A)/水平(H)/垂直(V)/旋转(R)]：

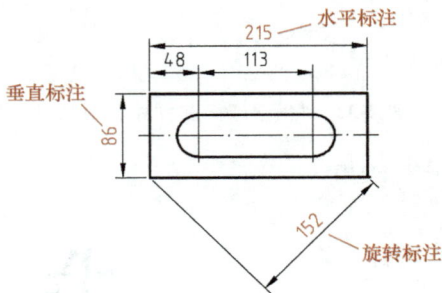

（指定尺寸线的位置命令结束；或单击一个选项或键入选项关键字后回车，进行其他选项的操作）

以上是主提示。当主提示出现后，光标的一条线与尺寸线重合，移动光标，可动态地带动尺寸线、尺寸数字移动，带动尺寸界线伸长或缩短。

当所指定的两个点既不在同一条水平线上也不在同一条竖直线上时，是标注水平尺寸还是标注垂直尺寸由光标移动的方向确定。如图 2-39 所示，A、B 两点分别是第一条、第二条尺寸界线的起点，上下移动光标到合适的位置单击，输入一点，则是标注水平尺寸；左右移动光标到合适的位置单击，输入一点，则是标注垂直尺寸。

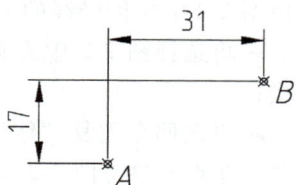

图 2-39　光标移动方向决定尺寸标注方向

下面介绍主提示的各选项：

◆ 指定尺寸线位置：这是默认选项，要求确定尺寸线的位置，鼠标移动到合适的位置后单击指定一点，尺寸线通过该点且 AutoCAD 按自动测量出的长度标出相应的尺寸文字。

◆ 多行文字（M）：使用该选项时，忽略 AutoCAD 自动测量出的长度数字，而通过打开"文字编辑器"来输入文字，设置和改变字体、高度等。

在"文字编辑器"中的修改完成之后，单击【确定】按钮，主提示重新出现，可指定尺寸线的位置或选择另外的选项。

◆ 文字（T）：该选项跟"多行文字（M）"选项类似，用于输入用户自己所需的尺寸文字，只是尺寸文字是在命令行提示和输入，且以单行文字来替代 AutoCAD 自动测量的数字。

◆ 角度（A）：用于设置尺寸文字的旋转角度值。输入一个正值后，尺寸文字逆时针方向旋转一个角度；输入一个负值后，尺寸文字顺时针方向旋转一个角度，如图 2-40 所示。

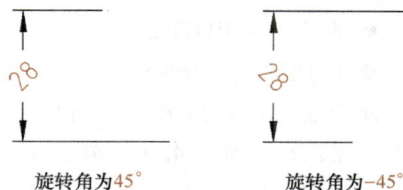

◆ 水平（H）/垂直（V）：该选项限定只进行水平（垂直）尺寸标注，而不管尺寸线定位于什么位置。

◆ 旋转（R）：使用该选项，可以标注一个旋转了特定角度的尺寸。

图 2-40　尺寸文字的旋转角度

（2）选择标注对象　若在提示"指定第一个尺寸界线起点或<选择对象>："时直接回车，则是以选择对象的方式来进行尺寸标注，此时光标变为拾取框。接下来提示：

选择标注对象：（用光标拾取直线、圆弧或圆）

图 2-41 所示为用选择对象的方式对直线、圆或圆弧进行水平或垂直标注。为明显起见，这里隐藏了第一条尺寸界线。

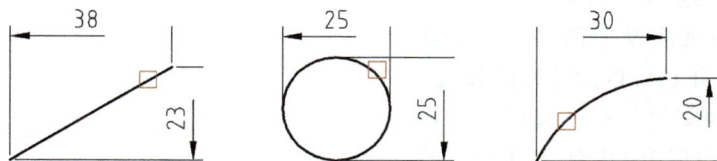

□：为选择对象时的拾取点

图 2-41　用选择对象的方式对直线、圆或圆弧进行水平或垂直标注

2. 操作过程

➤ 选择"默认"选项卡，在"图层"面板的图层下拉列表中选择"尺寸标注"为当前图层；

➤ 执行"线性标注"命令，命令行提示"指定第一个尺寸界线原点或<选择对象>："；选择图 2-2 中左侧竖线的下端点，命令行提示"指定第二条尺寸界线原点"；

➤ 再选择图 2-2 中左侧竖线的上端点，参考图 2-2 在合适位置单击鼠标左键放置尺寸线；

➤ 再次回车重复"线性标注"命令，依次选择图 2-2 中尺寸为"20"的水平线段的左右两个端点并参考图 2-2 在合适的位置单击鼠标左键放置尺寸线；

➤ 重复上一步标注图 2-2 中上方的水平尺寸"40"，在放置过程中注意尺寸线与上一步尺寸"20"的尺寸线对齐；

➤ 其他尺寸的标注方法与上面相同，这里不再赘述。

2.1.6 打印输出图形

绘制钥匙的单面图形-打印输出

1. 打印图形设置

图形打印命令输入方式如下。

◆ 菜单栏：【文件】→【打印】。

◆ 快速工具按钮：🖨。

◆ 功能区："输出"选项卡→🖨 按钮。

◆ 命令行：PLOT ↙。

◆ 快捷键：<Ctrl>+<P>。

命令输入后若只显示"打印"对话框的左半部分（图 2-42），单击右下角的"更多选项"按钮 ⊙，展开整个对话框，如图 2-43 所示。

◆"页面设置"栏："名称"是一个下拉列表，可以从中选择一个命名页面设置作为当前的页面设置。

单击【添加】按钮，将弹出"添加页面设置"对话框，在对话框的"新页面设置名"文本框中输入新页面设置名，并单击【确定】按钮，返回"打印"对话框，这样就基于当前的页面设置创建了一个新的命名页面设置，并且可以继续修改设置。

◆"打印机/绘图仪"栏：选择"打印到文件"复选框，打印输出到文件而不是

图 2-42 "打印"对话框左半部分

绘图仪或打印机。打印文件的默认位置是在"选项"对话框中"打印和发布"选项卡中的"打印到文件操作的默认位置"中指定的。

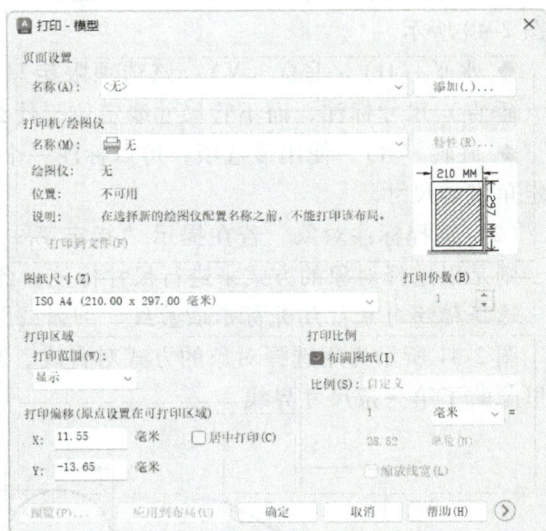

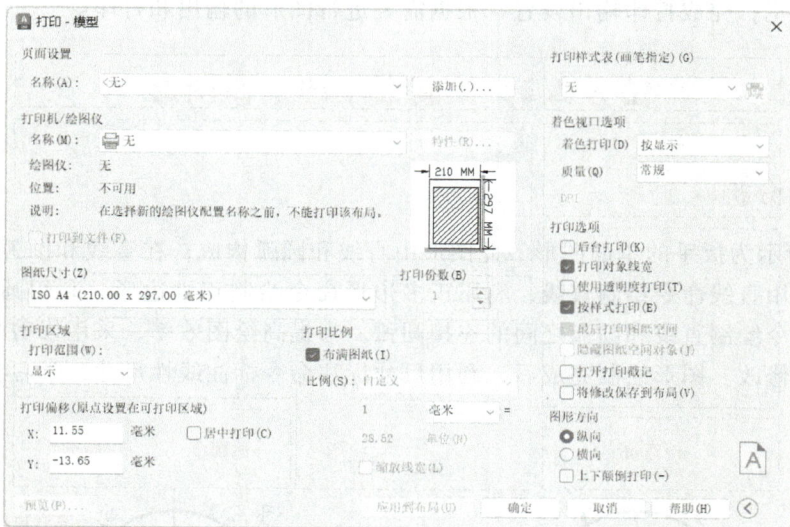

图 2-43　完整的"打印"对话框

◆"打印份数"栏：此栏中的数字指定打印的份数。打印到文件时，此选项不可用。

◆"打印选项"栏：选中"后台打印"选项时，在后台处理打印，可以在打印或发布作业的同时，继续进行对图形的操作。选中"打开打印戳记"选项时，在每个图形的指定角点处放置打印戳记并/或将戳记记录到文件中，同时将在其右侧显示"打印戳记设置"按钮，单击该按钮，将打开"打印戳记设置"对话框，可以通过该对话框指定要应用于打印戳记的信息，如图形名称、日期和时间、打印比例等。

选中"将修改保存到布局"，将在"打印"对话框中所做的修改保存到布局。

◆【应用到布局】按钮：将当前"打印"对话框设置保存到当前布局。

◆【确定】按钮：单击【确定】按钮，将使用当前设置开始打印，并显示"打印进度"对话框。

2. 操作过程

➤"打印"命令执行后，弹出图 2-43 所示的"打印"对话框，在"打印机绘图仪"栏中的"名称"下拉列表中选择"AutoCAD PDF"打印机；

➤在"图纸尺寸"栏的下拉列表中选择"A4"大小的图纸；

➤在"打印区域"栏中的"打印范围"下拉列表中选择"窗口"；

➤在"打印偏移"栏中勾选"居中打印"；

➤在"打印比例"栏中的"比例"下拉列表中选择"2：1"；

➤在"打印样式表"的下拉列表中选择"acad.ctb"，对图形进行彩色打印；

➤在"图纸方向"栏中勾选"横向"；

➤单击"应用到布局"按钮，然后单击【预览】按钮，系统弹出图 2-44 所示的打印预览图形；

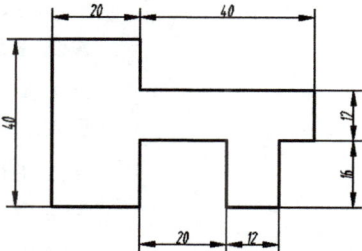

图 2-44　打印预览图形

49

➢ 关闭预览，完成打印输出设置，根据需要进行图形的输出和打印。

任务2.2 绘制扳手的单面图形

2.2.1 图形分析

图 2-45 所示为扳手的单面图形。此图形由直线和圆弧构成，在直线和圆弧之间有圆角。绘制过程可采用直线命令绘制直线，利用正多边形命令绘制正六边形，利用圆命令绘制圆，利用倒圆角命令绘制直线和圆弧之间的连接圆弧。为提高绘图效率，采用修剪命令和偏移命令进行图形的修改。图形绘制完成后，利用尺寸标注命令标注线性尺寸，学习半径和直径的标注方法。

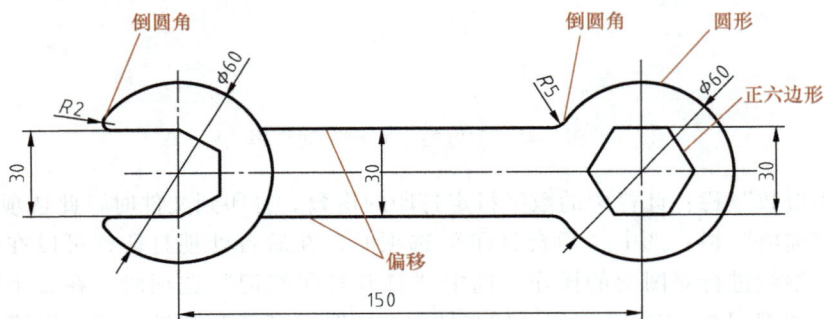

图 2-45 扳手的单面图形

2.2.2 绘制圆

绘制扳手的单面图形-圆命令

1. 绘制圆命令

AutoCAD 提供了 6 种绘制圆的方法，可通过下拉菜单选择，也可在按钮或键盘输入命令后，对命令行提示键入关键字选择。"圆"命令的输入方法如下。

◆ 菜单栏：【绘图】→【圆】（图 2-46a）。

◆ 功能区："默认"选项卡→"绘图"面板→"圆"下拉按钮 ⊙ （图 2-46b）。

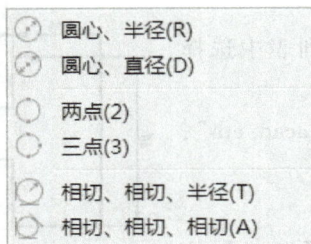

a)[绘图]→[圆]子菜单

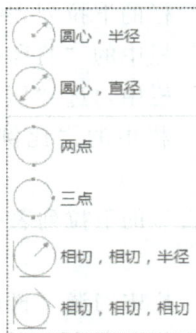

b)"圆"命令下拉菜单

图 2-46 "圆"命令菜单

◆ 命令行：CIRCLE ↙或 C ↙。

命令输入后的主提示为：

指定圆的圆心或[三点(3P)/两点(2P)/切点、切点、半径(T)]:*(输入圆心，或单击选项或键入选项关键字后回车)*

下面对各种方法分别进行介绍。

（1）指定圆的圆心　这是画圆的首选项。指定圆心时，可用鼠标在屏幕上拾取点或从键盘输入点的坐标。对主提示输入圆心后继续提示：

指定圆的半径或[直径(D)]:*(输入半径，或单击直径(D)或键入D后回车)*

◆ 指定圆的半径：这是以圆心和半径画圆。半径值可从键盘键入，也可在屏幕上拾取一点，该点到圆心的距离为半径值。

◆ 直径（D）：这是以圆心和直径画圆。选择"直径"选项或键入D后，继续提示：

指定圆的直径 <当前值>:*(输入直径)*

直径值可从键盘键入，也可在屏幕上拾取一点，该点到圆心的距离为直径值。

（2）三点（3P）　这是通过指定三点画圆。选择该选项后，接下来提示：

指定圆上的第一点:*(输入一点)*

指定圆上的第二点:*(输入一点)*

指定圆上的第三点:*(输入一点)*

指定圆上的三点时，可用光标拾取点或从键盘键入点的坐标。

（3）两点（2P）　这是指定两点（直径的两个端点）画圆。选择该选项后，接下来提示：

指定圆直径的第一个端点:*(输入一点)*

指定圆直径的第二个端点:*(输入一点)*

指定圆直径的端点时，可用光标拾取点或从键盘键入点的坐标。

（4）切点、切点、半径（T）　利用该选项可以绘制与已知两个对象（如直线、圆或圆弧等）相切的圆。一旦光标移动到相切对象上，将出现相切标记。例如，要绘制一个与已知一条直线和一个圆相切的圆（图2-47），可采用该选项。接下来提示：

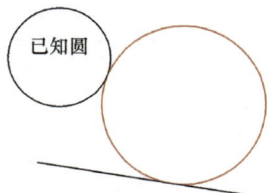

图2-47　圆与已知圆及直线相切

指定对象与圆的第一个切点:*(用光标拾取直线)*

指定对象与圆的第二个切点:*(用光标拾取圆)*

指定圆的半径 <当前值>:*(输入半径)*

半径值可从键盘键入，也可用光标拾取两点作为半径值。

利用切点、切点、半径(T)选项，可以解决工程制图上的圆弧连接问题。例如，一个圆或圆弧与两个圆内、外切问题，可很容易地画出，如图2-48所示。

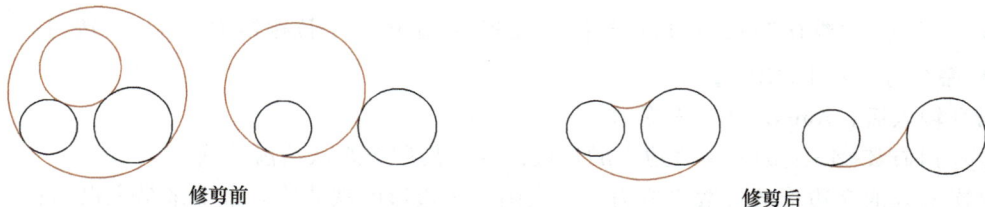

修剪前　　　　　　　　　　　　　　　　修剪后

图2-48　圆弧连接举例

（5）相切、相切、相切　使用"相切、相切、相切"选项，可绘制出与三个对象相切的一个圆。此选项实际上是三点绘圆选项的调整（也可用 3P 选项结合切点捕捉实现）。把光标移动到相切对象上，将出现相切标记，依次单击三个已知对象，AutoCAD 会自动找到三个切点，然后过该三点生成一个圆。例如，要绘制与一条直线、一个圆弧和一个圆同时相切的圆（图2-49），操作过程如下。

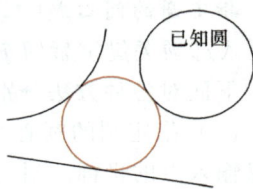

指定圆上的第一点:tan 到（用光标拾取直线）

指定圆上的第二点:tan 到（用光标拾取圆弧）

指定圆上的第三点:tan 到（用光标拾取圆）

图 2-49　圆与已知圆、直线及圆弧相切

2. 操作过程

对于图 2-45 所示扳手的单面图形。沿用模块一中设置好图层的 A3 绘图模板，利用直线命令绘制中心线，如图 2-50a 所示。

➤ 命令行输入：CIRCLE ↙；

➤ 指定圆的圆心:选择图 2-50a 中左侧中心线交点；

➤ 指定圆的半径或［直径(D)］:30 ↙；

➤ 回车完成圆命令；

➤ 再次回车，重复圆命令；

➤ 指定圆的圆心:选择图 2-50a 中右侧中心线交点；

➤ 指定圆的半径或［直径(D)］:30 ↙；

➤ 回车完成圆命令，结果如图 2-50b 所示。

a)　　　　　　　　　　　　　　　　b)

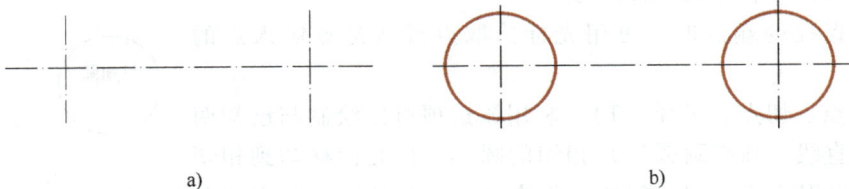

图 2-50　扳手中圆的绘制

2.2.3　绘制正多边形

1. 绘制正多边形命令

画正多边形的方法有三种。正多边形的边数是 3～1024 之间的整数。

绘制扳手的单面图形-正多边形命令

命令输入方法：

◆ 菜单栏：【绘图】→【多边形】。

◆ 功能区："默认"选项卡→"绘图"面板→"矩形"下拉按钮中的 ⬠ 多边形 按钮。

◆ 命令行：POLYGON ↙。

命令输入后，AutoCAD 首先提示：

输入侧面数<4>:（键入正多边形的边数，或直接回车默认当前边数）

这次输入的多边形的边数将成为下一次画正多边形的默认值。接下来是主提示：

指定正多边形的中心点或［边（E）］：(输入中心点，或单击边（E）或键入 E 后回车)

主提示中的两个选项介绍如下。

（1）指定正多边形的中心点　这是默认选项，多边形中心点可由键盘键入点的坐标或用鼠标在屏幕上指定一点。接下来提示：

输入选项［内接于圆（I）/外切于圆（C）］<I>：(直接回车画内接于圆的多边形，或单击"外切于圆"选项画外切于圆的多边形)

◆ 内接于圆（I）：这是画内接于圆的多边形（多边形的所有顶点都在一个假想圆的圆周上），如图 2-51 所示。接下来提示输入假想圆半径，可以直接输入一个半径值，也可用鼠标拾取一点，该点与中心点的连线长为半径，且该点也是正多边形的一个顶点。

◆ 外切于圆（C）：这是画外切于圆的多边形（多边形的各边与假想圆相切，切点是多边形的各条边的中点），如图 2-51 所示。接下来也要指定圆的半径。半径值可以直接键入，也可用鼠标拾取一点，该点与中心点的连线长为半径，该点也是正多边形一条边的中点。

从图 2-51 可以看出，输入同样的半径值绘制的内接与外切正五边形的边长不一样，外切于圆的正五边形的边长要长。

（2）边（E）　这是通过确定边长来绘制正多边形。接下来提示：

指定边的第一个端点：(输入一点)

指定边的第二个端点：(输入一点，或键入边长值后回车)

端点可从键盘键入点的坐标或用鼠标在屏幕上指定一点。指定第一个端点后，移动光标，光标的橡皮筋与正多边形的边重合。若再输入第二个端点，按逆时针方向以两点连线为第一条边绘制出一个正多边形（图 2-52）；若键入边长值后回车，则以橡皮筋为第一条边方向绘制出一个正多边形。

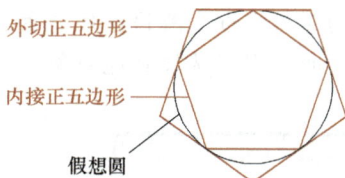

图 2-51　内接与外切正多边形　　　图 2-52　以"边长"画多边形

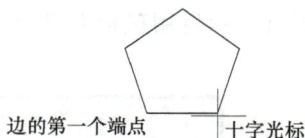

2. 操作过程

对于扳手的单面图形，紧接上一步圆已绘制的图 2-50 所示图形，进行如下操作。

➢ 命令行输入：POLYGON↙；
➢ 输入侧面数<4>：6↙；
➢ 指定正多边形的中心点或［边（E）］:选择左侧中心线交点；
➢ 输入选项［内接于圆（I）/外切于圆（C）］<I>：↙（选择内接于圆绘制多边形）;
➢ 指定圆的半径：15↙，完成左侧正六边形的绘制；
➢ 直接↙，继续执行多边形命令绘制右侧正六边形（过程同上不再赘述），结果如图 2-53 所示。

图 2-53　正六边形的绘制

2.2.4　选择对象

绘图过程中经常需要准确选择对象，选择对象（Select）的方式主要有：点选、窗口（Window）、上一个（Last）、窗交（Crossing）、前一个（Previous）、全部（ALL）、栏选（Fence）、圈围（Wpolygon）、圈交（Cpolygon）、添加（Add）、删除（Remove）、放弃（Undo）。除了这些选择对象的方式，还有编组（Group）、多个（Multiple）、框（BOX）、自动（Auto）、单个（Single）、子对象（Subobject）、对象（Object），以及"选择循环"，但由于这些方式不常用，所以这里不再详细介绍。

以上所有这些对象选择方式不在任何菜单或工具栏中显示，但在 AutoCAD 提示 选择对象: 时，可能全部或一部分选择方式可用，键入选择方式的前一个或两个字母（即关键字）后回车，即选定了一种选择对象的方式。如果键入了非法的选项关键字，命令行将显示：

"＊无效选择＊

需要点选或窗口（W）/上一个（L）/窗交（C）/框（BOX）/全部（ALL）/栏选（F）/圈围（WP）/圈交（CP）/编组（G）/添加（A）/删除（R）/多个（M）/前一个（P）/放弃（U）/自动（AU）/单个（SI）/子对象（SU）/对象（O）

选择对象:"

再键入合法的选择关键字并回车即可。

1. 点选

即用光标拾取框直接选择对象。

某些情况下，对象会重叠在一起，很难选择彼此靠近的对象或直接相互重叠的对象。图 2-54 中的示例显示了位于拾取框内的两条直线和一个圆。此时，将光标置于最前面的对象上，按住<Shift>键的同时反复按空格键，重叠在一起的对象将逐个醒目循环显示。等到待选的对象醒目显示后用鼠标左键单击，则此对象被选中，而后提示选择其他对象。

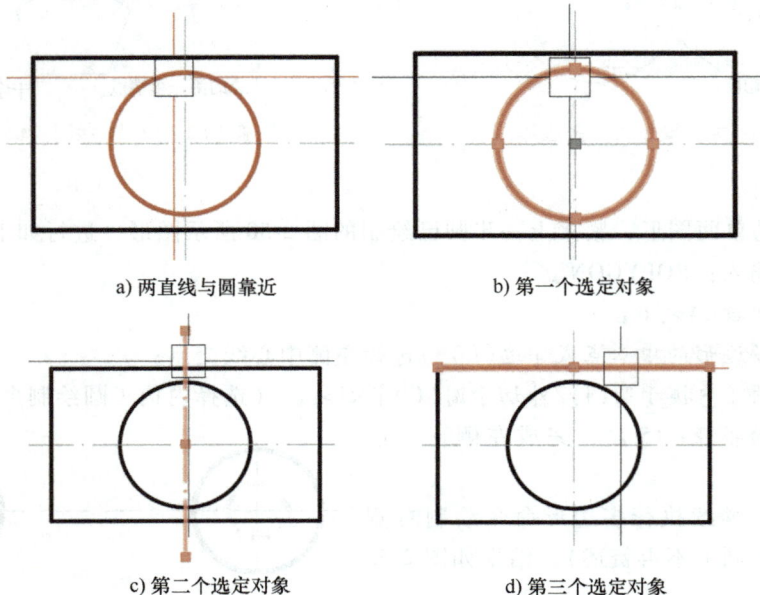

a) 两直线与圆靠近　　　　　　　　b) 第一个选定对象

c) 第二个选定对象　　　　　　　　d) 第三个选定对象

图 2-54　选择彼此靠近的对象

2. 窗口（W）

在选择对象:提示下键入 W 后回车，就是使用选择对象的窗口方式，即通过定义一个实线选择窗口来构造选择集。操作过程如下。

选择对象:W↙

指定第一个角点:(输入一点)

指定对角点:(输入一点)

指定角点时，可用鼠标在合适的位置指定一点，然后移动鼠标，这时光标会拉出一个实线、蓝色半透明的矩形选择窗口，到合适的位置后指定另一点，完全在窗口内的对象被选中，而仅有一部分在矩形选择窗口内的对象不会被选中，如图 2-55 所示。角点也可通过键入其坐标来指定。

3. 窗交（C）

在选择对象:提示下键入 C 后回车，就是使用选择对象的窗交方式。窗交方式的用法与窗口方式类似，不同的是：①窗交方式拉出的是虚线、绿色半透明的矩形选择窗口（称为"交叉窗口"）；②窗口内及与窗口边界相交的对象都会被选中，也就是说，如果一个对象只要有一部分在窗口内，那么整个对象都包含在选择集之中，如图 2-56 所示。

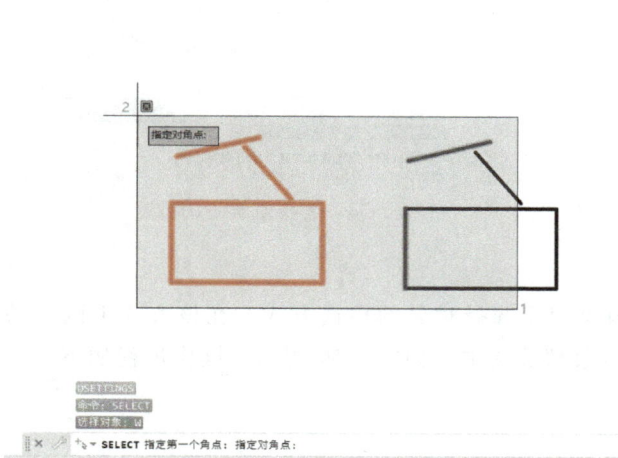

图 2-55　窗口选择对象示例　　　　图 2-56　窗交选择对象示列

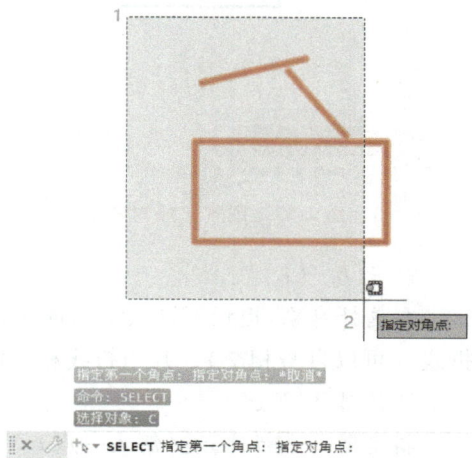

4. 前一个（P）

在选择对象:提示下键入 P 后回车，是将上一个修改命令的选择集添加至本次命令的选择集。AutoCAD 能记住最后一个选择集，使用这种方式可以对同一选择集内的对象连续进行几种操作。例如，如果已经移动了一个选择集，再把它旋转一个角度，就可对旋转命令的选择对象:提示用 P 响应，这样就可以选中之前移动命令所选中的对象。

5. 上一个（L）

在选择对象:提示下键入 L 后回车，是以最近所绘制的一个图形对象为选择集。

6. 圈围（WP）

在选择对象:提示下键入 WP 后回车，是使用选择对象的圈围方式。圈围方式是用一个实线、蓝色半透明的多边形选择窗口选择对象，而不是一个矩形窗口。操作过程如下。

选择对象：*WP* ↙

第一圈围点：（输入一点）

指定直线的端点或［放弃(U)］：（输入一点，或以 U 响应取消刚输入的点，提示将重复出现，直接回车结束重复提示）

这种方式实际上是在待选对象的周围指定一些点，形成一个多边形选择区域。需要注意的是，多边形可以是任何形状，但其边不能相交。一旦把要选择的对象围住，完全在多边形之内的对象才被选中，如图 2-57 所示。

7. 圈交（CP）

圈交方式类似于圈围方式，不同是：①圈交方式拉出的是虚线、绿色多边形选择窗口（称为"交叉多边形"）；②多边形内及与多边形边界相交的对象都会被选中，如图 2-58 所示。

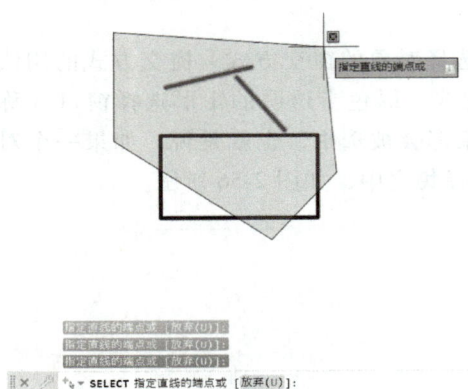

图 2-57　圈围选择对象示例

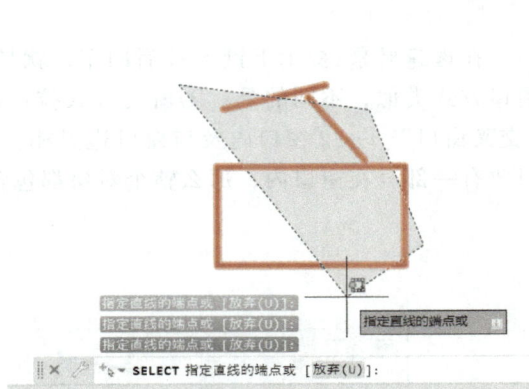

图 2-58　选择对象下的圈交

8. 栏选（F）

在选择对象：提示下键入 F 后回车，就是使用选择对象的栏选方式，在该方式下画一条折线（可以自身相交），凡与折线相交的对象都被选中，如图 2-59 所示。操作过程如下。

选择对象：*F* ↙

指定第一个栏选点：（输入一点）

指定下一个栏选点或［放弃(U)］：（输入一点，或以 U 响应取消刚输入的点，提示将重复出现，直接回车结束重复提示）

要在一幅复杂的图形当中选择彼此不相邻的几个对象，可使用栏选方式。

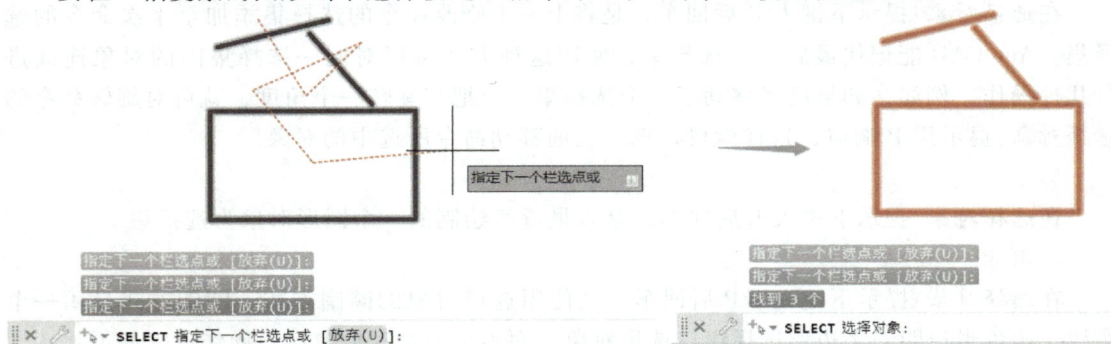

图 2-59　栏选选择对象示例

9. 全部（ALL）

在选择对象：提示下键入 ALL 后回车，是选择图形中的所有对象，如图 2-60 所示，包括关闭图层上的对象（但不包括冻结和锁定图层上的对象）。全部方式命令输入时，必须拼写完整。

选择了所有对象之后，可利用删除方式从选择集中去掉一些对象。

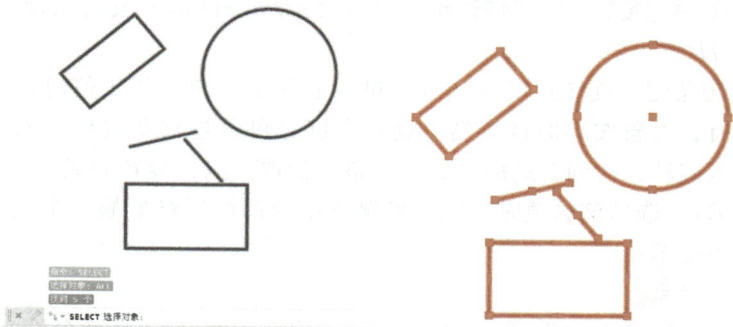

图 2-60　选择对象下的全部

10. 放弃（U）

在选择对象:提示下键入 U 后回车，就是放弃最近一次选择的对象，但是不退出选择对象状态，可以继续向选择集中添加对象。

11. 删除（R）

选择对象:提示是要求用户向选择集中添加对象，一旦添加了不该添加的对象，可以用删除方式把它们从选择集中清除。

在选择对象:提示下键入 R 后回车，提示变为删除对象:，这时可用前面所述的各种选择对象的方法，从选择集中选择不该被选中的对象，这些对象就从亮显状态变回其原状态。

删除对象:提示不会自动变为选择对象:的提示，若想继续向选择集中添加对象，即把删除对象:变回选择对象:，就要使用添加方式。

从选择集中删除已经选中的对象，更简单的方法是按下<Shift>键并再次选择对象，即可将其从当前选择集中删除。可以无限制地从选择集中添加和删除对象。

12. 添加（A）

在删除对象:提示下键入 A 后回车，提示变为选择对象:，即从删除对象状态切换到添加对象状态，以便用其他方式继续向选择集中添加对象。

2.2.5 旋转对象

1. 旋转命令

使用旋转命令可将选定的对象旋转一定的角度。命令的输入方式如下。

◆ 菜单栏：【修改】→【旋转】。

◆ 功能区："默认"选项卡→"修改"面板→ ↻ 旋转(R) 按钮。

◆ 命令行：ROTATE↵或 RO↵。

命令输入后提示：

绘制扳手的单面
图形-旋转命令

UCS 当前的正角方向： ANGDIR＝逆时针 ANGBASE＝0

选择对象：*(该提示重复出现。用任何一种选择方式选择对象，回车结束重复提示)*

指定基点：*(输入一点)*

基点一般选定图形对象的一个特殊点，如角点、圆心等。输入点时，可从键盘键入点的坐标，也可用鼠标在屏幕上拾取（可结合对象捕捉）。接下来是主提示：

指定旋转角度，或［复制（C）/参照（R）］<（当前角度）>：*(输入旋转角度，或单击一个选项或键入关键字后回车)*

（1）指定旋转角度　旋转角度可从键盘键入后回车。角度为正值时，对象按逆时针旋转；角度为负值时，对象按顺时针旋转。旋转角度也可通过移动鼠标输入，随着光标的移动，选中的对象也旋转，待到合适的位置在屏幕上拾取一点，旋转完成。

（2）复制（C）　选择该选项时，原对象保持不变，把原对象的一个副本旋转一个角度进行复制。接下来提示：

旋转一组选定对象。

指定旋转角度，或［复制（C）/参照（R）］<（当前角度）>：*(输入旋转角度)*

如图 2-61 所示，对矩形以左下角点为基点进行旋转复制。

（3）参照（R）　选择该选项时，参照一个参考角度旋转选中对象。参考角度的输入方法有以下两种。

◆ 从键盘键入参考角度。对主提示选择参照(R)选项后，接下来操作过程如下：

指定参照角<（当前角度）>：*(输入一个参考角度)*

指定新角度或［点（P）］<（当前角度）>：*(输入一个新角度，或移动光标到所需位置后单击，或选择点(P)或键入 P 后回车)*

选中对象绕基点的实际旋转角度＝新角度−参考角度。

若对指定新角度或［点（P）］<0>：选择点(P)选项，接下来提示指定两点，两点连线与水平向右方向的夹角为新角度。

◆ 由光标指定两点来确定参考角度。对主提示选择参照(R)选项后，接下来操作过程如下：

指定参照角<（当前角度）>：*(用光标输入一点)*

指定第二点：*(用光标输入第二点)*

指定新角度或［点（P）］<（当前角度）>：*(移动光标到所需位置后单击，或键入新角度值，或单击点(P)或键入 P 后回车)*

回答指定参照角<（当前角度）>：的两点，可以是被旋转对象上的两个特殊点（可结合对象捕捉），然后移动鼠标，随着光标的移动，选中的对象跟随旋转，待到合适的位置拾取一点，旋转完成。实际上，这种方法是参考一条直线来旋转对象，当要将被旋转对象旋转到与其他对象对齐，但又不知道旋转角度时，这种方法非常有用。

如图 2-62 所示，将实线部分旋转到与虚线部分重合，*OA* 的角度及 *OA* 与 *OB* 的夹角未知，以 *OA* 作为参考直线来旋转对象。输入命令并选择对象后操作过程如下：

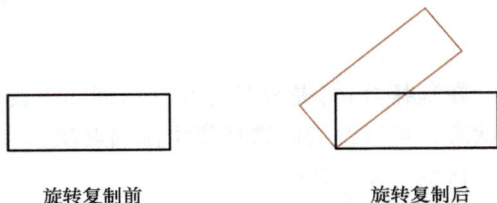

图 2-61　旋转复制

旋转复制前　　　旋转复制后

指定基点:*(输入 O 点)*

指定旋转角度,或[复制(C)/参照(R)]<0>:*(单击参照(R)或键入 R 后回车)*

指定参照角<0>:*(输入 O 点)*

指定第二点:*(输入 A 点)*

指定新角度或[点(P)]<0>:*(输入 B 点)*

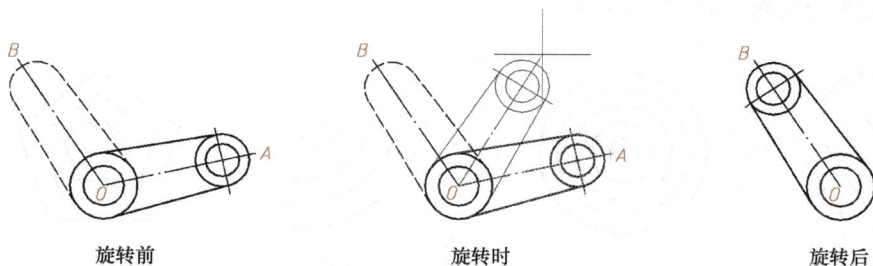

| 旋转前 | 旋转时 | 旋转后 |

图 2-62 由光标指定两点来确定参考角度

2. 操作过程

扳手图形中的正六边形绘制结果如图 2-63 所示,接下来进行旋转操作,过程如下。

图 2-63 旋转正六边形

➤ 命令行输入:ROTATE ↙;

➤ 选择对象:点选图 2-63 中左侧的正六边形↙;

➤ 指定基点:选择左侧正六边形的中心点;

➤ 指定旋转角度,或[复制(C)/参照(R)]:90 ↙,完成正六边形的旋转,结果如图 2-63 所示。

2.2.6 偏移对象

1. 偏移命令

使用偏移命令创建同心圆(弧)、平行线和平行曲线等对象。命令输入方式如下。

**绘制扳手的单面
图形-偏移命令**

◆ 菜单栏:【修改】→【偏移】。

◆ 功能区:"默认"选项卡→"修改"面板→ ⊂ 偏移(S) 按钮。

◆ 命令行:OFFSET ↙ 或 O ↙。

命令输入后显示当前设置和主提示:

当前设置:删除源=否 图层=源 OFFSETGAPTYPE=0

指定偏移距离或[通过(T)/删除(E)/图层(L)]<通过>:*(输入一个偏移值,或直接回车,或单击选项或键入选项关键字后回车)*

(1)指定偏移距离 该选项是先指定偏移距离,然后选择被偏移对象,再确定向哪边偏移。偏移数值可从键盘键入,或用光标指定两点,两点之间的长度作为偏移距离。接下来提示:

选择要偏移的对象,或[退出(E)/放弃(U)]<退出>:*(用光标拾取一个要被偏移的对象,*

或直接回车，或单击选项或键入选项关键字后回车）

　　指定要偏移的那一侧上的点，或［退出（E）/多个（M）/放弃（U）］<退出>:（用光标在被偏移对象的一侧拾取一点，或直接回车，或单击选项或键入选项关键字后回车）

　　上述两行提示重复出现，直至回车结束命令。偏移过程中，偏移后得到的新对象又可以作为被偏移对象进行偏移，因此，可生成被偏移对象的一系列等距相似图形对象，如等距同心圆，相似多边形等，如图 2-64 所示。

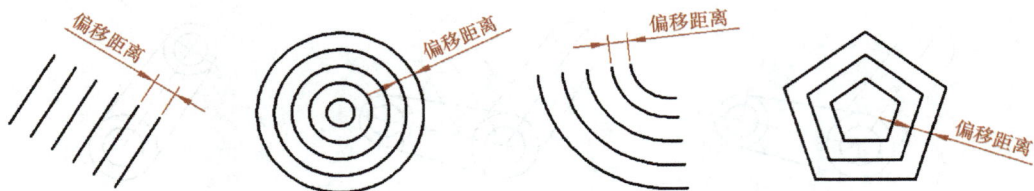

图 2-64　指定偏移距离和偏移方向等距离偏移

　　上述两个提示中的选项说明如下：

　　1）**退出（E）**是退出偏移命令。**放弃（U）**是放弃上一个偏移操作。**多个（M）**是选择一次对象而进行多次偏移，即按当前偏移距离，不用再选择被偏移对象，只要重复指定偏移到哪一侧即可。接下来的提示是：

　　2）**指定要偏移的那一侧上的点**，或［退出（E）/放弃（U）］<下一个对象>:（用光标在被偏移对象的一侧拾取一点，或直接回车，或单击选项或键入选项关键字后回车）

　　该提示重复出现，直至对其直接回车，**选择要偏移的对象**，或［退出（E）/放弃（U）］<退出>:再次出现。可再选择其他被偏移对象继续进行偏移；或选择**退出（E）**退出，选择**放弃（U）**放弃。

　　图 2-65a 所示是按**多个（M）**方式偏移，其中的点 P_1、P_2、P_3……是在被偏移对象两侧指定的点（不用再选择被偏移对象），而且这些点还可以重合。

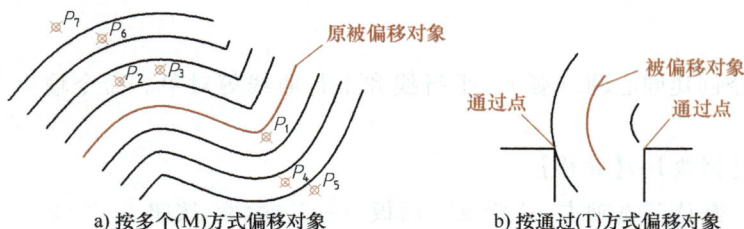

a) 按多个(M)方式偏移对象　　　　　　b) 按通过(T)方式偏移对象

图 2-65　偏移对象其他方式

　　（2）**通过（T）**　该选项是让偏移后的新对象通过（或延长通过）指定的点。对主提示选择**通过（T）**或直接回车，接下来提示：

　　选择要偏移的对象，或［退出（E）/放弃（U）］<退出>:（用光标拾取一个要被偏移的对象）

　　指定通过点或［退出（E）/多个（M）/放弃（U）］<退出>:（用光标指定新对象通过的点）

　　这两个提示重复出现，直至对其回车结束命令。若要使新对象通过指定的点（如图形上的特殊点），采用这种方式较好，如图 2-65b 所示。

　　提示中的**退出（E）**和**放弃（U）**与前段所述意义一样。而**多个（M）**选项是只选择一次被偏移对象，接下来可连续指定多个通过的点。这时的提示是：

指定通过点或[退出(E)/放弃(U)]<下一个对象>:（用光标指定新对象通过的点）

该提示重复出现，直至对其直接回车，选择要偏移的对象，或[退出(E)/放弃(U)]<退出>：再次出现，可选择其他被偏移对象；选择退出(E)则退出，选择放弃(U)则放弃。

（3）删除（E） 该选项是在偏移完成后将原被偏移对象删除。选择删除(E)后，接下来提示：

要在偏移后删除源对象吗？[是(Y)/否(N)]<否>:（直接回车默认当前选项，或单击否(N)或键入 N 后回车，偏移后不删除源对象；单击是(Y)或键入 Y 后回车，偏移后删除源对象）

接下来回到主提示。

（4）图层（L） 该选项是确定偏移后的新对象创建在当前图层还是被偏移源对象所在图层。对主提示选择图层(L)，接下来提示：

输入偏移对象的图层选项[当前(C)/源(S)]<当前>:（直接回车默认当前选项，或选择当前(C)，偏移后的新对象创建在当前图层；选择源(S)，新对象创建在源对象所在的图层）

接下来回到主提示。

2. 操作过程

正六边形被旋转后的结果如图 2-63 所示，接下来进行偏移操作，过程如下。

➤ 命令行输入：OFFSET ✓；

➤ 指定偏移距离或[通过(T)/删除/(E)/图层(L)]<通过>:15 ✓；

➤ 选择要偏移的对象，或[退出(E)/放弃(U)]<退出>:选择图 2-62 中的水平中心线，在中心线的上方点选一点；重复选择水平中心线，再在中心线下方点选一点，完成中心线的偏移。将偏移得到的两条直线放到"粗实线"层中，结果如图 2-66 所示。

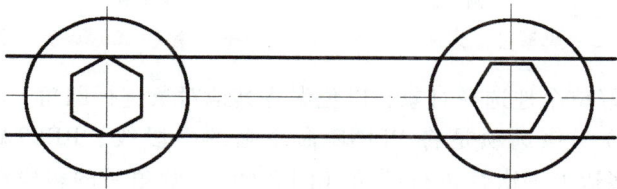

图 2-66　偏移中心线

2.2.7　倒圆角

1. 圆角命令

圆角命令将两个对象用一段圆弧连接，实现两对象的光滑过渡。如果两个对象在同一图层上，则圆角也在该图层上；否则，圆角在当前层上，其颜色、线型、线宽随当前层。

命令的输入方式如下。

◆ 菜单栏：【修改】→【圆角】。

◆ 功能区："默认"选项卡→"修改"面板→ ⌐ 圆角(F) 按钮。

绘制扳手的单面图形-倒圆角

◆ 命令行：FILLET↙或 F↙。

命令输入后显示当前模式和主提示：

当前模式:模式=修剪,半径=(当前值)

选择第一个对象或[放弃(U)/多段线(P)/半径(R)/修剪(T)/多个(M)]:(拾取第一个对象，或单击选项或键入选项关键字后回车)

（1）半径（R） 进行圆角前，应该先确定圆角半径。系统默认圆角半径为 0。每次设置的半径值将作为以后 FILLET 命令的默认圆角半径。新设置的半径值不影响已经存在的圆角。选择半径(R)选项用于设置圆角半径，接下来提示：

指定圆角半径<(当前值)>:(键入圆角半径，或指定两点，两点间的距离为半径)

接下来回到主提示。

（2）选择第一个对象 这是首选项。如果用户不用改变圆角半径，直接进行圆角的操作过程是：对主提示以拾取第一个对象回答，接下来提示再拾取第二个对象。拾取第一个对象后，接下来提示：

选择第二个对象,或按住<Shift>键选择对象以应用角点或[半径(R)]:(拾取第二个对象，或按住<Shift>键拾取第二个对象，或单击半径(R)或键入 R 后回车，改变半径)

如果拾取第二个对象，圆角完成。图 2-67 所示是圆角半径不为零时在两对象之间倒圆角。

如果按住<Shift>键拾取第二个对象，则是将两对象倒尖角，且不论当前圆角半径是多少。图 2-68 所示是按住<Shift>键拾取第二个对象时，在两对象之间形成尖角。

如果选择半径(R)，将重新改变圆角半径，出现提示指定圆角半径<(当前值)>:。

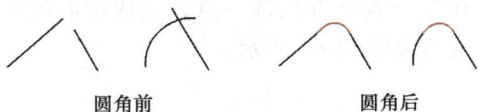

| 圆角前 | 圆角后 | 尖角前 | 尖角后 |

图 2-67　拾取第二个对象进行圆角　　　图 2-68　按住<Shift>键拾取第二个对象进行尖角

实际绘图时，最好单个地选择对象，以免误将其他对象进行圆角。

（3）多段线（P） 该选项是将 PLINE 命令画的多段线、RECTANG 命令画的矩形、POLYGON 命令画的多边形一次性进行圆角（图 2-69）。圆角后的多段线仍是多段线。对主提示选择多段线(P)后提示：

选择二维多段线:(选中多段线)

×条直线已被圆角

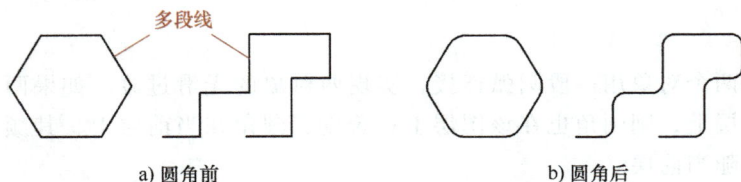

多段线

a) 圆角前　　　　　　　　　　　　　b) 圆角后

图 2-69　多段线的圆角

用 PLINE 命令画的一条多段线中的两直线段不相邻时，如果仅相隔一条线段（直线或圆弧），则 AutoCAD 将原来的线段用新的圆弧来替代，如图 2-70 所示；如果相隔两条以上的线段，则两直线段之间不能进行圆角。

（4）修剪（T）　该选项是确定进行圆角后是否保留原对象与圆角相对应的部分。选择修剪(T)，则对象或是被剪切或是被延伸到圆弧的端点位置；选择不修剪(N)，则原对象保持原样不变，但在对象之间加一圆弧，如图 2-71 所示。对主提示以修剪(T)响应后设置是否修剪的过程如下：

输入修剪模式选项[修剪(T)/不修剪(N)]<修剪>:(单击选项或键入选项关键字后回车；或直接回车，不改变设置)

接下来回到主提示。

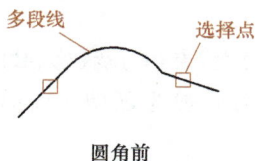

图 2-70　多段线的两直线段间仅相隔一条
　　　　　线段时可圆角

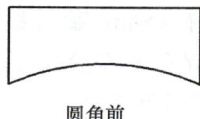

图 2-71　圆角后"不修剪"

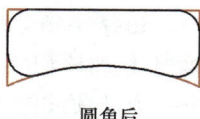

（5）多个（M）　一般情况下，在给两个对象倒圆角后，命令结束。但如果选择主提示中的多个(M)，可给多对对象倒圆角，即命令不会结束，主提示和接下来的提示重复出现，用户可以一直选择要圆角的对象，直到对主提示回车结束命令。

（6）放弃（U）　如果已经对圆角命令进行了某项操作，命令不中断，接下来重现主提示，对主提示选择放弃(U)，则是放弃在命令中执行的上一个操作。

2. 操作过程

对于图 2-66 所示图形，进行倒圆角操作，过程如下。

➢ 命令行输入：FILLET↙；
➢ 选择第一个对象或[放弃(U)/多段线(P)/半径(R)/修剪(T)/多个(M)]：R↙；
➢ 指定圆角半径：5↙；
➢ 选择第一个对象或[放弃(U)/多段线(P)/半径(R)/修剪(T)/多个(M)]：M↙；
➢ 选择第一个对象或[放弃(U)/多段线(P)/半径(R)/修剪(T)/多个(M)]： 在绘图区域中选择需要倒圆角的相邻的两条线，共两处倒圆角，其余两处 R2mm 倒圆角操作相同，不再赘述，完成后回车，得到图 2-72 所示的图形。

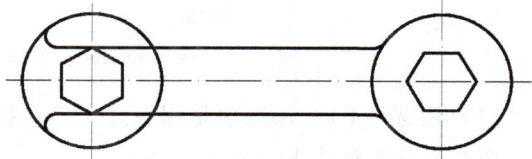

图 2-72　倒圆角

2.2.8　修剪对象

1. 修剪命令

修剪命令是一个非常有用的修改命令，它是以一个或多个对象为边界，把图形中与边界相交（或延长相交）的被修剪对象从边界的一侧精确地修剪掉。命令输入方式如下。

◆ 菜单栏：【修改】→【修剪】。

绘制扳手的
单面图形-
修剪命令

◆ 功能区："默认"选项卡→"修改"面板→ ✂ 修剪(T)按钮。

◆ 命令行：TRIM ✓ 或 TR ✓。

命令输入后，先在命令行显示 TRIM 命令的当前设置，同时提示选择用来修剪对象的剪切边；剪切边可以有多条，选择剪切边结束后回车。过程如下：

当前设置：投影＝UCS 边＝无

选择剪切边 ...

选择对象或<全部选择>：(用任何一种选择方式选择对象作为剪切边，或直接回车选择所有对象作为可能的剪切边)

主提示提示选择被修剪的对象，或对修剪进行设置。提示如下：

选择要修剪的对象，或按住<Shift>键选择要延伸的对象，或[栏选(F)/窗交(C)/投影(P)/边(E)/删除(R)/放弃(U)]：(用光标拾取，或按住<Shift>键把修剪临时转换为延伸，或单击一个选项或键入选项关键字后回车)

（1）选择要修剪的对象　这是首选项，选中的对象被剪掉超出与剪切边相交点（或延长相交点）的部分。每修剪一次，主提示重复，可继续选择其他被修剪对象，直到对主提示回车结束命令。

（2）按住<Shift>键选择要延伸的对象　这是把命令的修剪模式暂时转换为延伸模式，即把剪切边作为延伸边界，而被修剪对象作为被延伸对象。如图 2-73 所示，若在选择剪切边时把两条垂线都选中，在选择被修剪对象时，不按住<Shift>键，用光标选择 *CD* 右侧的水平线，是修剪；按住<Shift>键，用光标选择水平线的左侧，则是把 *AB* 作为延伸边界，水平线延伸到 *AB*。

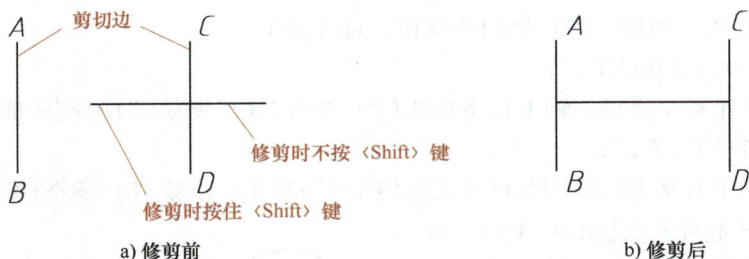

a) 修剪前　　　　　　　　　　　　　　　b) 修剪后

图 2-73　修剪时按住<Shift>键的作用

（3）栏选（F）　该选项是用栏选方式选择多个被修剪对象。接下来提示：

指定第一个栏选点：(输入一点)

指定下一个栏选点或[放弃(U)]：(输入一点)

……

指定下一个栏选点或[放弃(U)]：✓

栏选点输入结束后回车，被修剪对象被剪掉，主提示重复出现。图 2-74 所示是栏选修剪实例。

（4）窗交（C）　该选项是用交叉窗口方式

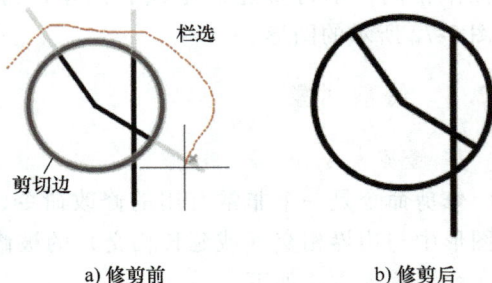

a) 修剪前　　　　　　　b) 修剪后

图 2-74　栏选修剪实例

选择多个被修剪对象。接下来提示：

指定第一个角点：(输入一点)

指定对角点：(输入一点)

对角点输入后，与窗口边界相交的对象被修剪掉，主提示重复出现。图 2-75 所示是窗交选择多个被修剪对象的例子。

（5）投影（P）　该选项用于设置修剪对象时 AutoCAD 所使用的投影模式。

（6）边（E）　有些被修剪对象可能与剪切边不相交，如果把剪切边延伸，被修剪对象就与其相交。

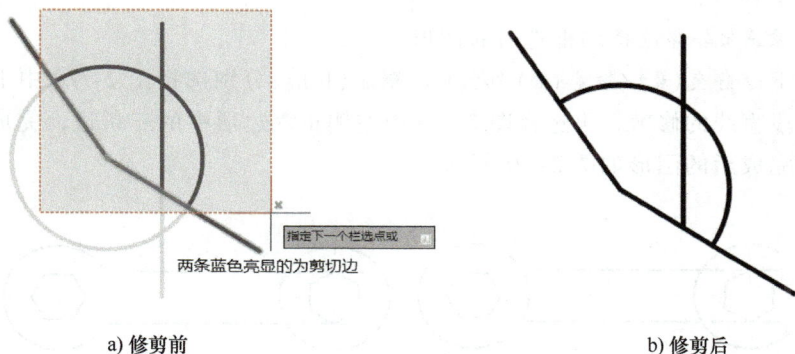

a) 修剪前　　　　　　　　　　　　　　b) 修剪后

图 2-75　窗交修剪实例

接下来提示：

输入隐含边延伸模式[延伸(E)/不延伸(N)]<不延伸>：(直接回车，或单击一个选项或键入选项关键字后回车)

直接回车时，使用默认选项；选择一个选项，则是设置延伸模式。各选项意义如下。

◆ 延伸（E）：如果剪切边延长以后能与被修剪对象相交，被修剪对象可修剪，如图 2-76 所示。

a) 原图　　　　　　　b) 剪切边延伸后修剪对象

图 2-76　剪切边的延伸模式

◆ 不延伸（N）：只修剪在三维空间真正与剪切边相交的被修剪对象，不相交则不剪切。

（7）删除（R）　该选项提供了一种在执行修剪命令的过程中，无须中断修剪命令而删除选定对象的方法。接下来提示：

选择要删除的对象：(用任何一种选择方式选择要删除的对象)

该提示重复出现，对象选择结束后回车，选定的对象被删除，主提示重新出现。

（8）放弃（U）　该选项用于恢复刚被剪掉的对象。即取消最近所做的一次修剪。
在应用各个选项后，主提示重复出现，直接回车结束命令。

2. 操作过程

对图 2-72 所示图形进行修剪操作，过程如下。

➢ 命令行输入：TRIM ↙；
➢ 选择对象或<全部选择>：选择图 2-72 中倒圆角的四条圆弧，↙；
➢ [栏选（F）/窗交（C）/投影（P）/边（E）/删除（R）]：分别选择图 2-77a、b 中的左、右两条圆弧，完成两段圆弧的修剪，结果如图 2-77c 所示；
➢ 重复修剪命令；
➢ 选择对象或<全部选择>：框选所有图形，↙；
➢ [栏选（F）/窗交（C）/投影（P）/边（E）/删除（R）]：分别选择图 2-77d 中上、下两条直线，完成对两段直线的修剪，再选择图 2-77e 中左侧正六边形中的三条边，完成对正六边形的修剪。修剪完成后的图形如图 2-77f 所示。

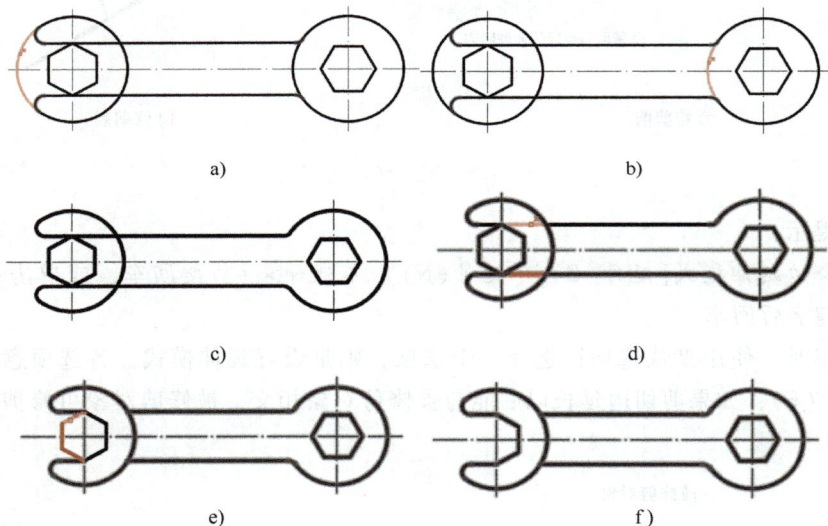

图 2-77　"修剪"图形

扳手的尺寸标注参考任务 2.4 中直径与半径尺寸的标注方法，这里不再赘述。

任务2.3　绘制垫片的单面图形

2.3.1　图形分析

图 2-78 所示为垫片的单面图形。此图形绘制过程为：利用直线、圆命令绘制中心线和圆，其外形利用矩形命令绘制，内部的其他图线利用矩形阵列和环形阵列命令绘制，绘制完成后对图形进行尺寸标注。

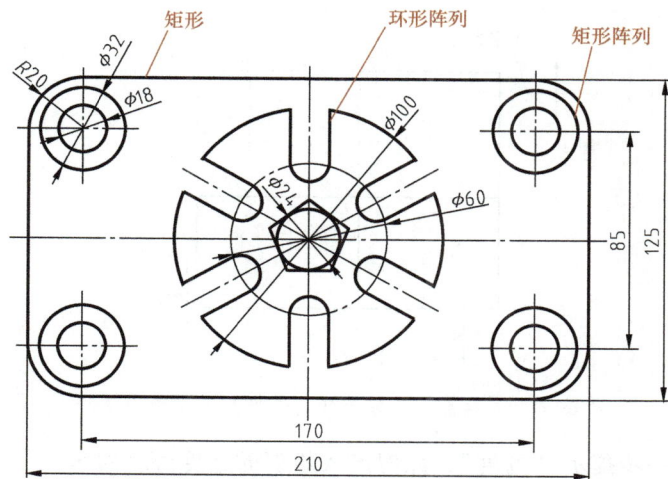

图 2-78　垫片的单面图形

2.3.2　绘制矩形

绘制垫片的单面
图形-矩形命令

1. 绘制矩形

用矩形命令可以绘制不同形式的矩形。命令的输入方法如下。

◆ 菜单栏：【绘图】→【矩形】。

◆ 功能区："默认"选项卡→"绘图"面板→ ▢ 矩形(G) 按钮。

◆ 命令行：RECTANG ✓ 或 RECTANGLE ✓ 或 REC ✓。

命令输入后的主提示为：

指定第一个角点或[倒角(C)/标高(E)/圆角(F)/厚度(T)/宽度(W)]：(输入第一个角点，或单击一个选项，或输入一个选项关键字后回车)

下面对各个选项分别进行介绍。

（1）指定第一个角点　这是首选项。指定第一角点后可由下述几种方式确定矩形。接下来的提示为：

指定另一个角点或[面积(A)/尺寸(D)/旋转(R)]：(输入另一个角点，或移动鼠标到另一角点的方向后键入数字再回车，或单击一个选项或键入选项关键字后回车)

◆ 如果输入另一个角点，两个角点确定矩形，命令结束。

◆ 如果移动鼠标到另一角点的方向（不要单击）后键入数字再回车，则数字是矩形的对角线长度，另一角点的方向确定矩形在那个方向画出。如图 2-79 所示，另一个角点的方向不同，矩形的位置也不同（不同位置的矩形用不同的线型表示）。

◆ 面积（A）：该选项使用面积与长度或面积与宽度创建矩形。如果已经设置了不为零的"倒角"或"圆角"，则面积是倒角或圆角以后的矩形的面积。接下来提示：

输入以当前单位计算的矩形面积<当前值>：(键入矩形的面积后回车)

计算矩形标注时依据[长度(L)/宽度(W)]<长度>：(直接回车，或单击一个选项或键入选项关键字后回车)

输入矩形长度<当前值>：(键入矩形的长度值后回车。注意，若上一步采用"宽度

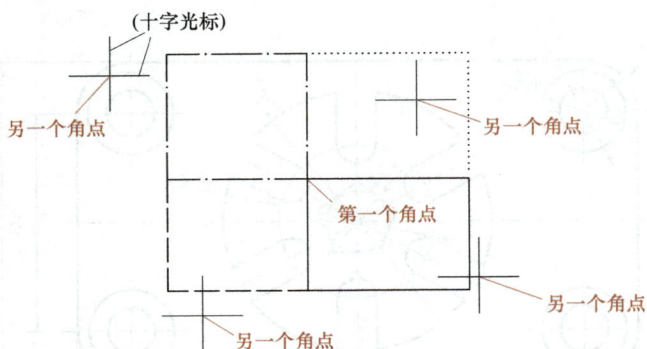

图 2-79 角点的位置不同，矩形的位置也不同

（W）"选项，则这一步提示"宽度"，此时键入矩形的宽度值后回车）

以"面积（A）"画出的矩形，总是以输入的第一个角点为矩形的左下角点，不论光标在什么位置。

◆ 尺寸（D）：该选项按长和宽创建矩形。继续提示：

指定矩形的长度<当前值>:（从键盘键入长度值后回车；或在屏幕上指定两点，两点间的距离为长度值）

指定矩形的宽度<当前值>:（从键盘键入宽度值后回车；或在屏幕上指定两点，两点间的距离为宽度值）

指定另一个角点或［面积（A）/尺寸（D）/旋转（R）］:（输入另一个角点）

对于提示"指定另一个角点或［面积（A）/尺寸（D）/旋转（R）］:"，若指定点回答（键入点坐标或单击），是确定矩形在哪个方向，因为前面已经确定了其长度和宽度；此时指定的点未必是矩形的角点，如图 2-79 所示。

◆ 旋转（R）：该选项按指定的旋转角度创建倾斜的矩形（图 2-80）。继续提示：

指定旋转角度或［拾取点（P）］<θ>:（从键盘键入角度值后回车；或在屏幕上指定一点，该点和第一个角点与水平向右方向的夹角为角度值；或单击拾取点(P)或键入 P 后回车）

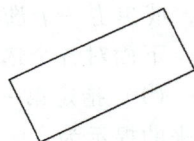

图 2-80 旋转一定角度的矩形

若从键盘键入角度值或在屏幕上指定一点，接下来提示：

指定另一个角点或［面积（A）/尺寸（D）/旋转（R）］:（按前述的四种方式之一画矩形）

若单击拾取点(P)或键入 P 后回车，则要求指定两个点，两点与水平向右方向的夹角为角度值。指定两个点后，再按前述的四种方式之一画矩形。

（2）倒角（C）通过该选项可绘制四个角进行了倒角的矩形，两条边的倒角距离可以相同也可以不同。例如，绘制倒角为"10"的矩形（图 2-81b），选择该选项后接下来提示：

指定矩形的第一个倒角距离<0.0000>:10↙

指定矩形的第二个倒角距离<10.0000>:↙

对第一个倒角距离和第二个倒角距离的提示回答后，回到主提示。

两倒角距离不同时绘制的矩形如图 2-81c 所示。

a）没有倒角和圆角　　　b）第一、第二倒角距离相等　　　c）第一、第二倒角距离不等

图 2-81　矩形的倒角

（3）圆角（F）　该选项用于绘制带圆角的矩形，操作过程与倒角（C）选项相似，不同之处是把回答倒角距离变为回答圆角半径。图 2-82 所示是圆角半径不为 0 的矩形。

（4）宽度（W）　该选项用于设置矩形边的线宽，操作过程与倒角（C）选项相似，不同之处是把回答倒角距离变为回答矩形线宽。图 2-83 所示为有一定线宽的矩形。

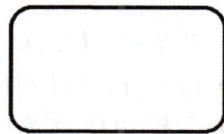

（5）厚度（T）　厚度是一个空间立体的概念，设置一定的厚度值后，绘制的矩形在 Z 轴方向有一个延伸，相当于绘制了一个三维立体。

（6）标高（E）　"标高"也是一个空间立体的概念，该选项用于设置一定的标高后将绘制的矩形（或三维立体）沿 Z 轴方向偏移一个距离。

2. 操作过程

本实例沿用模块一中设置好图层的 A3 绘图模板。绘制矩形的操作过程如下。

➤ 命令行输入：RECTANG↙；

➤ 指定第一个角点或[倒角（C）/标高（E）/圆角（F）/厚度（T）/宽度（W）]：输入 F 或直接点选"圆角"；

➤ 指定矩形的圆角半径：20↙；

➤ 指定第一个角点或[倒角（C）/标高（E）/圆角（F）/厚度（T）/宽度（W）]：在屏幕中任选一点作为矩形的第一个角点；

➤ 指定另一个角点或[面积（A）/尺寸（D）/旋转（R）]：输入 D 或直接点选"尺寸"；

➤ 指定矩形的长度：210↙；

➤ 指定矩形的宽度：125↙；

➤ 指定另一个角点或[面积（A）/尺寸（D）/旋转（R）]：在屏幕的四个方位中任选一个位置作为矩形的另一个角点。

矩形的绘制结果如图 2-84 所示。

图 2-82　带圆角的矩形　　　　图 2-83　有一定线宽的矩形　　　　图 2-84　矩形的绘制结果

2.3.3　捕捉对象

捕捉是将光标锁定在可见或不可见的栅格点上。实际绘图时，经常要定位图形上的特殊点，如直线的端点和中点，圆的圆心、切点等。如果这些特殊点在设置的捕捉点上，自然能利用捕捉精确定位。如果这些特殊点不在捕捉设置点上，则难于精确定位。如图 2-85 所示，原本想两直线端点重合，但一经放大，可能会出现几种情形。要精确绘图，必须有准确定位

于已绘对象上特殊点的工具。启用对象捕捉，就可把光标锁定在已画好图形的特殊点上。

捕捉与对象捕捉的另一个区别是：捕捉是可以单独执行的命令；而对象捕捉不是独立的命令，是命令执行过程中被结合使用的模式。

1. 对象捕捉的方法

对象捕捉的方法有执行对象捕捉和单点对象捕捉。

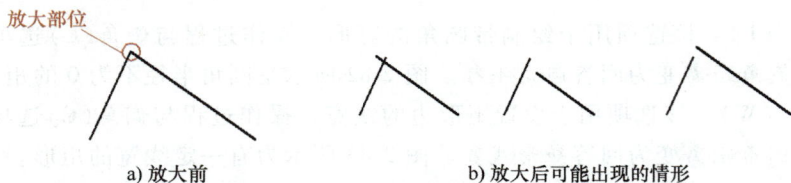

图 2-85　未使用对象捕捉时相交两直线端点可能出现的情况

（1）执行对象捕捉　执行对象捕捉有以下两种方式：

1）在"草图设置"对话框中设置。具体步骤如下。

第一步，打开"草图设置"对话框，选择"对象捕捉"选项卡（图 2-86）。可按下述方式打开"草图设置"对话框。

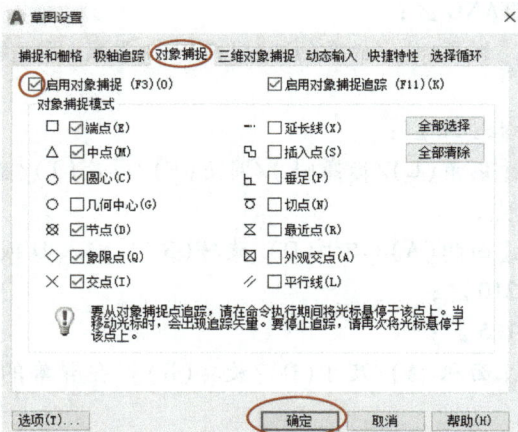

图 2-86　"草图设置"对话框中的"对象捕捉"选项卡

◆ 菜单栏：【工具】→【绘图设置】。

◆ 命令行：DSETTINGS ∠或 OSNAP ∠或 DDRMODES ∠。

◆ 右键快捷菜单：在状态栏的相应按钮上右击，从弹出的快捷菜单中选择"设置（S）"。

第二步，在"对象捕捉"选项卡的"对象捕捉模式"栏中选择几种所需的对象捕捉摸式，只要单击捕捉模式复选框即可。每个复选框前面的几何图形是对象捕捉标记。再选中"启用对象捕捉"复选框，然后单击【确定】按钮，即打开了"执行对象捕捉"方式。

一旦打开了"执行对象捕捉"方式，所设置的对象捕捉模式在绘图过程中总有效，除非用户改变对象捕捉模式或关闭对象捕捉功能。

2）从"对象捕捉"按钮 的右键菜单中选择。实际绘图时，这种方法更快捷。具体方法如下。

在状态栏的"对象捕捉"按钮 ⬜ 上右击，弹出的菜单如图2-87所示，从中选择一种模式（选中后图标上有浅色框），该模式即开始起作用；再次打开右键菜单，单击该种模式即可取消其作用。在右键菜单（图2-87）中的选择或取消，与在"草图设置"对话框中的"对象捕捉"选项卡中进行设置的效果一样。每次打开右键菜单后，只能选择或取消一种对象捕捉模式。

（2）单点对象捕捉　在实际绘图时，有些对象捕捉模式偶尔使用，如果采用"执行对象捕捉"的方法，就显得比较麻烦。AutoCAD还提供了临时用一次对象捕捉模式的方法——单点对象捕捉。单点对象捕捉不受执行对象捕捉的影响，即不论状态栏"对象捕捉"按钮 ⬜ 是否亮显。

图 2-87　"对象捕捉"
按钮的右键菜单

单点对象捕捉是在某个命令要求指定一个点时，临时用一次某种对象捕捉模式，点被捕捉确定后，这种对象捕捉模式就自动关闭了，是"一次性"的。具体的用法是：在执行某一命令过程中，当提示输入点时，先按下述方式之一选择一种对象捕捉模式，再输入点。

◆ 从"对象捕捉"工具栏（图2-88）中选择一种捕捉模式，即单击一个对象捕捉按钮。

◆ 对提示键入相应的某种对象捕捉模式的至少前三个字母。

◆ 按住<Shift>键并在绘图区内右击，从弹出的"捕捉替代"快捷菜单（图2-89）中选择一种模式。

不论是"执行对象捕捉"，还是"单点对象捕捉"，捕捉模式有效的标志是：只要光标接近图形对象，在捕捉点上就会显示相应的捕捉标记和捕捉提示。不同的捕捉模式，捕捉标记也不同。

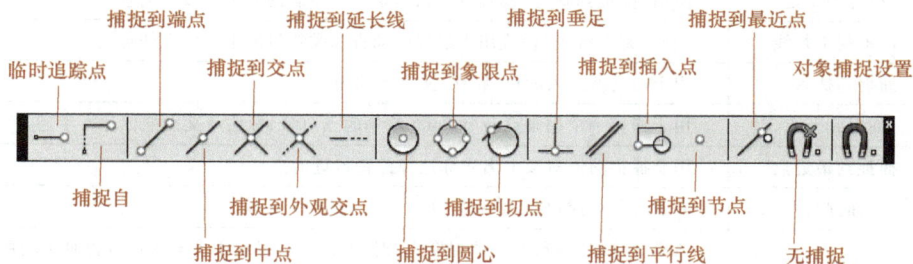

图 2-88　"对象捕捉"工具栏

2. 对象捕捉模式

AutoCAD提供了多种对象捕捉模式。多数对象捕捉模式的应用方法是：当命令提示要求输入点时，先输入对象捕捉模式（采用"执行对象捕捉"方式时，在"草图设置"对话框中选中若干对象捕捉模式），而后移动光标到对象上的捕捉点附近，捕捉标记出现时单击，AutoCAD自动选中该点。如果在光标附近有多个对象捕捉点，则捕捉最靠近光标的那个点。也有几个捕捉模式的使用方法有所不同，各种捕捉模式的用途见表2-21。

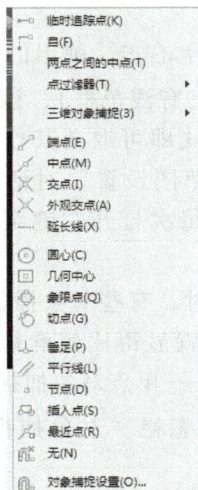

图 2-89　"捕捉替代"快捷菜单

表 2-21　各种捕捉模式的用途

序号	捕捉模式	用途
1	捕捉到端点	用于捕捉各类线段的端点
2	捕捉到中点	用于捕捉各类线段的中点
3	捕捉到交点	用于捕捉各类图线之间的交点
4	捕捉到外观交点	用于捕捉在三维空间中实际不相交的各类线段的外观交点
5	捕捉到延长线	用于捕捉除样条曲线外的各类线段的延长线上的点
6	捕捉到圆心	用于捕捉圆弧或圆的圆心，椭圆或椭圆弧的中心
7	捕捉到象限点	用于捕捉圆、圆弧、椭圆或椭圆弧的一个象限点
8	捕捉到切点	用于捕捉圆、圆弧、椭圆、椭圆弧、多段线、样条曲线等的切点
9	捕捉到垂足	使用"捕捉到垂足"模式可以精确定位已绘制的各类线段上的垂足
10	捕捉到平行线	"捕捉到平行线"模式用于捕捉已知直线类线段的平行线上的点
11	捕捉到插入点	用于捕捉所插入的块、属性、文字等的插入点
12	捕捉到节点	用于捕捉一个用画点命令 Point 绘制的点对象、标注定义点或标注文字起点
13	捕捉到最近点	用于捕捉图形对象上离光标选择位置最近的点
14	捕捉自	一般与其他捕捉模式一起使用
15	无捕捉	该模式是在"执行对象捕捉模式"时，对命令行提示要求输入点时暂时关闭所有运行中的对象捕捉模式

3. 操作过程

用对象捕捉绘制图 2-84 所示矩形的两条对称中心线，操作过程如下。

➤ 保证状态栏中"对象捕捉"按钮 处于打开状态，勾选图 2-86 中的"中点"，并将中心线层作为当前层；

➤ 命令行输入：LINE ↙；

➤ 指定第一个点：在图 2-90a 中捕捉左侧竖直线的中心点，拖动鼠标至图 2-90b 所示位置时单击；

> 向右拖动鼠标，绘制水平中心线；
> 重复上述步骤绘制竖直中心线，绘制完成后的图形如图 2-90c 所示；
> 利用直线命令和对象捕捉（圆心），绘制矩形左上方的两条中心线，如图 2-90d 所示，

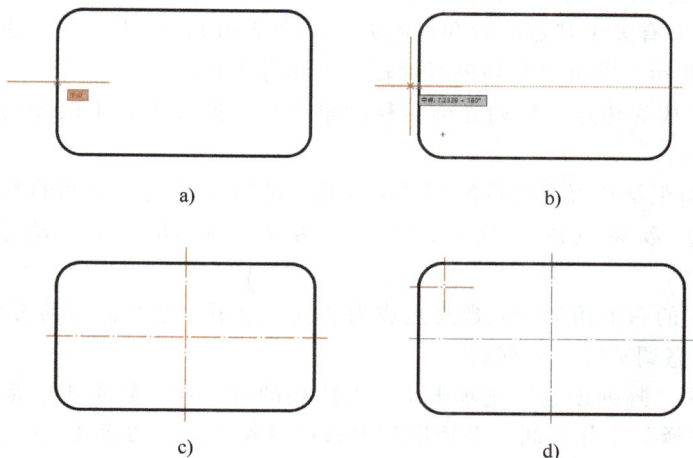

至此完成中心线的绘制。

図 2-90　绘制中心线

2.3.4　阵列对象

使用阵列命令，可将图形对象（又称为项目）按"矩形""环形"或"路径"方式进行多重复制。当对象需要按一定的规律排列时，阵列命令比复制（COPY）命令更方便、更准确。

阵列命令为 ARRAY 或 AR，当从命令行键入阵列命令后，提示：

选择对象：*（用任何一种选择方式选择对象。该提示重复出现。回车结束重复提示）*

输入阵列类型［矩形（R）/路径（PA）/极轴（PO）］<（当前阵列类型）>：*（直接回车，或单击一个选项或键入选项关键字后回车）*

直接回车，默认当前阵列类型；选择矩形（R），采用矩形阵列；选择路径（PA），采用路径阵列；选择极轴（PO），采用环形阵列。各种阵列的使用方法分述如下。

1. 矩形阵列

矩形阵列是将原图形对象沿某一方向及其垂直方向等距复制多个。命令的输入方式如下。

◆ 菜单栏：【修改】→【阵列】→【矩形阵列】。

◆ 功能区："默认"选项卡→"修改"面板→ 矩形阵列 按钮。

◆ 命令行：ARRAYRECT ↙。

命令输入后提示：

选择对象：*（用任何一种选择方式选择对象。该提示重复出现。回车结束重复提示）*

类型=矩形　关联=是

绘制垫片的单面
图形-矩形阵列

选择夹点以编辑阵列或［关联(AS)/基点(B)/计数(COU)/间距(S)/列数(COL)/行数(R)/层数(L)/退出(X)]<退出>:（选择夹点编辑阵列；或单击一个选项或键入选项关键字后回车；或直接回车，接受当前的阵列）

下面说明以上主提示的各个选项。

（1）选择夹点以编辑阵列　选择夹点以编辑阵列是首选项。在使用矩形阵列命令时，选择对象结束后，会形成一个默认的初始阵列。图 2-91 所示是以五边形为源对象的初始阵列。阵列后的项目上有关于基点、行和列的夹点（图 2-91），单击夹点，使其成为热点（选中状态），再移动光标，即可对阵列进行编辑。具体方法是：

◆ 使基点夹点成为热点，移动光标可移动整个阵列的位置，不改变行、列数和行、列间距。

◆ 行（列）间距是从每个项目的相同位置测量的每行（列）之间的距离。

◆ 使行（列）数夹点成为热点，上下（左右）移动光标可动态调整阵列的行（列）数。

◆ 使整个阵列的右上角的行列数夹点成为热点，上下移动光标可动态调整阵列的行数，左右移动光标可动态调整阵列的列数。

◆ 在功能区的"阵列创建"选项卡中修改阵列的行、列参数或基点等。

在"草图与注释"工作空间，在矩形阵列选择对象之后，功能区立即出现"阵列创建"选项卡，如图 2-92 所示。

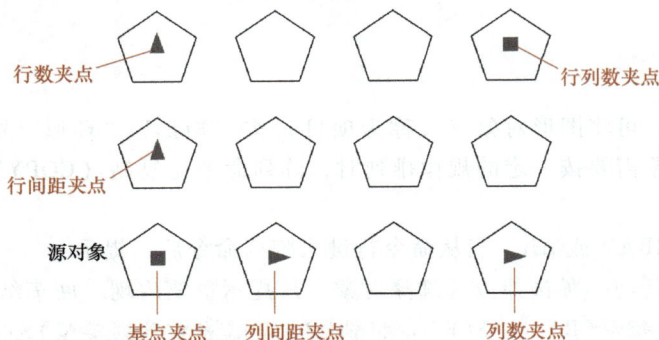

图 2-91　五边形的阵列

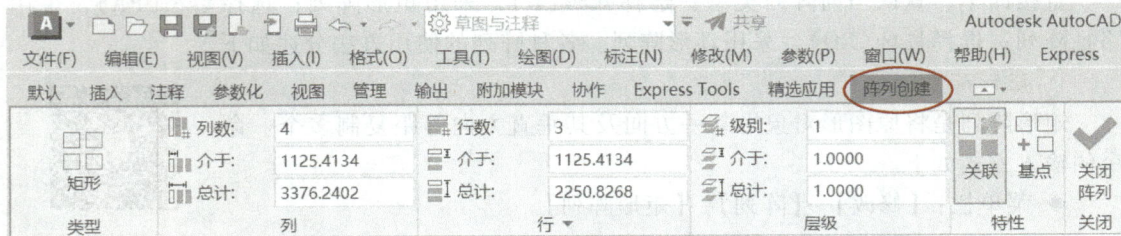

图 2-92　矩形阵列功能区

在"列（行）"面板中，在"列（行）数"文本框中键入列（行）数，在"介于"文本框中键入列（行）间距，在"总计"文本框中键入列（行）的总距离。在文本框中键入数字后回车或鼠标移到别处单击，阵列即可改变。"介于"文本框和"总计"文本框中的数字总是联动改变。在"介于"文本框和"总计"
文本框内可以键入负值，表示向相反的方向阵
列。行间距大于零时，向上排列项目；行间距
小于零时，向下排列项目。列间距大于零时，
向右排列项目；列间距小于零时，向左排列项
目，如图 2-93 所示。

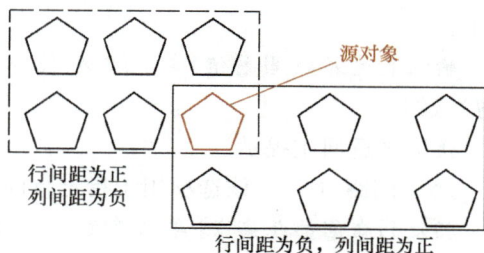

图 2-93 行、列间距的正负影响复制
对象的排列方向

在各个面板的文本框中，还可以键入数学
公式或方程式，即间接给出数值。

如图 2-92 所示，在"特性"面板，单击
"关联"按钮，去掉阵列的关联性（阵列后的项目可关联成整体或相互独立）；单击"基
点"按钮，可重新指定阵列基点和基点夹点的位置。

"层级"面板用于在三维绘图时，设置 Z 方向的层数和层间距。在二维绘图时，可以不
用。单击"关闭阵列"按钮，阵列完成，结束命令。

（2）关联（AS） 该选项用于确定阵列后的各项目是关联起来成为一个整体，还是各
自独立。接下来提示：

创建关联阵列［是（Y）/否（N）］<是>：（单击选项或键入选项关键字后回车，或直接
回车）

单击是（Y）或键入 Y 后回车，或直接回车，阵列后的各项目关联起来成为一个整体。如
果阵列后关联，可以通过编辑特性和源对象在整个阵列中快速传递更改。单击否（N）或键入
N 后回车，阵列后的项目各自独立，更改一个项目时，不影响其他项目。接下来返回主
提示。

（3）基点（B） 基点是阵列时放置项目的参照点，一般是源对象上的一个特殊点。对
主提示选择基点（B）选项，可重新定义阵列基点和基点夹点的位置。接下来提示：

指定基点或［关键点（K）］<质心>：（输入新的基点；或单击关键点（K）或键入 K 后回
车；或直接回车，基点不变，在源对象的质心）

1）如果输入新的基点（鼠标指定或键入点的坐标），基点夹点和行或列的相关夹点将
处于新位置。

2）如果选择关键点（K），接下来提示：

指定源对象上的关键点作为基点：（在源对象上拾取一点）

对于关联阵列，通过该选项可在源对象上指定有效的约束（或关键点），以与路径对
齐。如果编辑已生成阵列中的源对象或路径，阵列的基点保持与源对象的关键点重合。

接下来返回主提示。

（4）计数（COU） 该选项用于指定阵列的行数和列数，接下来提示：

输入列数数或［表达式（E）］<（当前值）>：（键入列数后回车；或单击表达式（E）或键入
E 后回车；或直接回车，默认当前列数）

输入行数数或［表达式（E）］<（当前值）>：（键入行数后回车；或单击表达式（E）或键入
E 后回车；或直接回车，默认当前行数）

1）键入列（行）数后回车，阵列的列（行）即刻动态变化。

2）如果选择表达式（E），将基于数学公式或方程式导出列（行）数值。接下来会

提示：

输入表达式<（当前值）>：（键入数学公式或方程式；或直接回车，默认当前行（列）数）

接下来返回主提示。

（5）间距（S） 该选项用于指定行间距和列间距。接下来提示：

指定列之间的距离或［单位单元（U）］<（当前值）>：（键入列间距后回车；或单击 单位单元（U）或键入 U 后回车；或直接回车，默认当前列间距）

1）列间距的值可以是负值，表示向相反方向阵列。键入列间距值后回车，接下来提示：

指定行之间的距离<（当前值）>：（键入行间距后回车；或直接回车，默认当前行间距）

行间距的值可以是负值，表示向相反方向阵列。接下来返回主提示。

2）如果选择单位单元（U），将通过由对角点确定的矩形区域来同时指定行间距和列间距。接下来提示：

指定单位单元的第一个角点：（输入矩形的第一个角点）

指定对角点：（输入矩形的第二个角点）

矩形的长（水平方向）和宽（垂直方向）就是设定的列间距和行间距。接下来返回主提示。

（6）列数（COL）、行数（R） 选择主提示的列数（COL）或行数（R）选项，将指定列数或行数。接下来提示：

输入列（行）数数或［表达式（E）］<（当前值）>：（键入列（行）数后回车；或单击表达式（E）或键入 E 后回车；或直接回车，默认当前列（行）数）

指定列（行）数之间的距离或［总计（T）/表达式（E）］<（当前值）>：（键入列（行）间距后回车；或单击一个选项或键入选项关键字后回车；或直接回车，默认当前列（行）间距）

1）列（行）间距的值可以是负值，表示向相反方向阵列。

2）如果选择表达式（E），将基于数学公式或方程式导出列（行）数值。接下来会提示：

输入表达式<（当前值）>：（键入数字或数学公式或方程式；或直接回车，默认当前值）

3）如果选择总计（T），则要求输入从阵列的开始列（行）到终点列（行）之间的总距离，即同一行（列）阵列开始对象到阵列结束对象上的相同位置点间的距离。接下来提示：

输入起点和端点列（行）数之间的总距离<（当前值）>：（键入总距离后回车；或直接回车，默认当前总距离）

（7）层（L） 该选项用于指定三维阵列时阵列的层数和层间距。二维绘图时，该选项无用。

（8）退出（X） 选择主提示的退出（X）或直接回车，将结束矩形阵列命令。按<Esc>键也可退出阵列命令。

2. 环形阵列

环形阵列是围绕中心点或旋转轴将图形对象在圆周上或圆弧上均匀复制多个。命令的输入方式如下。

绘制垫片的单面图形-环形阵列

◆ 菜单栏：【修改】→【阵列】→【环形阵列】。

◆ 功能区："默认"选项卡→"修改"面板→ 环形阵列 按钮。

◆ 命令行：ARRAYPOLAR↙。

命令输入后提示：

选择对象：(用任何一种选择方式选择对象。该提示重复出现。回车结束重复提示)

类型＝极轴 关联＝是

指定阵列的中心点或[基点(B)/旋转轴(A)]：(输入阵列的中心点，或单击一个选项或键入选项关键字后回车)

以上是环形阵列的初始提示，各选项的含义如下。

◆ 环形阵列是环绕阵列的中心均匀复制对象。输入阵列中心点后，接下来是主提示：

选择夹点以编辑阵列或[关联(AS)/基点(B)/项目(I)/项目间角度(A)/填充角度(F)/行(ROW)/层(L)/旋转项目(ROT)/退出(X)]<退出>：(选择夹点编辑阵列；或单击一选项或键入选项关键字后回车；或直接回车，接受当前的阵列)

◆ 如果选择初始提示中的基点(B)，接下来提示：

指定基点或[关键点(K)]<质心>：(输入新的基点；或单击关键点(K)或键入 K 后回车；或直接回车，基点不变，在源对象的质心)

如果输入新的基点（鼠标指定或键入点的坐标），基点夹点和项目夹点将处于新位置。

如果选择关键点(K)，接下来提示：

指定源对象上的关键点作为基点：(在源对象上拾取一点)

对于关联阵列，通过该选项可在源对象上指定有效的约束（或关键点）以用作基点。如果编辑生成的阵列的源对象，阵列的基点保持与源对象的关键点重合。

接下来回到主提示。

◆ 如果选择初始提示中的旋转轴(A)，需指定两个点，用两点定义环形阵列的旋转轴，通常在三维空间阵列时才有用，二维绘图时一般不用该选项。接下来提示：

指定旋转轴上的第一个点：(输入第一个点)

指定旋转轴上的第二个点：(输入第二个点)

接下来回到主提示。

下面说明主提示中的各个选项。

（1）选择夹点以编辑阵列 选择夹点以编辑阵列是首选项。在使用环形阵列命令指定阵列中心后，会形成一个默认的初始阵列。图 2-94 所示是以圆为源对象的初始阵列。阵列后的项目上有基点夹点、中心夹点和项目夹点。单击夹点，使其成为热点（选中状态），再移动光标，即可对阵列进行编辑。环形阵列的相关术语如图 2-95 所示。

通过夹点编辑阵列具体方法如下。

◆ 使中心夹点成为热点，移动光标可动态移动整个阵列的位置，但不改变阵列的项目数和阵列的半径。此时提示：

＊＊移动＊＊

指定目标点：(输入一个点)

接下来返回主提示。

◆ 使基点夹点成为热点，移动光标可动态改变整个阵列的半径，但不改变阵列的项目数。此时提示：

拉伸半径

指定半径：*（输入半径值后回车，或单击输入一点）*

接下来返回主提示。

◆ 使项目夹点成为热点，沿圆弧方向移动光标可动态改变项目间夹角，但不改变阵列的项目数和阵列的半径。此时提示：

项目间的角度

指定项目间的角度：*（输入角度值后回车；或沿圆弧移动鼠标，按左键输入一点）*

接下来返回主提示。

◆ 使项目总数夹点成为热点，沿圆弧方向移动光标可动态改变项目总数，但不改变项目间夹角和阵列半径。此时提示：

项目数

指定项目数：*（输入项目数后回车；或沿圆弧移动鼠标，按左键输入一点）*

接下来返回主提示。

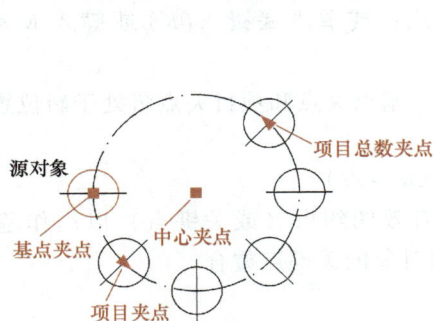

图 2-94　圆形的环形阵列

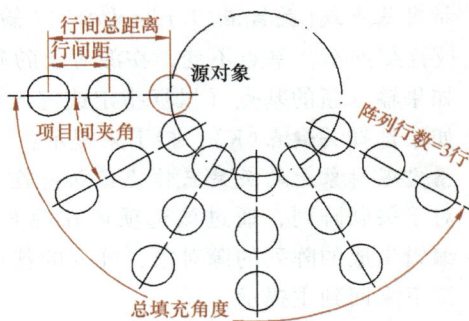

图 2-95　环形阵列的相关术语

◆ 在功能区的"阵列创建"选项卡中修改环形阵列的项目数、行数参数或基点等。在"草图与注释"工作空间，在环形阵列选择对象之后，功能区立即出现"阵列创建"选项卡，如图 2-96 所示。

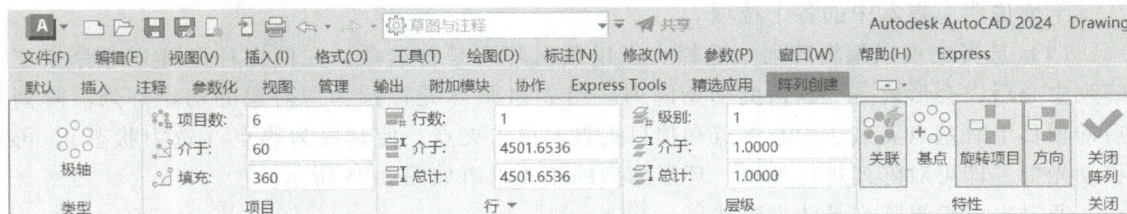

图 2-96　环形阵列功能区的"阵列创建"选项卡

在"项目"面板，在"项目数"文本框中键入阵列的项目数，在"介于"文本框中键入项目间夹角，在"填充"文本框中键入项目的总角度。"项目"面板中的"介于"文本框和"填充"文本框中的数字联动改变。

在"行"面板，在"行数"文本框中键入阵列行数，在"介于"文本框中键入行间距，在"总计"文本框中键入行间总距离。"行"面板中的"介于"文本框和"总计"文本框中的数字联动改变。

在文本框中键入数字后回车或鼠标移到别处单击，阵列即刻改变。在各个面板的文本框中，还可以键入数学公式或方程式，即间接给出数值。

在"特性"面板，单击"关联"按钮，可改变阵列的关联性（阵列后的对象可以关联成整体，也可以相互独立）。单击"基点"按钮，可重新指定基点夹点的位置。单击"旋转项目"按钮，可设置在环形阵列的同时，是否要将阵列后的每一个项目也旋转。图 2-97 所示是阵列后旋转项目，图 2-98 所示是阵列后不旋转项目。单击"方向"按钮，可设置在环形阵列时，是逆时针阵列还是顺时针阵列。图 2-97 所示是逆时针阵列，图 2-99 所示是顺时针阵列。

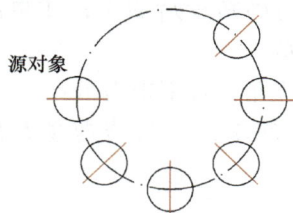

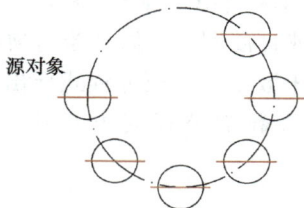

图 2-97 阵列后旋转项目　　　　图 2-98 阵列后不旋转项目　　　　图 2-99 顺时针阵列

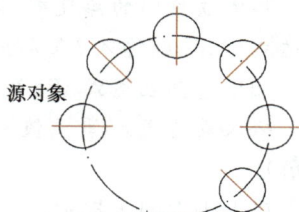

"层级"面板用于在三维绘图时，设置 Z 方向的层数和层间距。在二维绘图时不用。

单击"关闭阵列"按钮，阵列完成，结束命令。

（2）关联（AS）　该选项用于确定阵列后的各项目是关联起来成为一个整体，还是各自独立。接下来提示：

创建关联阵列[是（Y）/否（N）]<是>:（选择一个选项或键入选项关键字后回车，或直接回车）

单击是（Y）或键入 Y 后回车，或直接回车，是将阵列后的各项目关联起来成为一个整体。如果阵列后关联，可以通过编辑特性和源对象在整个阵列中快速传递更改。单击否（N）或键入 N 后回车，阵列后的项目各自独立，更改一个项目时不影响其他项目。接下来返回主提示。

（3）基点（B）　基点是阵列时放置项目的参照点，一般是源对象上的一个特殊点。选择基点（B）选项，将重新定义阵列基点和基点夹点的位置。接下来提示：

指定基点或[关键点（K）]<质心>:（输入新的基点；或单击关键点（K）或键入 K 后回车；或直接回车，基点不变，在源对象的质心）

1）如果输入新的基点（鼠标指定或键入点的坐标），除了中心夹点，其他夹点将处于新位置。

2）如果选择关键点（K），接下来提示：

指定源对象上的关键点作为基点:（在源对象上拾取一点）

对于关联阵列，这是在源对象上指定有效的约束（或关键点）以与路径对齐。如果编辑生成阵列的源对象或路径，阵列的基点保持与源对象的关键点重合。

接下来返回主提示。

（4）项目（I）　该选项用数值或表达式指定阵列中的项目数。接下来提示：

输入阵列中的项目数或[表达式(E)]<(当前值)>:（键入项目数后回车；或单击表达式(E)或键入 E 后回车；或直接回车，默认当前列数）

1）键入项目数后回车，阵列即刻动态变化。

2）如果选择表达式(E)，将基于数学公式或方程式导出项目数。接下来提示：

输入表达式<(当前值)>:（键入数学公式或方程式；或直接回车，默认当前项目数）

注意：当在表达式中定义填充角度时，结果中的数学符号（+或-）不会影响阵列的方向。

接下来返回主提示。

（5）项目间角度（A） 该选项用数值或表达式指定项目间夹角。接下来提示：

指定项目间的角度或[表达式(EX)]<(当前值)>:（键入项目间的角度后回车；或单击表达式(EX)或键入 EX 后回车；或直接回车，默认当前项目间夹角）

如果选择表达式(EX)，将基于数学公式或方程式导出项目间夹角。接下来提示：

输入表达式<(当前值)>:（键入数学公式或方程式；或直接回车，默认当前项目间夹角）

接下来返回主提示。

（6）填充角度（F） 该选项用数值或表达式指定阵列中第一个和最后一个项目之间的阵列总填充角度。接下来提示：

指定填充角度(+ =逆时针,- =顺时针)或[表达式(EX)]<(当前值)>:（键入总填充角度后回车；或单击表达式(EX)或键入 EX 后回车；或直接回车，默认当前总填充角度）

如果选择表达式(EX)，将基于数学公式或方程式导出总填充角度。接下来提示：

输入表达式<(当前值)>:（键入数学公式或方程式；或直接回车，默认当前总填充角度）

接下来返回主提示。

（7）行（ROW） 该选项用于指定阵列的行数、行间距及行之间的增量标高（每个后续行在 Z 方向增高或降低的高度）。接下来提示：

输入行数或[表达式(E)]<(当前值)>:（键入行数后回车；或单击表达式(E)或键入 E 后回车；或直接回车，默认当前的行数）

指定行数之间的距离或[总计(T)/表达式(E)]<(当前值)>:（键入行间距后回车；或单击一个选项或键入选项关键字后回车；或直接回车，默认当前的行间距）

指定行数之间的标高增量或[表达式(E)]<(当前值)>:（键入增量标高后回车；或单击表达式(E)或键入 E 后回车；或直接回车，默认当前的增量标高）

在上述的提示中，选项表达式(E)是基于数学公式或方程式导出行数或行间距或增量标高。回答方式同前面其他主提示选项的回答方式一样。选项总计(T)是指定从开始行的对象到结束行对象上的相同位置点之间的总距离。接下来提示：

输入起点和端点行数之间的总距离<(当前值)>:（键入行间总距离）

接下来返回主提示。

（8）层（L） 该选项用于指定三维环形阵列时在 Z 方向阵列的层数和层间距。二维绘图时该选项无用。

（9）旋转项目（ROT） 该选项用于确定在阵列时是否每一个项目旋转。接下来提示：

是否旋转阵列项目？［是（Y）/否（N）］<（当前设置）>:（单击 是（Y）或键入 Y 后回车，旋转；或单击 否（N）或键入 N 后回车，不旋转；或直接回车，默认当前设置）

接下来返回主提示。

（10）退出（X）　选择退出（X）或直接回车，将结束环形阵列命令。按<Esc>键也可退出阵列命令。

3. 路径阵列

路径阵列是沿直线或曲线将图形对象均匀复制多个。路径可以是直线、多段线、三维多段线、样条曲线、螺旋、圆弧、圆或椭圆。图 2-100 所示为沿路径阵列的示例。

◆ 菜单栏：【修改】→【阵列】→【路径阵列】。

◆ 功能区："默认"选项卡→"修改"面板→ 路径阵列 按钮。

◆ 命令行：ARRAYPATH ↙ 。

命令输入后提示：

选择对象:（用任何一种选择方式选择对象，该提示重复出现。回车结束重复提示）

类型＝路径　关联＝是

选择路径曲线:（选择一条作为路径的曲线或直线）

选择夹点以编辑阵列或［关联（AS）/方法（M）/基点（B）/切向（T）/项目（I）/行（R）/层（L）/对齐项目（A）/Z方向（Z）/退出（X）］<退出>:（选择夹点编辑阵列；或单击选项或键入选项关键字后回车；或直接回车，接受当前的阵列）

下面说明主提示中的各个选项。

（1）选择夹点以编辑阵列　这是首选项。在使用路径阵列命令且选择路径曲线后，会形成一个默认的初始阵列。图 2-100 所示是以多边形为源对象的初始阵列。阵列后的项目上有基点夹点、项目夹点和项数夹点。单击夹点，使其成为热点（选中状态），再移动光标，即可对阵列进行编辑。具体方法如下。

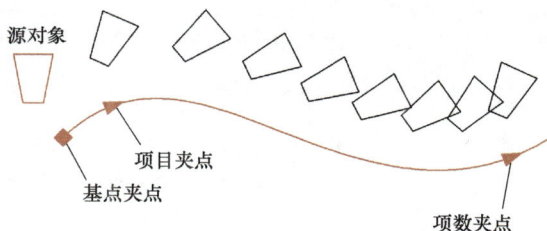

图 2-100　沿路径阵列示例

◆ 使基点夹点成为热点，移动光标可动态改变整个阵列的行数。此时提示：

＊＊行数＊＊

指定行数:（输入行数后回车，或移动光标到出现合适的行数时单击）

指定行数后，如果行数为两行，将出现行数夹点，如果行数≥3，还将出现行间距夹点，行间距指垂直于曲线方向两项目的相同位置点之间的距离。

单击行数夹点，将再次出现指定行数:的提示，回答同前面一样。单击行间距夹点，将出现提示：

＊＊行间距＊＊

指定行之间的距离:（输入行间距后回车，或移动光标到行间距合适时单击）

一旦出现行数夹点及行间距夹点，如果再单击基点夹点，将会出现"指定层数:"的提示，此时指定三维绘图时在 Z 方向阵列的层数，二维绘图时，此情况下不要再单击基点夹点。

◆ 使项目夹点成为热点，沿大致曲线方向移动光标可动态改变项目间距（从而改变项目数）。项目间距是曲线上两项目的相同位置点之间的曲线长度，如图 2-101 所示。此时提示：

项目间距

指定项目间的距离：（输入距离后回车；或沿曲线移动鼠标，单击输入一点）

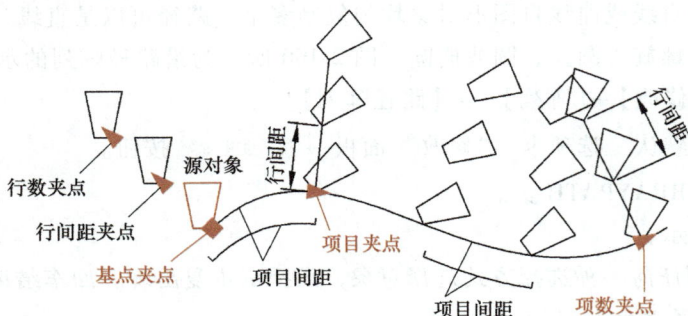

图 2-101　路径阵列的夹点、行间距、项目间距

◆ 在功能区的"阵列创建"选项卡中修改路径阵列的项目数、行间距参数或基点等。

在"草图与注释"工作空间，在路径阵列选择对象后，功能区立即出现"阵列创建"选项卡，如图 2-102 所示。

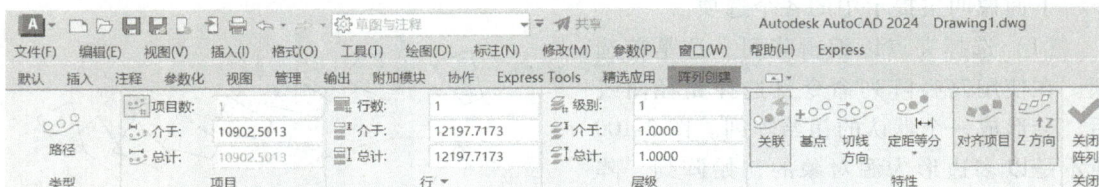

图 2-102　路径阵列功能区的"阵列创建"选项卡

在"项目"面板，单击"项数"按钮，项数夹点显示或不显示。在项数夹点显示时，单击使其成为热点并移动光标，可改变阵列的项目数。也可在按钮右侧的文本框中键入项目数，在"介于"文本框中键入项目间距，在"总计"文本框中键入项目的总曲线长度。

在"行"面板，在"行数"文本框中键入行数，在"介于"文本框中键入行间距，在"总计"文本框中键入行间总距离。

在文本框中键入数字后回车或鼠标移到别处单击，阵列即刻改变。面板中的"介于"文本框和"总计"文本框中的数字联动改变。在各面板的文本框中，还可以键入数学公式或方程式，即间接给出数值。

在"特性"面板，单击"关联"按钮，可改变阵列的关联性（阵列后的对象可以关联成整体，也可以相互独立）。单击"基点"按钮，可重新指定基点的位置。单击"切线方向"按钮，可确定阵列中的第一个项目与路径的起始方向如何对齐。

"特性"面板中的"定距等分"下拉按钮有两项，即"定距等分"和"定数等分"。

"定数等分"是把一定数量的项目沿路径的总长度均匀分布；"定距等分"是以固定的间距沿路径分布项目。

单击"特性"面板中的"对齐项目"按钮，可设置在路径阵列时，是否要将阵列后的每一个项目沿路径对齐。

单击"特性"面板中的"Z 方向"按钮，可控制在阵列时，是保持项目的原始 Z 方向还是沿三维倾斜项目。在二维绘图时可以不用。

"层级"面板用于设置在三维绘图时，Z 方向的层数和层间距。在二维绘图时可以不用。

单击"关闭阵列"按钮，阵列完成，结束命令。

（2）关联（AS）　该选项用于确定阵列后的各项目是关联起来成为一个整体，还是各自独立。接下来提示：

创建关联阵列[是(Y)/否(N)]<是>:（单击选项或键入选项关键字后回车，或直接回车）

单击是(Y)或键入 Y 后回车或直接回车，则阵列后的各项目关联起来成为一个整体。如果阵列后关联，可以通过编辑特性和源对象在整个阵列中快速传递更改。单击否(N)或键入 N 后回车，阵列后的项目各自独立，更改一个项目时不影响其他项目。

接下来返回主提示。

（3）方法（M）　该选项用于确定沿路径曲线如何分布项目。接下来提示：

输入路径方法[定数等分(D)/定距等分(M)]<(当前方法)>:（单击选项或键入选项关键字后回车；或直接回车，默认当前方法）

1）如果选择定数等分(D)，则指定数量的项目沿路径的总长度均匀分布。编辑路径时，项目总数不变，但项目间距可能会变。例如，通过夹点拉伸使路径加长或缩短时，项目的数量不变，但项目间距改变。

2）如果选择定距等分(M)，则是以固定的间距沿路径分布项目。编辑路径时，保持当前的项目间距。例如，通过夹点拉伸使路径加长或缩短时，项目的数量改变，但项目间距不变。

接下来返回主提示。

（4）基点（B）　基点是阵列时放置项目的参照点，一般是源对象上的一个特殊点。路径阵列时，基点重合于路径曲线起点，且阵列后的各项目如何放置都与基点有关。选择选项基点(B)，将重新定义基点位置。接下来提示：

指定基点或[关键点(K)]<路径曲线的终点>:（输入新的基点；或单击关键点(K)或键入 K 后回车；或直接回车，基点不变，在原路径曲线的一个终点）

1）输入新基点（鼠标指定或键入点的坐标）后，路径上的夹点并不改变位置。

2）如果选择关键点(K)，接下来提示：

指定源对象上的关键点作为基点:（在源对象上拾取一点）

对于关联阵列，这是在源对象上指定有效的约束（或关键点）以与路径对齐。如果编辑生成阵列的源对象或路径，阵列的基点保持与源对象的关键点重合。

接下来返回主提示。

（5）切向（T）　该选项用于确定阵列中的第一个项目与路径的起始方向如何对齐，进而影响阵列后的其他项目与路径的对齐方向。接下来提示：

指定切向矢量的第一个点或[法线(N)]:*（输入一点，或单击 **法线(N)** 或键入 N 后回车）*

1）如果输入一点，接下来提示：

指定切向矢量的第二个点:*（输入第二点）*

输入两点后，两点确定的切向矢量即与路径起点的切线方向平行。图 2-103 所示为指定切向矢量的两点后阵列的结果。

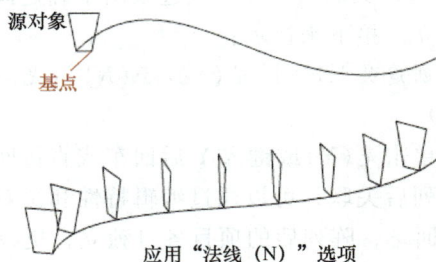

2）如果选择 **法线(N)**，将根据路径曲线的起始方向调整第一个项目的 Z 方向，在二维绘图时不用。图 2-104 所示为在三维空间应用"法线（N）"选项阵列后的结果。

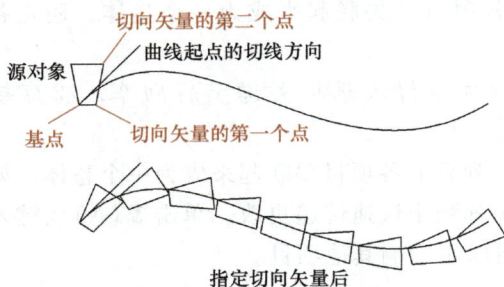

图 2-103　指定切向矢量的两点后阵列的结果　　图 2-104　应用"法线（N）"选项阵列后的结果

（6）项目（I）　默认情况下，阵列后的项目填充整条路径。选择选项 项目(I)，是根据"方法（M）"的设置，指定项目数或项目间距。

◆ 如果"方法（M）"设置的是"定距等分"（路径阵列的"阵列创建"选项卡中"特性"面板上显示"定距等分"按钮），接下来提示：

指定沿路径的项目之间的距离或[表达式(E)]<(当前项目间距)>:*（键入项目间距后回车；或单击 表达式(E) 或键入 E 后回车；或直接回车，默认当前项目间距）*

最大项目数=(项目数当前值)

指定项目数或[填写完整路径(F)/表达式(E)]<(项目数当前值)>:*（键入项目数后回车；或单击选项或键入选项关键字后回车；或直接回车，默认当前项目数）*

1）键入项目数后回车，阵列即刻变化。如果项目间距较小，项目数也少，可能只阵列路径的一部分，如图 2-105a 所示。如果选择 **填写完整路径(F)**，则是在当前项目间距下，对整条路径进行阵列，此时，在路径长度更改时自动调整项目数，如图 2-105b 所示。

2）如果选择 **表达式(E)**，将基于数学公式或方程式导出项目间距或项目数。

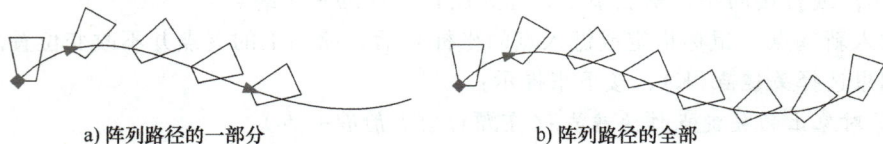

a) 阵列路径的一部分　　　　　　　　b) 阵列路径的全部

图 2-105　"定距等分"的项目数

◆ 如果"方法（M）"设置的是"定数等分"（路径阵列的"阵列创建"选项卡中"特性"面板上显示"定数等分"按钮），接下来提示：

输入沿路径的项目数或[表达式(E)]<(项目数当前值)>:*（键入项目数后回车；或单击*

表达式(E)或键入 E 后回车；或直接回车，默认当前项目数）

键入项目数后回车，将沿整条路径均匀分布项目。如果选择表达式(E)，将基于数学公式或方程式导出项目数。

接下来返回主提示。

（7）行（R）　该选项用于指定阵列的行数、行间距及行之间的增量标高（每个后续行在 Z 方向增高或降低的高度）。接下来提示：

输入行数或[表达式(E)]<(当前值)>:（键入行数后回车；或单击表达式(E)或键入 E 后回车；或直接回车，默认当前的行数）

指定 行数 之间的距离或[总计(T)/表达式(E)]<(当前值)>:（键入行间距后回车；或单击选项或键入选项关键字后回车；或直接回车，默认当前的行间距）

指定 行数 之间的标高增量或[表达式(E)]<(当前值)>:（键入增量标高后回车；或单击表达式(E)或键入 E 后回车；或直接回车，默认当前的增量标高）

在上述的提示中，表达式(E)是基于数学公式或方程式导出行数或行间距或增量标高。回答方式同前面其他主提示选项的回答方式一样。总计(T)是指定从开始行的项目到结束行项目上的相同位置点之间的总距离。接下来提示：

输入起点和端点 行数 之间的总距离<(当前值)>:（键入行间总距离）

接下来返回主提示。

（8）层（L）　该选项用于指定三维路径阵列时在 Z 方向阵列的层数和层间距。二维绘图时该选项无用。

（9）对齐项目（A）　该选项用于路径阵列时，确定是否基于第一个项目将阵列后的每一个项目与路径的方向相切对齐。接下来提示：

是否将阵列项目与路径对齐？[是(Y)/否(N)]<(当前设置)>:（单击是(Y)）或键入 Y 后回车，对齐；或单击否(N)或键入 N 后回车，不对齐；或直接回车，默认当前设置）

图 2-106 所示为阵列后是否对齐项目的比较。

接下来返回主提示。

（10）Z 方向（Z）　该选项控制在阵列时，是保持项目的原始 Z 方向还是沿三维倾斜项目。在二维绘图时该选项无用。

（11）退出（X）　选择退出(X)或直接回车，结束路径阵列命令。按<Esc>键也可退出阵列命令。

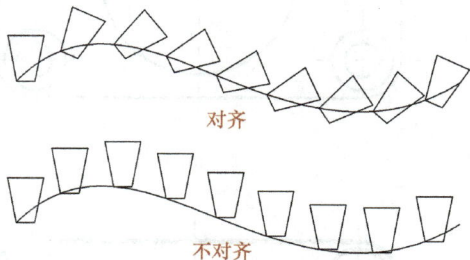

图 2-106　阵列后是否对齐项目的比较

4. 操作过程

现以图 2-90 所示图形为例，进行绘制和阵列，操作过程如下。

➢ 利用圆命令，捕捉图 2-90 中左上角中心点作为圆心绘制直径为"32"和"18"的两个圆，如图 2-107a 所示；

➢ 命令行：ARRAYRECT↙；

➢ 选择对象:选中图 2-107a 中的两条中心线和两个圆↙；

➢ 选择夹点以编辑阵列或[关联(AS)/基点(B)/计数(COU)/间距(S)/列数(COL)/行数(R)/层数(L)/退出(X)]:输入列数为"2"，介于为"170"，行数为"2"，介于为"-85"，单击"关闭阵列"按钮，完成矩形阵列，结果如图 2-107b 所示；

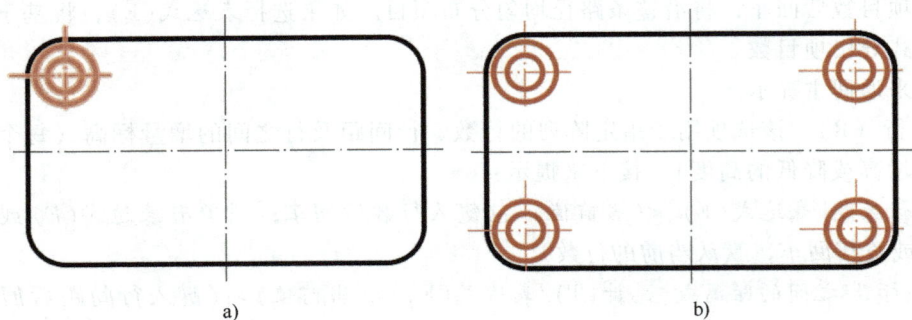

a)

b)

图 2-107 矩形阵列

➢ 利用圆命令，捕捉图 2-90 中中间的中心点作为圆心绘制直径为 100 的圆，利用直线命令绘制需要环形阵列的图形，如图 2-108a 所示；

➢ 命令行：ARRAYPOLAR ↙；

➢ 选择对象：选中图 2-108a 中的两条直线和一段圆弧↙；

➢ 指定阵列的中心点或［基点（B）/旋转轴（A）］：选择中间的中心点↙；

➢ 选择夹点以编辑阵列或［关联（AS）/基点（B）/项目（I）/项目间角度（A）/填充角度（F）/行（ROW）/层数（L）/旋转项目（ROT）/退出（X）］：输入项目数为"6"，介于为"60"，填充为"360"，单击"关闭阵列"按钮，完成环形阵列，结果如图 2-108b 所示；

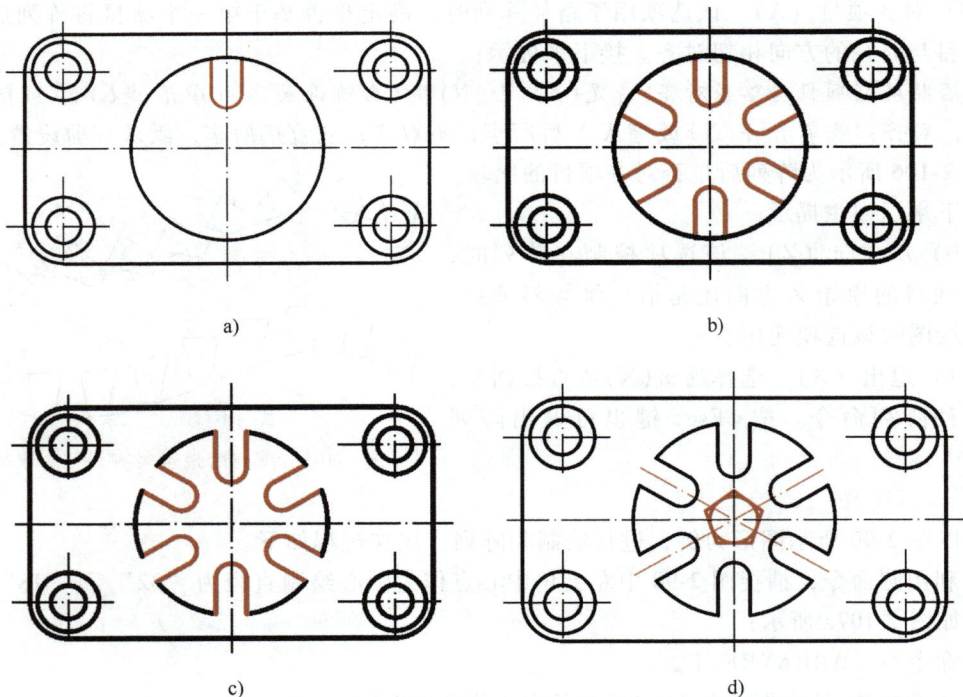

a)

b)

c)

d)

图 2-108 环形阵列

➤ 利用修剪命令修剪多余的线，结果如图 2-108c 所示；

➤ 补充剩余的图形，完成垫片的绘制，结果如图 2-108d 所示。

2.3.5　复制对象

复制命令用于复制已绘制的对象。命令输入方式如下。

◆ 菜单栏：【修改】→【复制】。

◆ 功能区："默认"选项卡→"修改"面板→ 🔏 复制(Y) 按钮。

◆ 命令行：COPY ↙ 或 CO ↙ 或 CP ↙。

命令输入后提示：

选择对象:(用任何一种选择方式选择对象)

选择对象:提示重复出现，直至回车结束选择对象，接下来是主提示：

当前设置:复制模式=多个

指定基点或[位移(D)/模式(O)]<位移>:(输入一点作为基点，或单击一个选项或键入选项关键字后回车，或直接回车)

1. 指定基点

"指定基点"选项包括"指定基准点、目标点的复制""阵列复制""使用第一个点作为位移"和"指定基点、距离复制"。

（1）指定基准点、目标点的复制　指定基点后，可连续指定复制的目标点（第二个点），在目标点按原样复制选中对象，实现多次复制。这是复制命令最常用的方式。操作方式如下：

指定第二个点或[阵列(A)]<使用第一个点作为位移>:(输入一点作为复制的目标点)

指定第二个点或[阵列(A)/退出(E)/放弃(U)]<退出>:(输入一点作为复制的目标点；或选择放弃(U)，放弃刚做的复制；或选择退出(E)或直接回车，退出复制命令)

……

指定第二个点或[阵列(A)/退出(E)/放弃(U)]<退出>:↙

如图 2-109 所示的阶梯图形，只要画出一个台阶，多次复制，可很快画出其他台阶（注意结合"捕捉到端点"的对象捕捉方式）。

在实际绘图时，基点一般选定图形对象的一个特殊点，如角点、圆心等。

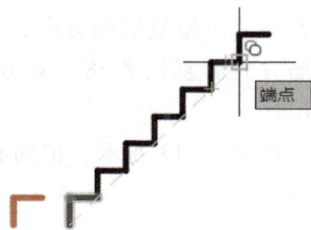

图 2-109　多次复制

（2）阵列复制　指定基点后，选择阵列(A)，转成有规律的多重复制（即阵列）。接下来操作如下：

指定第二个点或[阵列(A)]<使用第一个点作为位移>:(单击 阵列(A) 或键入 A 后回车)

输入要进行阵列的项目数:(键入阵列的数目后回车)

指定第二个点或[布满(F)]:(输入一点作为复制的目标点，或单击 布满(F) 或键入 F 后回车)

① 如果输入一点作为复制的目标点，是在两点方向，以两点间的距离为间隔，按键入的阵列数目进行一次复制，如图 2-110 所示。接下来回到提示"指定第二个点或[阵列(A)/

退出（E）/放弃（U）<退出>：”。

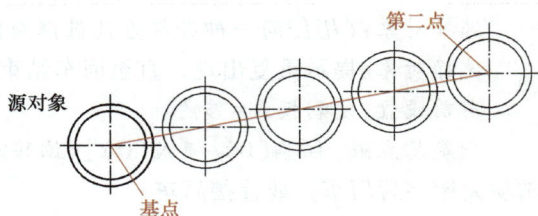

② 如果选择布满（F），是在两点方向，按键入的阵列数目，使复制的对象均匀布满两点间的间隔，如图 2-111 所示。接下来提示：

指定第二个点或[阵列（A）]：（输入一点作为复制的目标点，或单击 阵列（A）或键入 A 后回车）

如果输入一点作为复制的目标点，完成一次复制。接下来继续提示 指定第二个点或[阵列（A）/退出（E）/放弃（U）]<退出>。如果选择阵列（A），回到提示 指定第二个点或[布满（F）]：。

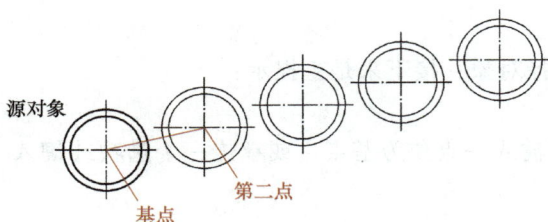

图 2-110　以两点间的距离为间隔，按键入　　图 2-111　按键入的阵列数目，使复制的
　　　　　的阵列数目进行复制　　　　　　　　　　　　对象均匀布满两点间的间隔

（3）使用第一个点作为位移　指定基点后，对提示 指定第二个点或[阵列（A）] <使用第一个点作为位移>：直接回车，是以基点的直角坐标值（x，y）分别作为相对被复制对象的横向和纵向距离复制一次。

如图 2-112 所示，同心圆位于点 A（-60，50），如果基点选择点 A，对提示 指定第二个点或[阵列（A）]<使用第一个点作为位移>：直接回车，则同心圆被复制到点 B（-120，100）。

（4）指定基点、距离复制　这种方式是指定基点后，接下来移动光标，使光标橡皮筋的方向为对象复制的方向，对接下来的提示键入数值后回车，即复制一次，输入的数值是橡皮筋方向的复制距离。对方向和距离已知的对象进行复制，这种方法较好，并且可多次使用。

如图 2-113 所示，把同心圆图形向 30°方向且距离为 80 复制一次。命令输入后操作过程如下。

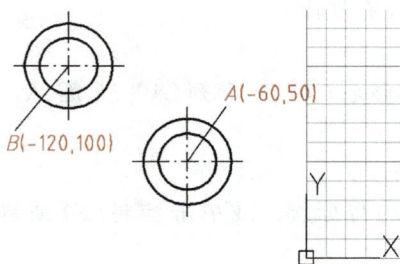

图 2-112　使用基点作为位移一次复制　　　　图 2-113　指定基点、距离复制

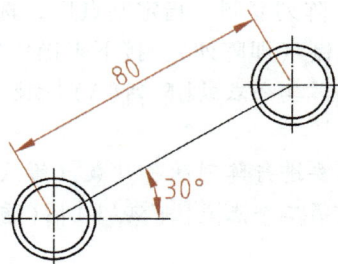

选择对象:(选择同心圆及其中心线)

选择对象:↙

当前设置:复制模式=多个

指定基点或[位移(D)/模式(O)]<位移>:(以圆心作为基点)

指定第二个点或[阵列(A)]<使用第一个点作为位移>:<30 ↙ （键入角度30°）

角度替代:30°

指定第二个点或[阵列(A)]<使用第一个点作为位移>:80 ↙ （键入复制的距离80）

指定第二个点或[阵列(A)/退出(E)/放弃(U)]<退出>:↙

在第一个提示指定第二个点或[阵列(A)]<使用第一个点作为位移>:后，也可直接以相对极坐标方式输入"@80<30"并回车。

2. 位移（D）

选择对象结束后，如果对主提示选择位移（D）或直接回车，接下来提示：

指定位移<0.0000,0.0000,0.0000>:(键入一点，或鼠标指定一个点，或键入一个距离)

采用这种方式复制时，光标橡皮筋的起点是坐标原点。

3. 模式（O）

AutoCAD默认的复制模式是一次复制命令可多次复制选定的对象。选择模式(O)可设置复制模式为单个或多个，操作过程如下：

输入复制模式选项[单个(S)/多个(M)]<多个>:(选择单个(S)或键入S后回车，一次复制命令只复制一次即结束命令；选择多个(M)或键入M后回车或直接回车，改回一次复制命令可多次复制选定的对象)

有了复制命令，绘图时不仅可以简化同形图形的画法，还可以简化尺寸标注。如图2-114所示，为画图2-114a中的断面，可采用图2-114b～图2-114e的步骤，即把圆画在轴内，然后再把有关图形复制出来，再画键槽，这样可少画图线，同时减少尺寸的标注。

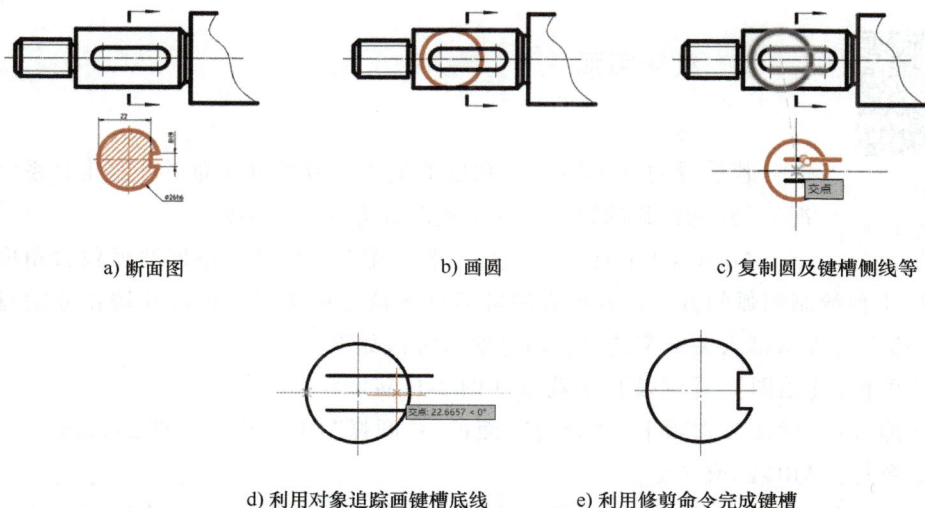

a) 断面图   b) 画圆   c) 复制圆及键槽侧线等

d) 利用对象追踪画键槽底线   e) 利用修剪命令完成键槽

图2-114 复制命令实例

使用阵列命令，可将图形对象（又称为项目）按"矩形""环形"或"路径"方式进行多重复制。

任务2.4　绘制挂轮架的单面图形

2.4.1　图形分析

图 2-115 所示为挂轮架的单面图形。绘制过程中需用到前述的直线、圆、偏移、倒圆角、旋转、修剪、对象捕捉等命令，除此之外还需用圆弧命令。图形绘制完成后，除线性尺寸需要标注外，还需标注半径、直径和角度尺寸。

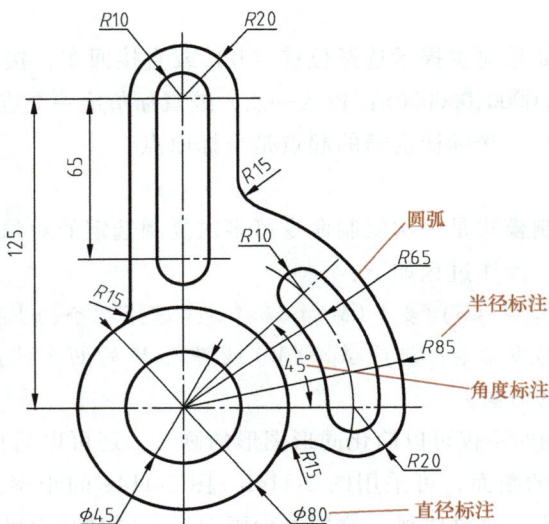

图 2-115　挂轮架的单面图形

绘制挂轮架的单
面图形-圆弧命令

2.4.2　绘制圆弧

1. 绘制圆弧命令

若设置的 AutoCAD 的角度测量方向沿逆时针为正（这也是系统默认情况），绘制圆弧的默认方向是逆时针方向形成圆弧。

AutoCAD 中有指定三点，指定圆心、半径，根据圆弧包含角度、方向和弦长等 11 种绘制圆弧的方法，各种方法可通过下拉菜单选择，也可在按钮或键盘输入命令后，对命令行提示键入关键字选择。命令输入方法如下。

◆ 菜单栏：【绘图】→【圆弧】子菜单（图 2-116a）。

◆ 功能区："默认"选项卡→"绘图"面板→"圆弧"下拉菜单（图 2-116b）。

◆ 命令行：ARC ✓ 或 A ✓。

命令输入后，第一个提示是 指定圆弧的起点或[圆心(C)]: ，各种绘制圆弧的方法由此开始。

（1）三点绘制圆弧　通过三点绘制圆弧就是指定圆弧的起点、第二点（圆弧上一点）、圆弧端点，并通过此三点生成一段圆弧。命令输入后操作过程如下。

指定圆弧的起点或［圆心（C）］:（输入圆弧起点）

指定圆弧的第二点或［圆心（C）/端点（E）］:（输入圆弧上的一点）

指定圆弧的端点:（输入圆弧的端点）

（2）起点、圆心、弦长　这是通过给定圆弧的起点、圆心和圆弧的弦长（即弧的两端点的距离）绘制圆弧。命令输入后操作过程如下。

指定圆弧的起点或［圆心（C）］:（输入圆弧的起点）

指定圆弧的第二点或［圆心（C）/端点（E）］:（单击 圆心（C）或键入 C↙）

指定圆弧的圆心:（输入圆弧的圆心）

指定圆弧的端点或［角度（A）/弦长（L）］:（单击 弦长（L）或键入 L↙）

指定弦长:（输入弦长）

注意：输入的圆弧弦长数值不能大于圆弧的直径，否则提示输入值无效并取消命令。

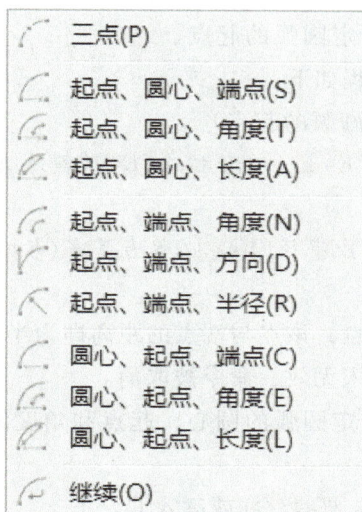

a) 绘图/圆弧子菜单　　　　b)"圆弧"下拉菜单

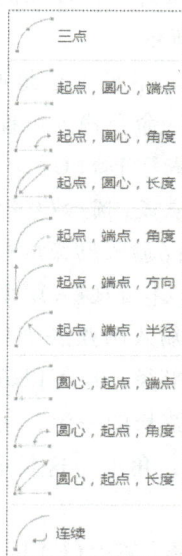

图 2-116　画圆弧菜单

（3）起点、端点、角度　这是通过给定圆弧的起点、端点和圆弧的扇面角（即两端点与圆心连线的夹角）绘制圆弧。命令输入后操作过程如下。

指定圆弧的起点或［圆心（C）］:（输入圆弧的起点）

指定圆弧的第二点或［圆心（C）/端点（E）］:（单击 端点（E）或键入 E↙）

指定圆弧的端点:（输入圆弧的端点）

指定圆弧的圆心或［角度（A）/方向（D）/半径（R）］:（单击 角度（A）或键入 A↙）

指定包含角:（指定圆弧包含的角度）

若角度测量方向沿逆时针为正（这也是默认情况），输入的角度大于零时，按逆时针方向从起点到端点画圆弧；输入的角度为负值（如−120°）时，按顺时针方向从起点到端点画圆弧。

（4）起点、端点、方向　这是通过给定圆弧的起点、端点和圆弧在起始点的切线方向绘制圆弧。指定切线方向有两种方法：一是直接指定一点，圆弧起点到该点连线的方向就是切线方向；另一种是输入角度值，该角度值是圆弧起点切线方向与水平方向的夹角。命令输入后操作过程如下。

指定圆弧的起点或[圆心(C)]:*(输入圆弧的起点)*

指定圆弧的第二点或[圆心(C)/端点(E)]:*(单击端点(E)或键入 E↙)*

指定圆弧的端点:*(输入圆弧的端点)*

指定圆弧的圆心或[角度(A)/方向(D)/半径(R)]:*(单击方向(D)或键入 D↙)*

指定圆弧的起点切向:*(输入一点确定起点切线方向，或键入角度值)*

用此种方式可画与已知直线相切的圆弧，只要使圆弧的起点与直线的端点重合，橡皮筋的方向与直线的方向一致即可，如图 2-117 所示。

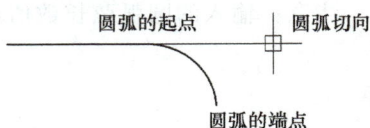

图 2-117　画与已知直线相切的圆弧

（5）起点、端点、半径　这是通过给定圆弧的起点、端点和半径绘制圆弧。命令输入后操作过程如下。

指定圆弧的起点或[圆心(C)]:*(输入圆弧的起点)*

指定圆弧的第二点或[圆心(C)/端点(E)]:*(单击端点(E)或键入 E↙)*

指定圆弧的端点:*(输入圆弧的端点)*

指定圆弧的圆心或[角度(A)/方向(D)/半径(R)]:*(单击半径(R)或键入 R↙)*

指定圆弧半径:*(输入圆弧的半径)*

可以键入圆弧的半径，也可以输入一点，该点与端点的距离即为半径。注意：输入的圆弧半径不得小于圆弧弦长的一半，否则输入无效，命令被取消。

（6）圆心、起点、角度　这是通过给定圆弧的圆心、起点和角度绘制圆弧。命令输入后操作过程如下。

指定圆弧的起点或[圆心(C)]:*(单击圆心(C)或键入 C↙)*

指定圆弧的圆心:*(输入圆心)*

指定圆弧的起点:*(输入起点)*

指定圆弧的端点或[角度(A)/弦长(L)]:*(单击角度(A)或键入 A↙)*

指定包含角:*(输入角度或输入一点以确定包含角)*

若角度测量方向沿逆时针为正，输入正的角度时，按逆时针方向绘制圆弧段；输入负值时，则反方向绘制。可以键入圆弧的角度；也可以输入一点，该点和圆心的连线与 X 轴的夹角即为角度。

（7）继续　该选项绘制一段新圆弧，该圆弧从之前最后绘制的直线或圆弧的端点开始，动态显示与前一段直线或圆弧相切的圆弧，再指定端点即绘制出一段圆弧。命令输入后操作过程如下。

指定圆弧的起点或[圆心(C)]: ↙（自动从最后绘制的直线或圆弧的端点开始）

指定圆弧的端点:（输入端点）

通过"绘图/圆弧"子菜单，选择"继续"命令，圆弧的起点自动与最后绘制的直线或圆弧的终点重合。若通过按钮输入命令或从键盘键入命令后，对提示指定圆弧的起点或[圆心(C)]:直接回车，圆弧的起点也自动与最后绘制的直线或圆弧的终点重合。

利用直线的"续接"命令和圆弧的"继续"命令，直线可续接前面所绘的圆弧，圆弧可续接前面的直线。直线的起点方向与前面所绘圆弧的终点方向一致，即直线与圆弧在圆弧终点相切；圆弧的起点方向与前面所绘的直线方向一致，即圆弧与直

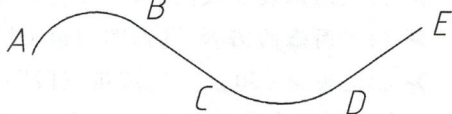

图 2-118 直线、圆弧相续接

线在直线终点相切。图 2-118 所示为直线 *BC* "续接"圆弧 *AB*，圆弧 *CD* "继续"直线 *BC*，直线 *DE* "续接"圆弧 *CD*。

实际绘图时，用户可根据所获得的已知条件选择相应的绘制圆弧方法。

2. 操作过程

本实例沿用模块一中设置好图层的 A3 绘图模板，在前述知识储备的基础上已绘制图 2-119a 所示的挂轮架的部分图形。圆弧绘制过程如下。

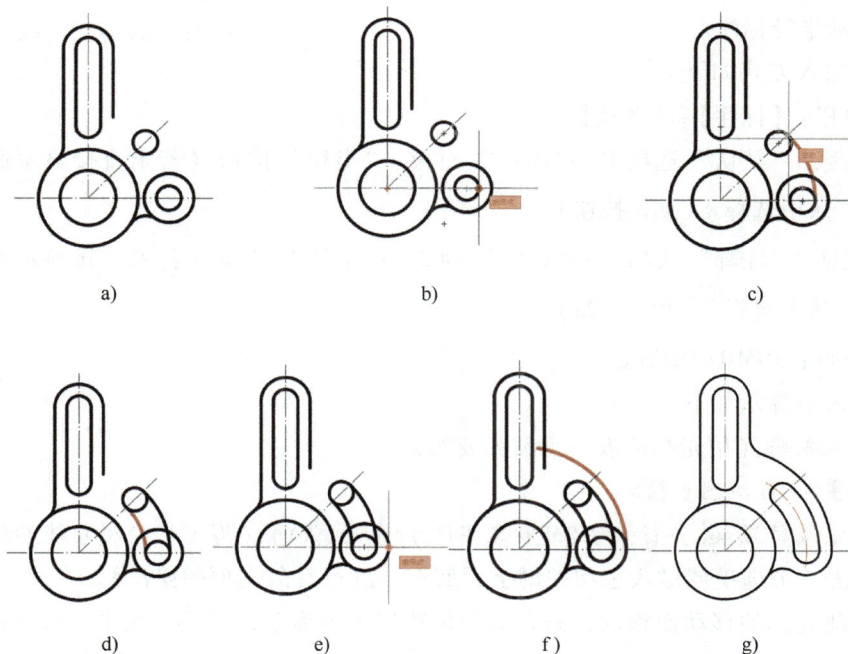

图 2-119 挂轮架

➢ 命令行输入：ARC ↙；

➢ 指定圆弧的起点或[圆心(C)]:输入 C 或直接点选"圆心"↙；

➢ 指定圆弧的圆心:选择图 2-119a 中最大圆的圆心；

➤ 指定圆弧的起点：选择图 2-119b 中的圆上象限点；

➤ 指定圆弧的端点或 [角度（A）/弦长（L）]：选择图 2-119c 中的交点，完成第一段圆弧的绘制；

➤ 重复圆弧命令，绘制另一段圆弧，完成后如图 2-119d 所示；

➤ 选择"圆弧"下拉菜单中的"起点，圆心，角度"命令；

➤ 指定圆弧起点或 [圆心（C）]：选择图 2-119e 中的圆上象限点；

➤ 指定圆弧的圆心：选择图中最大圆的圆心；

➤ 指定夹角：80 ↙，完成第三段圆弧，如图 2-119f 所示；

➤利用圆弧命令绘制中心线圆弧，再利用倒圆角和修剪命令完成图形最后的绘制，结果如图 2-119g 所示。

2.4.3 标注半径尺寸

绘制挂轮架的单面图形-尺寸标注

1. 半径尺寸标注命令

半径尺寸标注命令用来标注圆或圆弧的半径，如图 2-120 所示。半径尺寸标注是由一个带箭头指向圆或圆弧的半径尺寸线和前面带有字母 R 的尺寸文字组成，R 表示半径标注。

图 2-120　直径标注和半径标注

命令的输入方式如下。

◆ 菜单栏：【标注】→【半径】。

◆ 功能区："默认"选项卡→"注释"面板→"半径"按钮（若未直接显示此选项，单击后方 ▼，从中选择 ⟍ 半径 按钮）。

◆ 功能区："注释"选项卡→"标注"面板→"半径"按钮（若未直接显示此选项，单击后方 ▼，从中选择 ⟍ 半径 按钮）。

◆ 命令行：DIMRADIUS ↙。

命令输入后提示如下。

选择圆弧或圆：（用光标拾取一个圆弧或圆）

标注文字＝<自动测量值>

指定尺寸线位置或 [多行文字（M）/文字（T）/角度（A）]：（指定半径尺寸线的位置，命令结束；或单击一个选项或键入选项关键字后回车，进行其他选项的操作）

尺寸线随光标的移动而移动，到合适的位置后单击确定，完成一次半径尺寸标注。

其余选项"多行文字（M）""文字（T）""角度（A）"的操作与线性尺寸标注时一样。图 2-121 所示为半径标注示例。

2. 操作过程

本实例沿用 2.1.5 中的"线性尺寸标注"样式进行半径尺寸的标注。将"尺寸标注"层置为当前层，将"线性尺寸标注"样式置为当前样式。

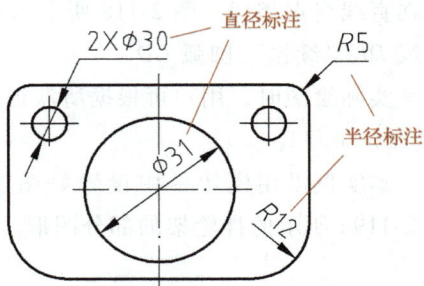

图 2-121　半径标注示例

➢ 命令行输入：DIMRADIUS ↙；

➢ 选择圆弧或圆：选择图 2-119g 中的所有圆弧进行标注，结果如图 2-122 所示。

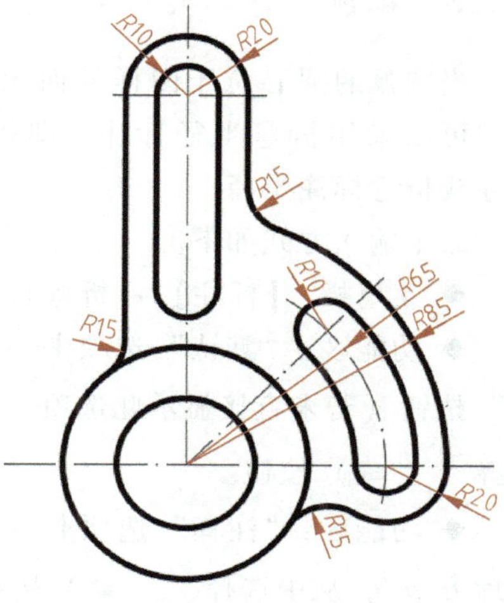

2.4.4　标注直径尺寸

1. 直径尺寸标注命令

直径尺寸标注命令用来标注圆或圆弧的直径。直径标注与半径标注相似，只是直径尺寸文字在数字的前面的有直径符号"φ"。命令输入方式如下。

◆ 菜单栏：菜单栏【标注】→【直径】。

◆ 功能区："默认"选项卡→"注释"面板→"直径"按钮（若未直接显示此选项，单击后方 ▼，从中选择 ⊘ 直径 按钮）。

图 2-122　半径标注

◆ 功能区："注释"选项卡→"标注"面板→"直径"按钮（若未直接显示此选项，单击后方 ▼，从中选择 ⊘ 直径 按钮）。

◆ 命令行：DIMDIAMETER ↙。

命令输入后提示：

选择圆弧或圆：(用光标拾取一个圆弧或圆)

标注文字=<自动测量值>

指定尺寸线位置或[多行文字(M)/文字(T)/角度(A)]：(指定直径尺寸线的位置，结束命令；或单击一个选项或键入选项关键字后回车，进行其他选项的操作)

尺寸线随光标的移动而移动，到合适的位置后单击确定，完成一次直径尺寸标注。

其余选项多行文字(M)、文字(T)、角度(A)的操作与线性尺寸标注时一样。图 2-123 所示是直径标注示例。

图 2-123　直径标注示例

2. 操作过程

本实例沿用 2.1.5 中的"线性尺寸标注"样式进行半径尺寸的标注。将"尺寸标注"

层置为当前层，将"线性尺寸标注"样式置为当前样式。

➤ 命令行输入：DIMDIAMETER ↙；

➤ 选择圆弧或圆：选择图 2-119g 中的所有圆进行标注，完成后如图 2-124 所示。

2.4.5　标注折弯半径尺寸

当圆弧的圆心位于图样外而无法显示其实际位置时，可以采用折弯半径标注，即指定替代圆心位置，尺寸线折弯标注半径。

命令输入方式如下。

◆ 菜单栏：【标注】→【折弯】。

◆ 功能区："默认"选项卡→"注释"面板→"折弯"按钮（若未直接显示此选项，单击后方 ▼，从中选择 折弯）按钮。

◆ 功能区："注释"选项卡→"标注"面板→"折弯"按钮（若未直接显示此选项，单击后方 ▼，从中选择 折弯）按钮。

◆ 命令行：DIMJOGGED ↙。

命令输入后提示：

选择圆弧或圆：(用光标拾取一个圆弧或圆)

指定中心位置替代：(输入一点作为替代圆心)

标注文字 =＜自动测量值＞

指定尺寸线位置或［多行文字(M)/文字(T)/角度(A)］：(指定尺寸线的位置，结束命令；或单击一个选项或键入选项关键字后回车，进行其他选项的操作)

指定折弯位置：(输入一点作为折弯位置)

其余选项多行文字(M)、文字(T)、角度(A)的操作与线性尺寸标注时一样。图 2-125 所示是折弯半径标注示例。

2.4.6　标注弧长

弧长标注命令用于标注圆弧段的长度。为显示弧长标注与线性尺寸标注及角度标注的区别，默认情况下，弧长标注将显示一个圆弧符号。圆弧符号可以显示在标注文字的上方或前方，通过"新建（或修改）标注样式"对话框的"符号和箭头"选项卡中的"弧长符号"栏设置。命令输入方式如下

◆ 菜单栏：【标注】→【弧长】。

◆ 功能区："默认"选项卡→"注释"面板→"弧长"按钮（若未直接显示此选项，单击后方 ▼，从中选择 弧长 按钮）。

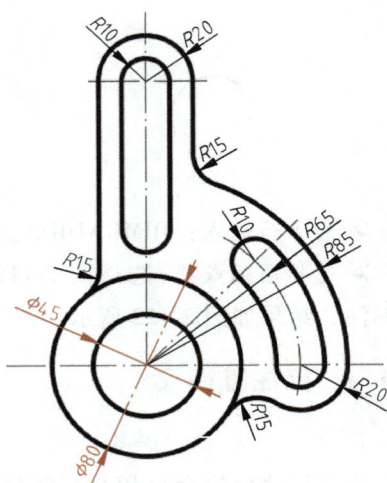

图 2-124　直径标注

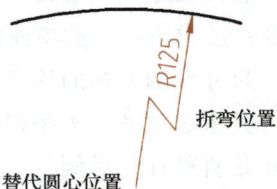

图 2-125　折弯半径标注示例

◆ 功能区："注释"选项卡→"标注"面板→"弧长"按钮（若未直接显示此选项，单击后方 ▼ ，从中选择 ⌒ 弧长 按钮）。

◆ 命令行：DIMARC ↙。

命令输入后提示：

选择弧线段或多段线弧线段：(用光标拾取一个圆弧或圆)

指定弧长标注位置或[多行文字(M)/文字(T)/角度(A)/部分(P)/引线(L)]：(指定尺寸线的位置，命令结束；或单击一个选项或键入选项关键字后回车，进行其他选项的操作)

标注文字 =<自动测量值>

在实际标注弧长时，当圆弧的包含角度大于90°时，两条尺寸界线径向引出；当圆弧的包含角度小于90°，两条尺寸界线平行引出，如图2-126所示。

图2-126　尺寸界线引出方式

选项多行文字(M)、文字(T)、角度(A)的操作与线性尺寸标注时一样，仅就部分(P)和引线(L)进行说明。

（1）部分（P）该选项指定不标注整段弧，仅标注弧的一部分长度，如图2-127所示。选择该选项后接下来提示：

指定圆弧长度标注的第一个点：(输入圆弧上弧长标注的起点)

指定圆弧长度标注的第二个点：(输入圆弧上弧长标注的起点)

指定弧长标注位置或[多行文字(M)/文字(T)/角度(A)/部分(P)/引线(L)]：(指定尺寸线的位置，命令结束；或单击一个选项或键入选项关键字后回车，进行其他选项的操作)

标注文字 =<自动测量值>

标注的第一个点和第二个点都可以不在圆弧上。

（2）引线（L）该选项指定添加一条由尺寸数字指向圆弧的引线，如图2-128所示。引线径向绘制，指向所标注圆弧的圆心。注意：仅当圆弧的包含角度大于90°时才会显示此选项。选择该选项后接下来提示：

指定弧长标注位置或[多行文字(M)/文字(T)/角度(A)/部分(P)/无引线(N)]：(指定尺寸线的位置，命令结束；或单击一个选项或键入选项关键字后回车，进行其他选项的操作)

若以无引线(N)响应，则取消创建引线。

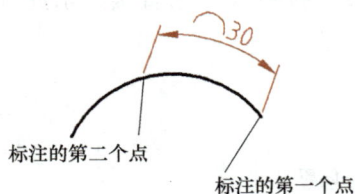

标注的第二个点

标注的第一个点

图 2-127　部分弧长标注

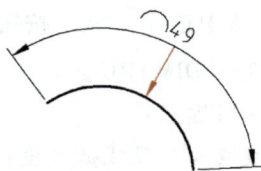

图 2-128　添加引线弧长标注

2.4.7　标注角度

1. 角度标注命令

角度标注命令用于标注两条非平行直线的夹角（图 2-126）、圆弧（可以是圆上的一段弧）包含的角度及三点（一个角顶点和其他两个点）确定的角度。命令的输入方式如下。

◆ 菜单栏：【标注】→【角度】。

◆ 功能区："默认"选项卡→"注释"面板→"角度"按钮（若未直接显示此选项，单击后方 ▼，从中选择 △ 角度 按钮）。

◆ 功能区：【注释】选项卡→【标注】面板→"角度"按钮（若未直接显示此选项，单击后方 ▼，从中选择 △ 角度 按钮）。

◆ 命令行：DIMANGULAR ↙。

命令输入后，主提示为：

选择圆弧、圆、直线或<指定顶点>：(用光标拾取圆弧、圆、直线，或直接回车)

根据选择的对象不同及直接回车，有四种角度标注方法，每一种方法的继续提示中都有选项多行文字(M)、文字(T)、角度(A)，其操作与线性尺寸标注时一样，不再重复。下面分别对四种角度标注方法进行介绍。

（1）圆弧的角度标注　在主提示下选择一段圆弧，将标注一段圆弧包含的角度。接下来提示：

指定标注弧线位置或[多行文字(M)/文字(T)/角度(A)/象限点(Q)]：(指定尺寸线位置，命令结束；或单击一个选项或键入选项关键字后回车，进行其他选项的操作)

◆ 指定标注弧线位置：这是用鼠标指定尺寸线位置。AutoCAD 以圆弧的圆心作为角的顶点，弧的两个端点为标注尺寸界线的起点（第一、第二尺寸界线的起点以逆时针方向确定），在两尺寸界线之间绘制呈圆弧的尺寸线，如图 2-129 所示。

◆ 象限点（Q）：这是指定标注应锁定到的象限，即确认标注两条尺寸界线所在那一侧的

图 2-129　标注圆弧的角度

角度。如图 2-130 所示，标注弧 *AB* 的角度 108°。如果没有选择象限点(Q)，选择圆弧后，光标在两条尺寸界线的右侧时，标注 108°（图 2-130a），而光标移动到两条尺寸界线的左侧时，标注 252°（图 2-130b）；如果选择象限点(Q)，这时命令行提示：

指定象限点：（在两条尺寸界线的右侧单击指定一点）

此时，即使光标移动到两条尺寸界线的左侧，也不会标注252°，还是标注108°，但文字放置在要标注的角度外，且尺寸线会延伸超过尺寸界线（图2-130c）。

下面各种标注角度提示中的象限点(Q)的操作都与此类似，不再重复。

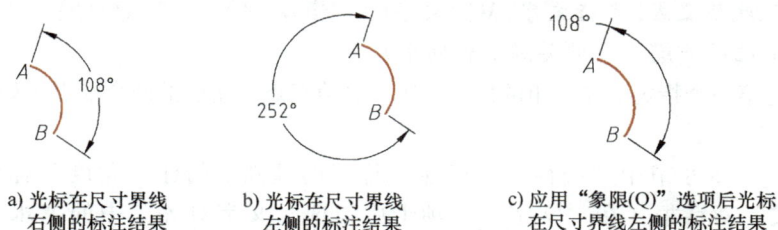

a) 光标在尺寸界线右侧的标注结果　　b) 光标在尺寸界线左侧的标注结果　　c) 应用"象限(Q)"选项后光标在尺寸界线左侧的标注结果

图 2-130　"象限"选项的应用

（2）圆的角度标注　在主提示下选择圆，将标注圆上一段弧的角度。这时光标橡皮筋连接圆心，接下来提示：

指定角的第一个端点：（指定弧的第一个端点）

指定角的第二个端点：（指定弧的第二个端点）

指定标注弧线位置或[多行文字(M)/文字(T)/角度(A)/象限点(Q)]：（指定尺寸线位置，命令结束；或单击一个选项或键入选项关键字后回车，进行其他选项的操作）

AutoCAD以所选圆的圆心作为角的顶点，所选择的圆上第一个点作为第一条尺寸界线的起始点，指定的第二个点（未必位于圆上）作为第二条尺寸界线的起始点，如图2-131所示。

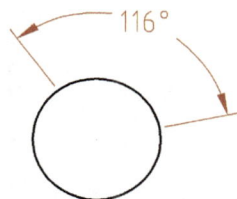

图 2-131　标注圆上弧段的角度

（3）两条非平行直线之间的角度标注　在主提示下选择一条直线，将标注两条非平行直线之间的夹角。接下来提示：

选择第二条直线：（用光标拾取另一条直线）

指定标注弧线位置或[多行文字(M)/文字(T)/角度(A)/象限点(Q)]：（指定尺寸线位置，命令结束；或单击一个选项或键入选项关键字后回车，进行其他选项的操作）

两条直线即为角度的两条边，直线的交点为角度的顶点，尺寸界线和标注弧（即尺寸线）位置随指定的标注弧线位置不同形成四种不同的标注。标注的角度小于180°时，如图2-132所示，如果需确定标注哪一个角度，可应用选项象限点(Q)。

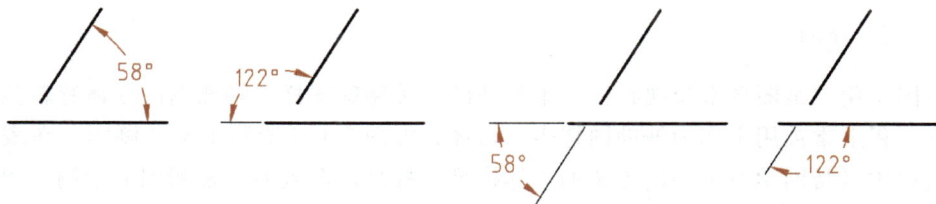

图 2-132　标注两条非平行直线之间的夹角

（4）定义三点的角度标注　对主提示直接回车，将通过指定三个点来创建一个角度标注。接下来提示：

指定角的顶点：（指定角的顶点）

指定角的第一个端点：（指定角的第一个端点）

指定角的第二个端点：（指定角的第二个端点）

指定标注弧线位置或[多行文字(M)/文字(T)/角度(A)/象限点(Q)]：（指定尺寸线位置，或单击一个选项或键入选项关键字后回车）

AutoCAD 将第一个指定点作为角的顶点，第二和第三点为角度的两个端点，如图 2-133 所示。

2. 操作过程

本实例在 2.1.5 小节中"线性尺寸标注"样式的基础上新建"角度"标注样式。打开"新建标注样式"对话框，在"文字"选项卡中勾选"文字对齐"中的"水平"选项，并将"尺寸标注"层置为当前层，将"角度"样式置为当前样式。

➤ 命令行输入：DIMANGULAR ↙；

➤ 选择圆弧、圆、直线或<指定顶点>：选择图 2-134 中的两条中心线，在合适位置放置 45°角度尺寸，完成角度标注。

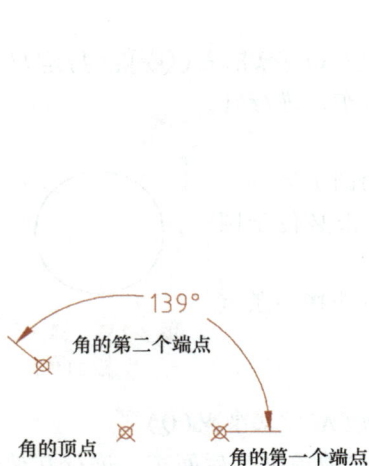

图 2-133 指定三点的角度标注

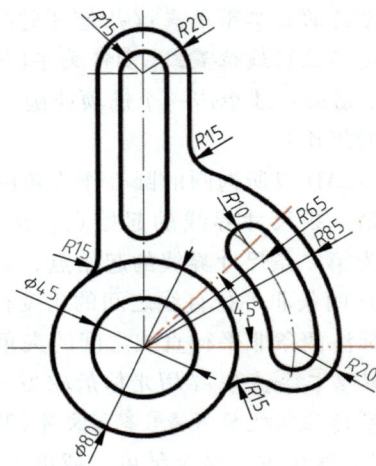

图 2-134 角度标注

任务2.5 绘制支架的轴测图

2.5.1 图形分析

轴测图是用二维图形来反映物体三维特征的一种特殊图样。轴测图的立体感较强、直观性好，在工程上常被用来作为辅助图样表示形体，如图 2-135 所示支架轴测图，在表达支架零件的过程中可帮助学习者构建支架的立体模型，提高作图效率。轴测图的绘制过程较为复杂，在 AutoCAD 中可采用不同的极轴追踪角来绘制不同方向上的图线。在绘制图 2-135 所示支架零件的过程中，需要将投影模式切换为轴测投影模式，应用直线、偏移、旋转、修剪、对象捕捉等命令，除此之外还需椭圆命令，并设置轴测图中尺寸的标注样式。

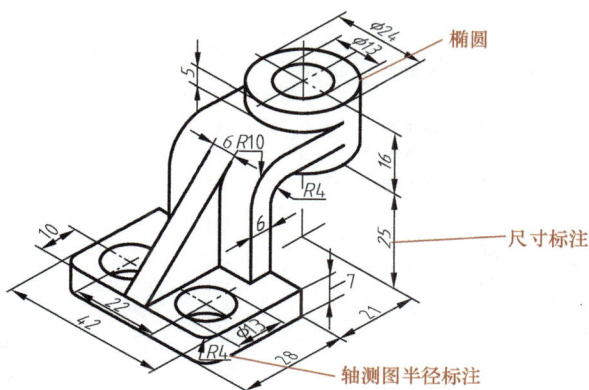

图 2-135 支架轴测图

2.5.2 极轴追踪与对象捕捉追踪

所谓"追踪",是指在一条临时辅助追踪点线上确定点。追踪有两种方式:极轴追踪和对象捕捉追踪。如果待确定的点在一定的角度线上,采用极轴追踪;如果待确定的点与已绘对象有一定的关系(如待确定的点与已画出的图形对象的特殊点在一条水平线或垂直线上),利用对象捕捉追踪非常有效。极轴追踪和对象捕捉追踪可以同时使用。

与对象捕捉一样,极轴追踪和对象捕捉追踪也是被结合于命令的执行过程中。

1. 极轴追踪

使用极轴追踪之前,应在"草图设置"对话框的"极轴追踪"选项卡(图 2-136)中设置。"极轴追踪"选项卡中有以下几栏。

(1)"启用极轴追踪"复选框 选中该复选框,打开极轴追踪功能。若仅是打开或关闭极轴追踪,可通过单击状态栏中的"极轴"按钮 ⌀,按钮亮显表示打开;按<F10>键也可实现极轴追踪打开与关闭的切换。

(2)"极轴角设置"栏 在"增量角"下拉列表框中选择极轴追踪增量角。AutoCAD会以所设"增量角"的整数倍进行极轴追踪。用户可以在文本框中直接键入角度作为增量角,也可以单击下拉列表右边的按钮 ⌄,从打开的下拉列表中选择其他预设角度。默认的增量角是90°。

用户还可以添加增量角整数倍之外的追踪角。先选中"附加角"复选框,再单击【新建】按钮,然后在其左侧框中输入新的附加角,如图 2-136 中的"8"和"39"。附加角最多可有 10 个。附加角的整倍数不是追踪角。如果希望删除一个附加角,则在选中该角度值后单击【删除】按钮。

如果已经设置好增量角和附加角并启用极轴追踪,在实际绘图时,用户可随时改变追踪角,方法是在按钮 ⌀ 上右击,从打开的菜单中选择追踪角。图 2-137 所示为与图 2-136 中设置一致的按钮 ⌀ 右键菜单。

(3)"极轴角测量"栏 在"极轴角测量"栏,可选择角度测量的方式。

◆ 选中"绝对":以当前用户坐标系 UCS 的 X 轴正方向为 0°计算极轴追踪角。

◆ 选中"相对上一段":是以上一段直线为 0°计算极轴追踪角。若连续使用直线命令,

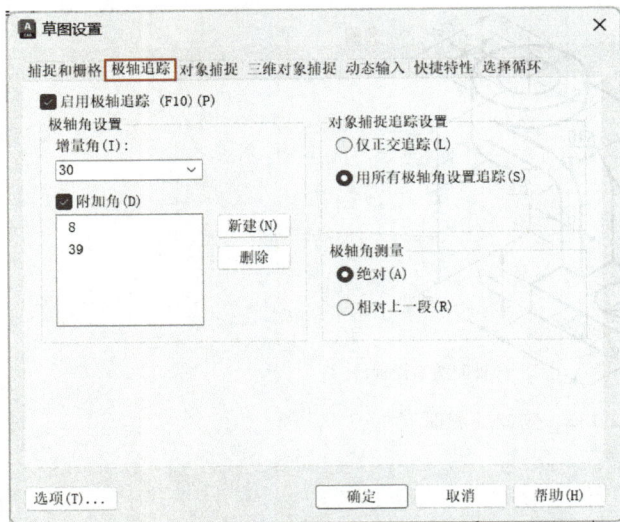

图 2-136 "草图设置"对话框的"极轴追踪"选项卡

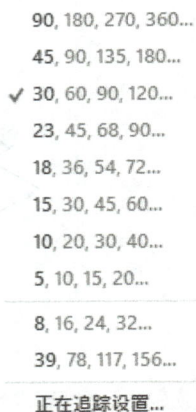

图 2-137 按钮 ⊘ 右键菜单

最后创建的两个点之间的直线为零度线；如果想以一条已绘直线为零度线，则应使用对象捕捉方式捕捉到这条直线的端点、中点或最近点，以此点为起点，极轴角将相对这条已绘直线进行计算。

设置完成后，单击【确定】按钮，就可以使用极轴追踪了。对于要求输入的点在一定的角度线上的绘图、修改等命令，都可结合极轴追踪使用。

实际绘图时，一旦打开极轴追踪，对某个命令输入第一点后，在输入第二点之前，当移动光标接近极轴追踪角时（即增量角的整倍数或附加角），就会在屏幕上显示出一条追踪点线，并同时显示追踪提示。追踪提示给出了两点间的距离和相对零度线的角度值如图 2-138 所示。

图 2-138 极轴追踪辅助线及追踪提示

沿极轴追踪点线也可以设置捕捉。在"草图设置"对话框的"捕捉和栅格"选项卡中，在"捕捉类型"栏中选中"PolarSnap"（极轴捕捉），这时"极轴间距"栏可用，在"极轴距离"文本框中输入捕捉间距，并启用捕捉。如果在"极轴距离"文本框中输入的值为"1"，则沿极轴追踪时，追踪提示距离为整数。

2. 对象捕捉追踪

对象捕捉追踪（简称对象追踪）是基于若干参考点，沿着过参考点的追踪点线确定点。如同极轴追踪，使用对象追踪之前应进行设置，设置方法如下。

打开"草图设置"对话框，选择"极轴追踪"选项卡（图 2-136），在"对象捕捉追踪设置"栏选中"仅正交追踪"或"用所有极轴角设置追踪"。

（1）仅正交追踪 仅当光标十字交点与参考点处于 0°、90°、180° 和 270° 方向时，显示经过参考点的追踪点线，因而只能沿水平或垂直追踪点线追踪点。这也是默认情况。

（2）用所有极轴角设置追踪 将极轴追踪设置的"增量角"和"附加角"中的角度应用到对象捕捉追踪，即当光标十字交点与参考点处于"增量角"和"附加角"方向时，显示经过参考点的追踪点线，这时可以沿倾斜方向的追踪点线追踪点。

对象追踪时，也可沿追踪点线设置捕捉，与极轴追踪一样，要在"捕捉和栅格"选项卡选中"PolarSnap"（极轴捕捉），在"极轴距离"文本框中输入捕捉间距，并同时启用捕捉。

若是仅打开或关闭对象追踪功能，可单击状态栏中的"对象追踪"按钮 ∠，或按<F11>功能键，或在"草图设置"对话框的"对象捕捉"选项卡中选中"启用对象捕捉追踪"复选框。

使用对象追踪的基本步骤如下：

➤ 在"草图设置"对话框的"对象捕捉"选项卡中设置适当的对象捕捉模式，打开对象捕捉；

➤ 在"草图设置"对话框的"极轴追踪"选项卡中的"极轴角设置"栏选择增量角或附加角，在"对象捕捉追踪设置"栏选中"仅正交追踪"或"用所有极轴角设置追踪"；设置适当的极轴捕捉间距，打开对象追踪；

➤ 开始一个要求输入点的绘图命令或编辑命令（如 LINE、ARC、COPY 或 MOVE 等）；

➤ 移动光标到图形对象上将要参考的点，在该点上停顿一会儿（注意：不要单击鼠标左键拾取该点），该点即确定为对象追踪参考点，追踪参考点显示一个小"+"号标志；

（如果想清除追踪参考点，可将光标再移回到小"+"号上，参考点自动清除。）

➤ 从追踪参考点移动光标，将显示一条基于此点的水平的、垂直的或倾斜的追踪点线。沿追踪点线移动光标，直到追踪到所希望的点，单击【确定】按钮或键入距离并回车确定。

3. 临时追踪

对于一个要求输入点的绘图命令或编辑命令，在提示输入点时，输入"tt"后回车，或单击对象捕捉工具栏的"临时追踪点"按钮 ⌾，将出现提示指定临时对象追踪点：，对此提示输入的点是一个临时追踪点，是为输入实际点而输入的一个临时参考点。

2.5.3　绘制椭圆

绘制椭圆或椭圆弧命令的输入方法如下。

◆ 菜单栏：【绘图】→【椭圆】→"椭圆"子菜单（图2-139a）。

◆ 功能区："默认"选项卡→"绘图"面板→"椭圆 ⬭"子菜单（图2-139b）。

◆ 命令行：ELLIPSE ↙ 或 EL ↙。

命令输入后的主提示为：

a)"椭圆"命令子菜单　　b) 绘图/椭圆子菜单

图 2-139　椭圆命令菜单

指定椭圆轴的端点或[圆弧(A)/中心点(C)]：（输入一点，或单击一个选项或键入选项关键字后回车）

各种绘制椭圆及椭圆弧的方法由此开始。下面分别介绍各选项。

（1）指定椭圆轴的端点　对主提示输入一点，是以一个轴的两端点和另一个轴的半轴长绘制椭圆（图2-140），对应按钮 ⬭。接下来提示：

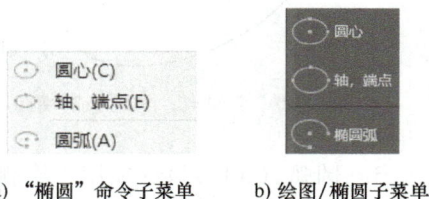

指定轴的另一个端点：*(输入一点)*

指定另一条半轴长度或[旋转(R)]：*(输入另一半轴长度，或单击 旋转(R) 或键入 R 后回车)*

椭圆轴的端点可从键盘键入点的坐标，也可用鼠标在屏幕上拾取。

◆ 指定另一条半轴长度：这是要求输入另一条半轴的长度。可直接键入长度值；也可以移动鼠标，在屏幕的合适位置单击拾取另一点，该点到椭圆中心点的距离为另一条半轴的长度。

◆ 旋转（R）：这是另一半轴的长度由"旋转"确定。所谓"旋转"，是指一个圆以它的一条直径为轴旋转一个角度后，圆在与直径平行的平面上的投影成为一个椭圆，椭圆的长轴仍是圆的直径，短轴由旋转角确定，其长度是长轴长乘以旋转角的余弦。旋转角度（从0°到89.4°）越大，短轴越短。输入0°，则画一个圆。接下来的操作如下。

指定绕长轴旋转的角度：*(输入一个角度)*

以该选项绘制的椭圆，第一根轴只能是长轴，另一根轴只能是短轴。绕长轴旋转的角度值可从键盘键入；也可在屏幕上单击输入一点，该点到椭圆中心点的连线与 X 轴的夹角即为旋转角度值。

（2）中心点（C）　该选项用于以中心点、一半轴的端点和另一半轴长绘制椭圆（图 2-141），对应按钮 ⊙。接下来提示：

指定椭圆的中心点：*(输入一点)*

指定轴的端点：*(输入一点)*

指定另一条半轴长度或[旋转(R)]：*(输入另一半轴长度)*

轴端点的输入，另一条半轴长度的输入及旋转(R)选项操作，与"指定椭圆轴的端点"中的相应内容相同。

图 2-140　两端点、半轴长画椭圆　　　　　图 2-141　中心点、端点、半轴长画椭圆

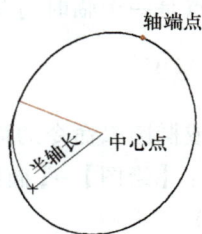

（3）圆弧（A）　该选项用于绘制椭圆弧，对应按钮 ⊙。绘制椭圆弧时，先绘制一个虚拟的椭圆，其绘制方法与前面所述画椭圆的方法一样，然后根据用户定义的参数在上面截取一段椭圆弧。绘制椭圆弧有三种方法，分别介绍如下。

◆ 以起始角和终止角绘椭圆弧（图 2-142）。操作过程如下。

命令：*ELLIPSE* ↙

指定椭圆轴的端点或[圆弧(A)/中心点(C)]：*(选择圆弧选项)*

指定椭圆弧的轴端点或[中心点(C)]：

指定轴的另一个端点：

指定另一条半轴长度或[旋转(R)]：

(下划线部分是画椭圆，可使用前面所述的任何一种方法)

指定起始角度或[参数(P)]：(输入起始角)

指定终止角度或[参数(P)/夹角(I)]：(输入终止角)

　　椭圆弧的起始角(终止角)是椭圆长轴的第一个端点、椭圆中心和弧起点(终点)所形成的逆时针角度，椭圆中心为角的顶点。起始角和终止角可以从键盘键入；也可用鼠标在屏幕上单击输入一点，椭圆第一个轴的第一个端点、椭圆中心与该点所形成的逆时针角度为起始角或终止角。

　　◆ 以起始角和包含的角度绘椭圆弧(图2-143)。

(略去画椭圆的过程)

指定起始角度或[参数(P)]：(输入起始角)

指定终止角度或[参数(P)/夹角(I)]：(单击夹角(I)或键入I后回车)

指定弧的包含角度<默认值>：(输入椭圆弧包含的角度)

　　包含角度是指椭圆弧的起点、椭圆中心与椭圆弧的终点所形成的逆时针角度。

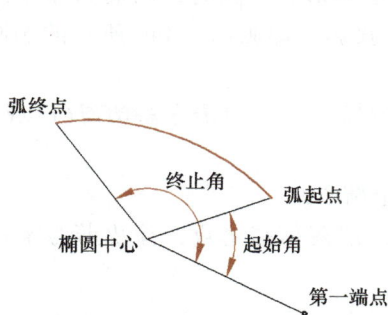

图 2-142　以起始角和终止角绘椭圆弧　　　　　　**图 2-143　以起始角和包含角度绘椭圆弧**

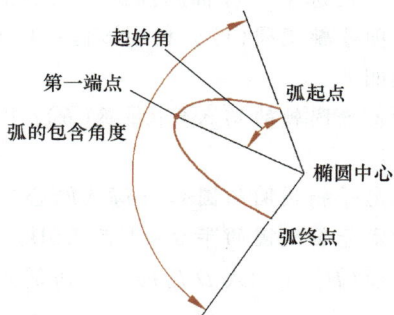

　　◆ 使用参数 P 绘椭圆弧。用户也可使用 参数[P] 确定椭圆弧的起点和终点。AutoCAD 使用以下参数方程式创建椭圆弧

$$p(u) = c + a * \cos u + b * \sin u$$

其中，c 是椭圆的中心点，a 和 b 分别是椭圆的半长轴和半短轴，u 为参数。

　　该参数方程实际上是确定一个点，该点相对于椭圆中心的坐标为 $(a * \cos u, b * \sin u)$，若用参数 u 计算椭圆的起始角或终止角，其公式为 $\alpha = \arctan(b/a * \tan u)$（图2-144)。

　　例如，假定 $a = 200$，$b = 100$，若起始参数 $u = 45°$，则起始角 $= \arctan((1/2) * \tan 45°) = 26.565°$；若终止参数 $u = 180°$，则终止角 $= \arctan((1/2) * \tan 180°) = 180°$（图2-145)。

　　椭圆弧的起始角(终止角)仍是椭圆第一个轴的第一个端点、椭圆中心和弧起点(终点)所形成角的逆时针角度。

　　图2-144中椭圆弧的绘图过程为(略去画椭圆的过程)：

指定起始角度或[参数(P)]：(单击 参数(P) 或键入 P 后回车)

指定起始参数或[角度(A)]：45↙

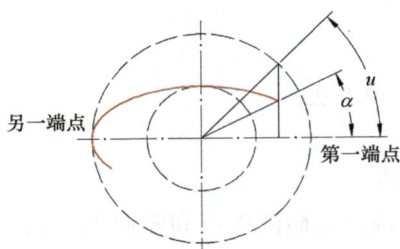

图 2-144 使用参数 P 绘椭圆弧

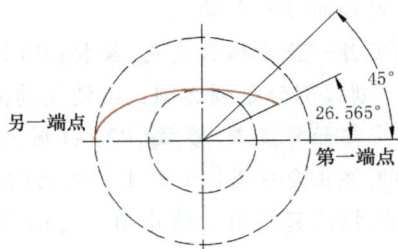

图 2-145 绘椭圆弧示例

指定终止参数或[角度(A)/包含角度(I)]:*180*

对指定起始角度或[参数(P)]:选择参数(P)，是从"角度"模式切换到"参数"模式。若对指定起始参数或[角度(A)]:选择角度(A)，则是从"参数"模式切换到"角度"模式。对指定终止参数或[角度(A)/包含角度(I)]:的操作同理。对指定起始（终止）参数的提示，也可在屏幕上单击输入一点，该点到椭圆中心点的连线决定椭圆弧的起始角或终止角。

（4）画正等轴测椭圆　如果在"草图设置"对话框的"捕捉和栅格"选项卡中的"捕捉类型"栏选中"等轴测捕捉"，光标变成图 1-40 所示的形状。此时，画椭圆命令的提示多了一项等轴测圆(I)，利用该提示可画圆的正等轴测投影，即画图 2-140 所示的椭圆。操作过程如下：

指定椭圆轴的端点或[圆弧(A)/中心点(C)/等轴测圆(I)]:（单击 等轴测圆(I) 或键入 I 后回车）

指定等轴测圆的圆心:（键入圆心坐标，或鼠标指定圆心）

指定等轴测圆的半径或[直径(D)]:（键入半径值；或鼠标指定点，橡皮筋为半径；或单击 直径(D) 或键入 D 后回车，再输入直径值）

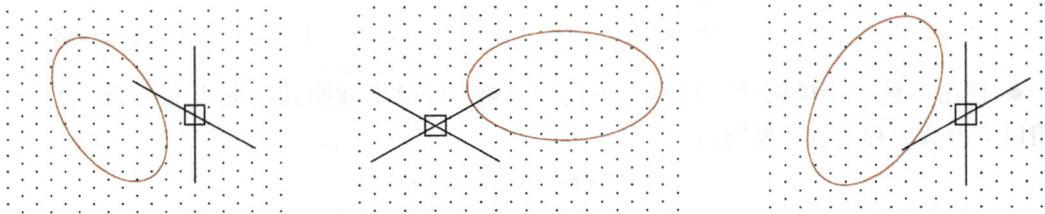

图 2-146 圆的正等轴测投影

画图 2-146 所示椭圆时，可按<F5>键或<Ctrl>+<E>组合键，将栅格线和光标在 30°、90°和 150°之间切换。

2.5.4 绘制支架轴测图

1. 设置捕捉类型和极轴追踪

➤ 在状态栏的按钮 ⊞ 或 ⸬ 上右击，从弹出的快捷菜单中选择"捕捉设置"，打开"草图设置"对话框。在"捕捉和栅格"选项卡中进行图 2-147 所示的捕捉设置，选择"捕捉类型"中的"等轴测捕捉"；

绘制支架的轴测图-轴测图绘制设置与椭圆命令

➤ 在"草图设置"对话框中,在"极轴追踪"选项卡中将"增量角"设置为30°、120°、150°,如图2-148所示。

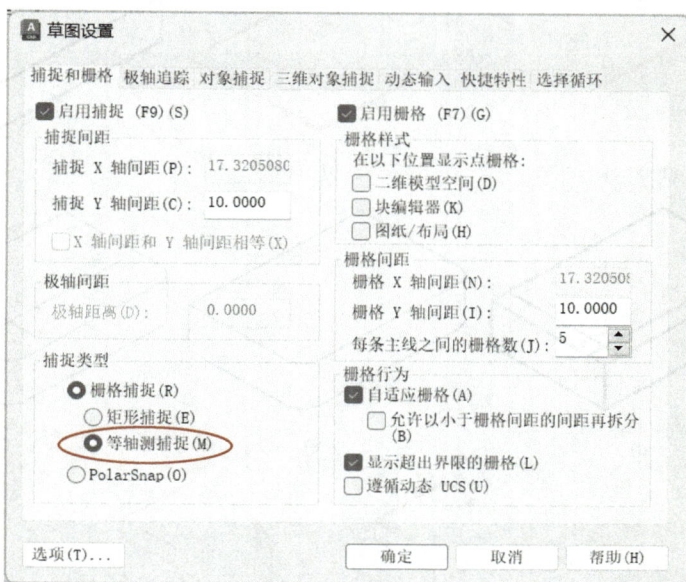

图 2-147 等轴测捕捉设置

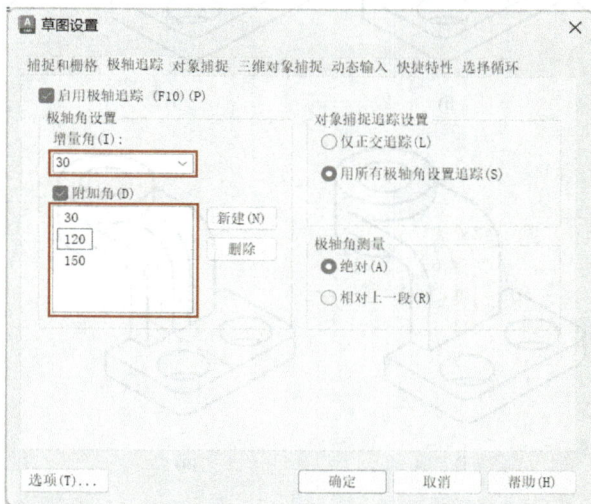

图 2-148 增量角设置

2. 绘制轴测图

➤ 绘制底面矩形:利用<F5>键使命令窗口中显示"<等轴测平面 俯视>",利用"直线"命令在绘图区域任意位置单击鼠标左键,作为直线起始点,沿30°方向输入长度为"42"并回车,完成第一段直线的绘制,如图2-149a所示;继续"直线"命令,根据图2-135中给定的尺寸绘制矩形底面的其他三条直线,结果如图2-149b所示;

➤ 复制底面矩形:选中图2-149b所示的矩形,选用"复制"命令,以矩形的右前端点

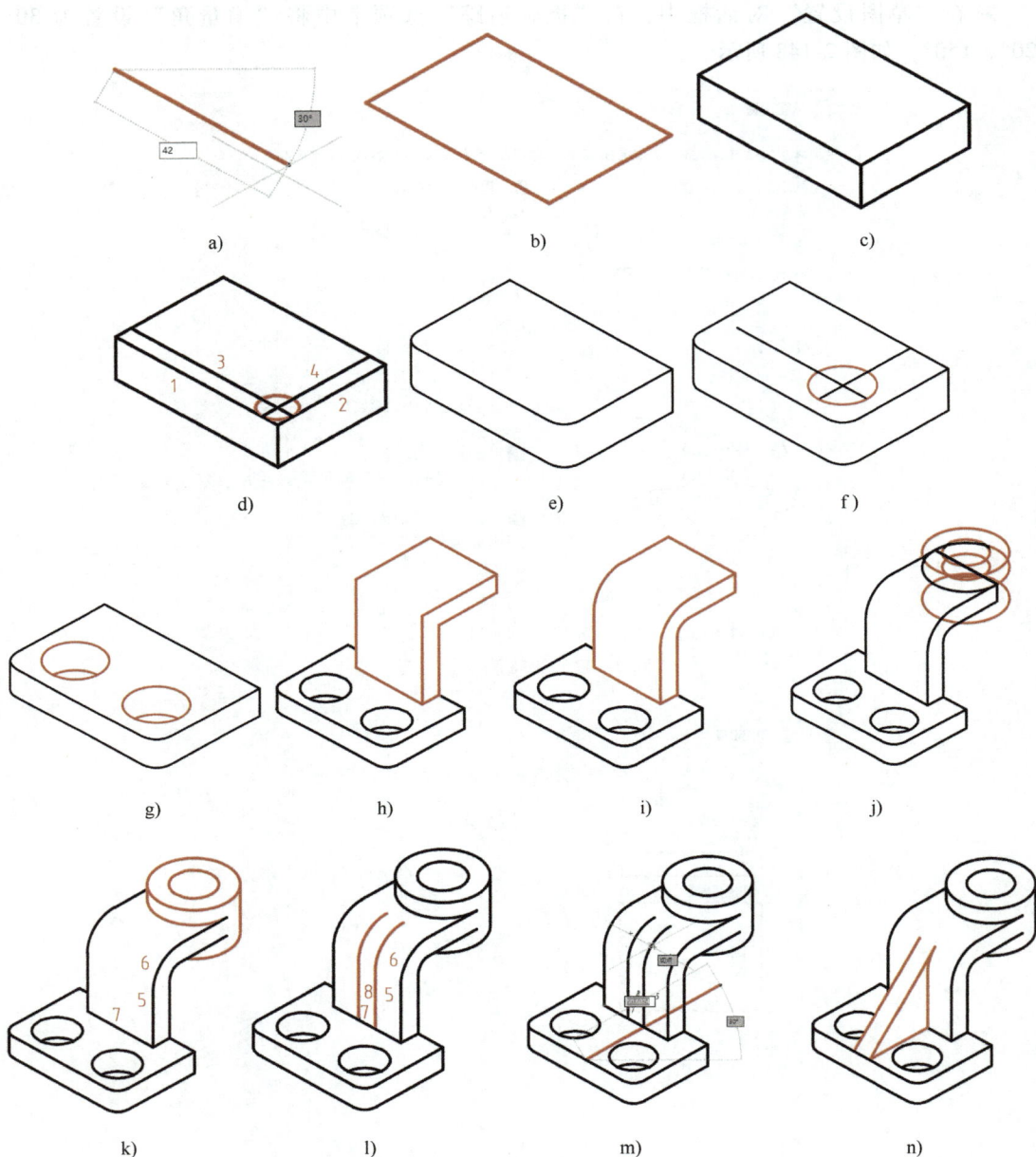

图 2-149　支架轴测图的绘制过程

为基点向上复制"7"，得到底座的上表面，连接上下各可见点并删除不可见线，得到底座外轮廓，如图 2-149c 所示；

➤ 绘制 R4 等轴测圆弧：沿边 2 方向复制边 1 得到边 3，沿边 1 方向复制边 2 得到边 4，距离均为"4"；以边 3、边 4 的交点为圆心绘制半径为"4"的椭圆，如图 2-149d 所示；复制 R4 椭圆到其他三个角上，修剪掉多余的图线完成底座上 R4 等轴测圆弧的绘制，结果如图 2-149e 所示；

➤ 绘制 φ13 的椭圆：重复上一步，其中移动距离为"10"，半径为"6.5"，结果如

图 2-149f 所示；复制 ϕ13 椭圆到其他三个位置上，修剪掉多余的图线完成底座上 ϕ13 等轴测圆的绘制，结果如图 2-149g 所示；

➤ 绘制 L 形连接架：利用"直线"命令结合<F5>键和"极轴追踪"功能，根据图 2-135 所示的尺寸绘制 L 形连接架，结果如图 2-149h 所示；

➤ 绘制 L 形连接架中的 R4 和 R10 等轴测圆弧：重复 R4 等轴测圆弧的绘制过程，其中移动距离分别为"4"和"10"，半径分别为"4"和"10"，修剪后的图形如图 2-149i 所示；

➤ 绘制圆筒：在图 2-149i 所示的 L 形连接架上表面上绘制 ϕ24 和 ϕ13 的椭圆，向上复制两个椭圆，距离为"5"，向下复制两个椭圆，距离为"11"，如图 2-149j 所示；绘制最上、最下两个椭圆的公切线，并整理修剪图形，结果如图 2-149k 所示；

➤ 绘制连接肋板：沿着图 2-149k 中的直线 7 方向，复制图 2-149k 中的线 5、线 6，距离分别为"9"和"15"，结果如图 2-149l 所示；利用"直线"命令，以图 2-149l 中直线 8 与底座的交点为起点，沿 150°方向绘制长为"22"的直线，如图 2-149m 所示，再选中复制出的第一条圆弧的切点，绘制肋板的棱线；沿着直线 7，复制肋板的棱线，距离为"6"，修剪多余图线后完成支架轴测图的绘制，结果如图 2-149n 所示。

2.5.5　标注支架尺寸

1. 尺寸对齐标注

若要标注一个有一定倾斜角度、不平行于 X 轴或 Y 轴的对象时，应使用对齐标注方式，如图 2-150 所示。对齐标注用于标注两个尺寸界线起点之间的真实距离，因而两条尺寸界线总是等长。

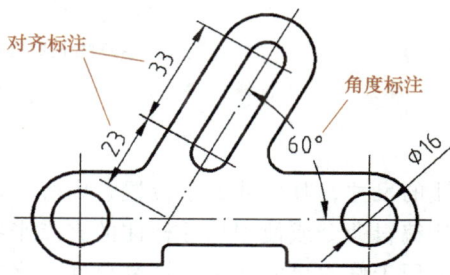

图 2-150　对齐标注和角度标注

绘制支架的轴测图-尺寸标注

对齐标注的操作与线性标注相似，所以可仿照线性标注操作。命令的输入方式如下。

◆ 菜单栏：【标注】→【对齐】。

◆ 功能区："默认"选项卡→"注释"面板→　对齐 按钮。

◆ 功能区："注释"选项卡→"标注"面板→　对齐 按钮（若未直接显示此选项，单击后方 ▼，从中选择 　对齐 ）。

◆命令行：DIMALIGNED ↙。

对齐标注也可使用"指定尺寸界线原点"或"选择标注对象"两种方法标注尺寸。

（1）指定尺寸界线原点　命令输入后指定两条尺寸界线的起点的操作过程如下。

指定第一条尺寸界线原点或<选择对象>:（指定第一条尺寸界线的起点）

指定第二条尺寸界线原点:（输入第二条尺寸界线的起点）

指定尺寸线位置或[多行文字(M)/文字(T)/角度(A)]:（指定尺寸线的位置，结束命令；或单击一个选项或键入选项关键字后回车，进行其他选项的操作）

选项多行文字(M)、文字(T)、角度(A)的操作与线性标注一样，这里不再叙述。

（2）选择标注对象　命令输入后选择标注对象的操作过程如下。

指定第一条尺寸界线原点或<选择对象>：*(直接回车)*

选择标注对象：*(用光标拾取直线、圆弧或圆)*

指定尺寸线位置或[多行文字(M)/文字(T)/角度(A)]：*(指定尺寸线的位置，命令结束；或单击一个选项或键入选项关键字后回车，进行其他选项的操作)*

如果选定的标注对象是一条直线，AutoCAD 自动用该直线靠近选择点的端点作为第一条尺寸界线的起点，直线的另一端点作为第二条尺寸界线的起点，尺寸线与直线平行。

如果所选的标注对象是一个圆，选择点是第一条尺寸界线的起点。

如果选定的标注对象是一个圆弧，则该圆弧靠近选择点的端点是第一条尺寸界线的起点。

图 2-151 所示为用选择对象的方式对直线、圆或圆弧进行对齐标注，为明显起见，这里隐藏了第一条尺寸线的箭头。

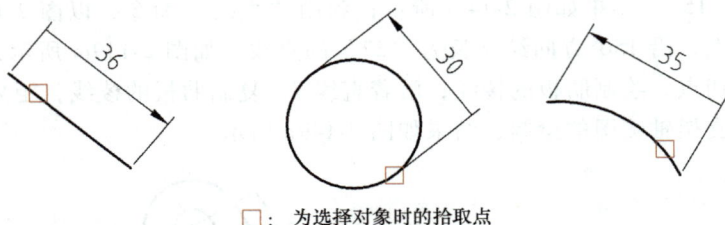

□：为选择对象时的拾取点

图 2-151　用选择对象的方式对直线、圆或圆弧进行对齐标注

2. 编辑标注

对于已经标注的尺寸，其尺寸文字位置、内容、标注样式、尺寸公差等都可以编辑和修改。可以使用标注编辑命令或使用尺寸标注的夹点来编辑或修改尺寸。

标注编辑命令用于修改尺寸文字，恢复尺寸文字的定义位置，改变尺寸文字的旋转角度及使尺寸界线倾斜。命令的输入方式：

◆ 菜单栏：【标注】→【倾斜】。

◆ 功能区："注释"选项卡→"标注"面板→ 按钮。

◆ 命令行：DIMEDIT ↙。

命令输入后，命令行的主提示为：

输入标注编辑类型[默认(H)/新建(N)/旋转(R)/倾斜(O)]<默认>：*(单击一个选项或键入选项关键字后回车，或直接回车)*

（1）默认（H）　这是首选项。如果已经改变了文字的位置，使用该选项可将尺寸文字移回到标注样式定义的默认位置。按提示选择尺寸标注对象后即结束命令。

（2）新建（N）　该选项是用新的尺寸文字替代已标注的尺寸文字。对主提示选择新建(N)，显示"文字编辑器"，输入新的文字后确定，再对"选择对象："的提示选择一尺寸标注即可。

（3）旋转（R）　该选项用于旋转已标注的尺寸文字。在主提示下选择旋转(R)，接下来提示：

指定标注文字的角度：*(输入文字旋转角度，此角度为尺寸数字基线与水平方向的夹角)*

接下来是选择对象：的提示。

（4）倾斜（O）　通常尺寸标注的尺寸界线与尺寸线相互垂直，若需要尺寸界线倾斜，在标注完成后再用 DIMEDIT 命令的"倾斜"选项，可使长度型标注的尺寸界线倾斜一定的角度，如图 2-152 所示。选择倾斜(O)，接下来提示：

选择对象:（选择尺寸标注对象，提示重复出现，回车结束提示）

输入倾斜角度（按<Enter>键表示无）:（输入一个角度值后回车，或输入两点，或直接回车）

若对该提示输入两点，两点连线与正向 X 轴的夹角即为尺寸界线的倾斜角度。

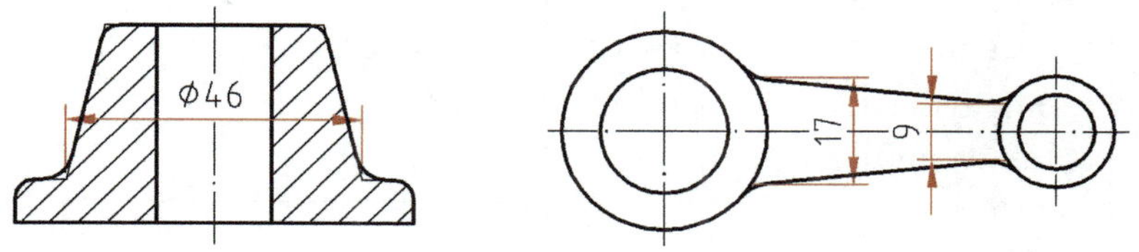

尺寸界线不倾斜

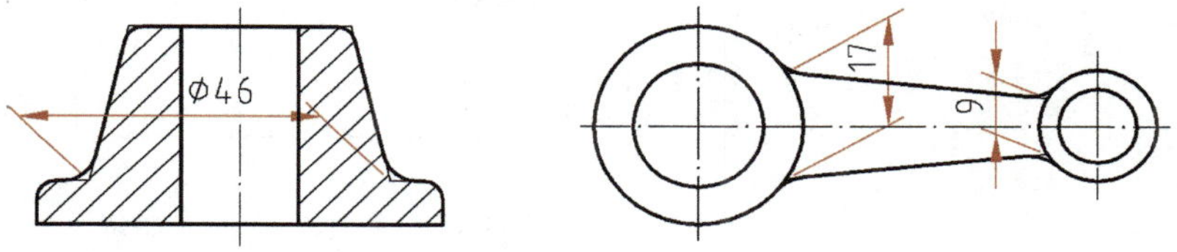

尺寸界线倾斜

图 2-152　DIMEDIT 命令的"倾斜"选项

3. 标注支架尺寸

为使轴测图中的尺寸与轴测面协调一致，需要将尺寸线、尺寸界线倾斜一定角度，使其与相应的投影轴平行。同时，尺寸数字也需要倾斜一定角度，这样才能合理地标注轴测图中的尺寸。对于支架零件的轴测图，尺寸的标注如下。

➤ 设置文字样式：根据 2.1.3 中文字样式设置内容，设置 0°、30°和-30°三种文字样式，如图 2-153 所示，字体名为"gbeitc.shx"，字高为"2.5"，倾斜角度分别为 0°、30°和-30°；

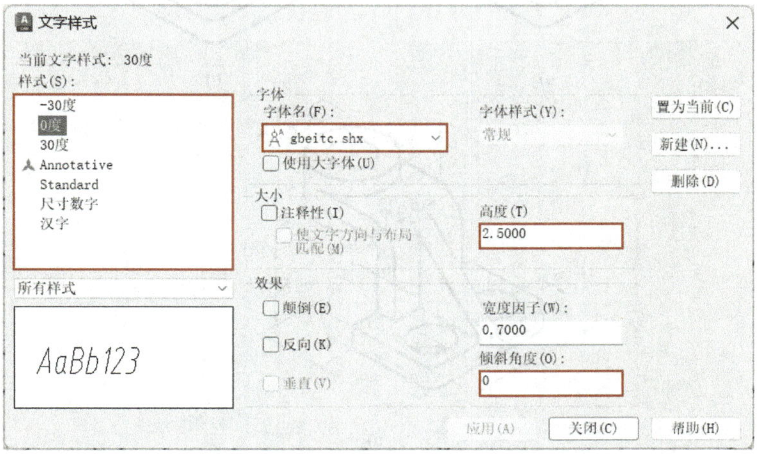

图 2-153　设置文字样式

➤ 设置标注样式：根据 2.1.4 中标注样式设置内容，设置 0°、30°和 -30°三种标注样式，如图 2-154 所示；

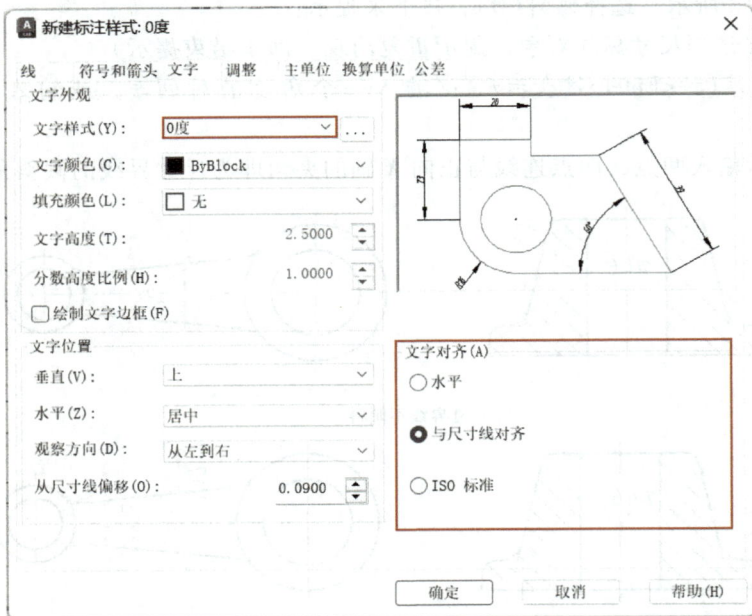

图 2-154　设置标注样式

➤ 标注对齐尺寸：对齐标注尺寸"42"，如图 2-155a 所示，利用编辑标注中的"倾斜"

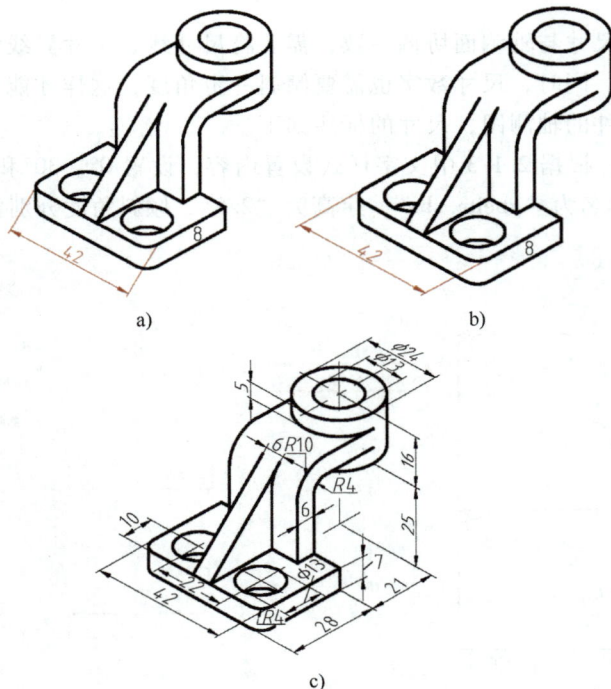

a)　　　　　　　　　　　b)

c)

图 2-155　支架尺寸标注

命令编辑尺寸"42"的尺寸界线与图 2-155a 中的直线 8 一致，采用 0°标注样式，结果如图 2-155b 所示，其他尺寸的标注不再赘述，标注完成后如图 2-155c 所示。

习　　题

1. 绘制图 2-156 所示图形（不标注尺寸）。注意充分利用 ZOOM 命令的"窗口缩放""缩放上一个""实时缩放""全部"等和 PAN 命令的"实时平移"。图 2-156d、e 中的圆弧大小自定，但要与直线相切。图 2-156f 中的圆弧大小自定，但圆心应在中心点画线上（点画线可先画成实线）。

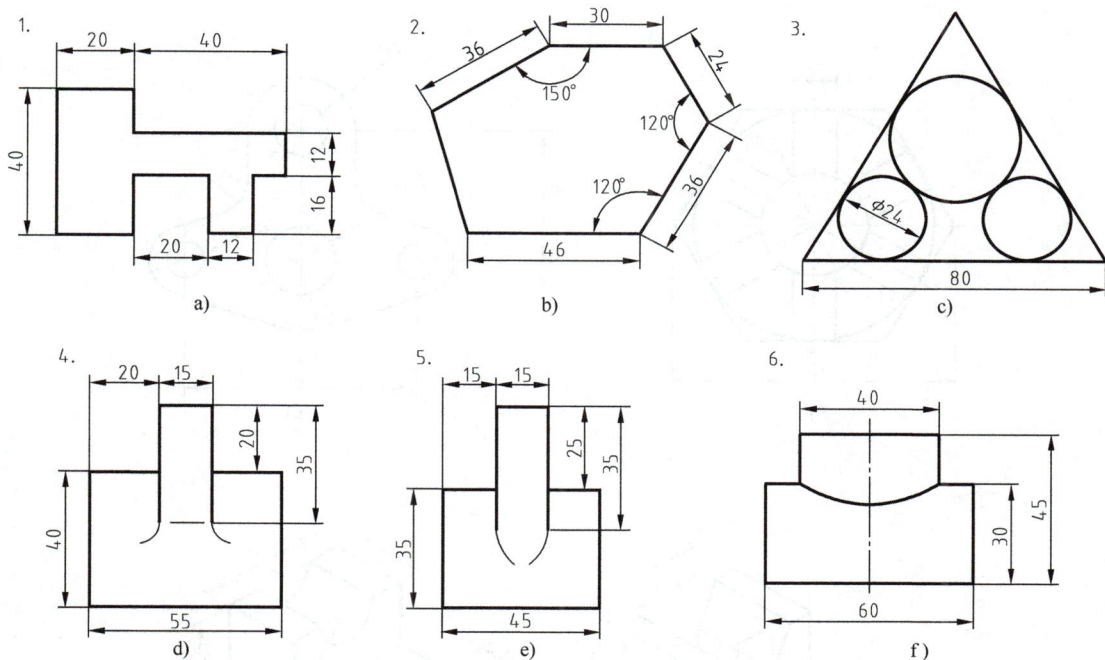

图 2-156　习题 1 图例

2. 在 A3 横放图纸中绘制图 2-157 所示图形。

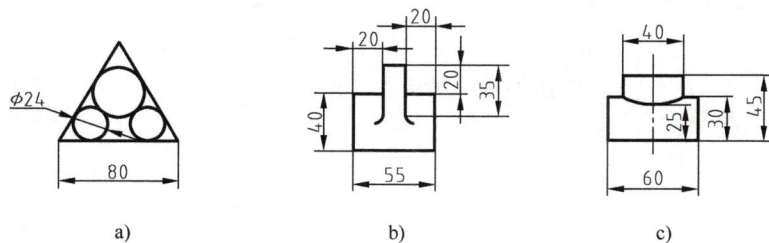

图 2-157　习题 2 图例

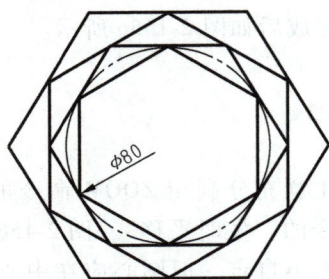

d)

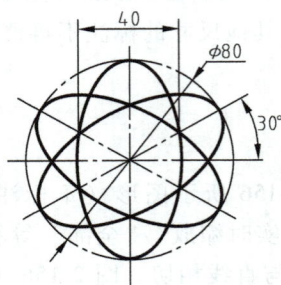

e)

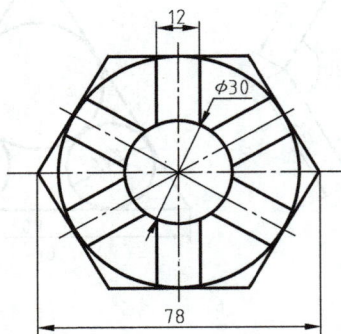

f)

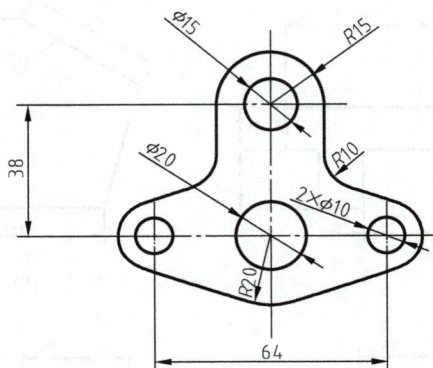

g)

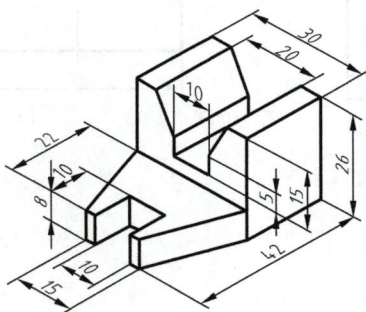

h)

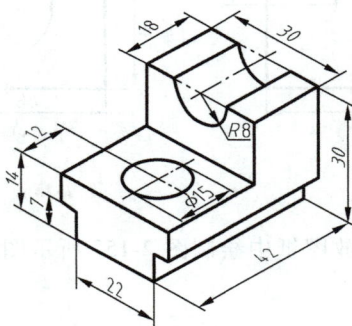

i)

图 2-157　习题 2 图例（续）

模块三

绘制多面图形

　　机械设计工程师进行零件设计时，需要多个视图才能将其表达清楚，各视图之间需满足投影规律。本模块选取具有代表性的多面图形，融入绘图、编辑等命令，遵循制图规范实现多面图形的绘制与标注。

　　本模块知识点如图 3-1 所示。

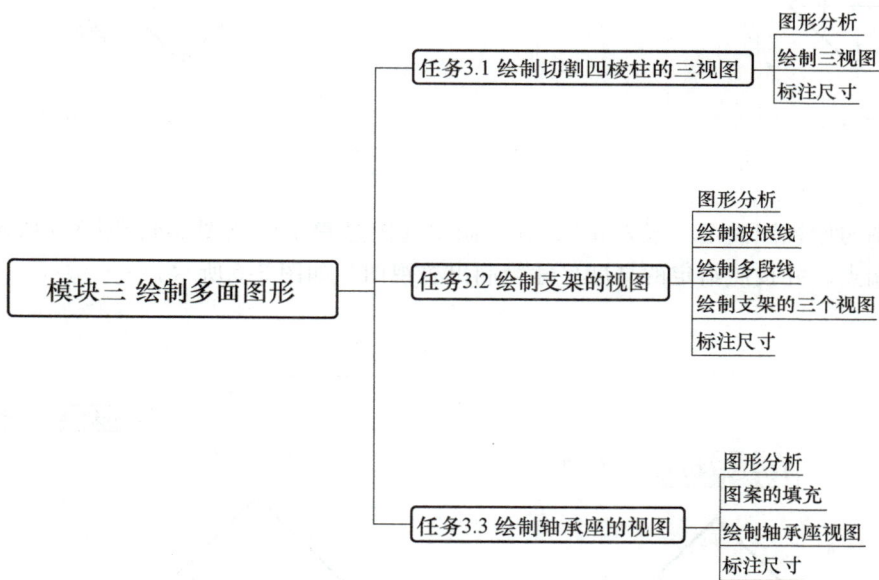

```
                                              ┌─ 图形分析
                     ┌─ 任务3.1 绘制切割四棱柱的三视图 ─┼─ 绘制三视图
                     │                          └─ 标注尺寸
                     │
                     │                          ┌─ 图形分析
                     │                          ├─ 绘制波浪线
模块三 绘制多面图形 ──┼─ 任务3.2 绘制支架的视图 ──┼─ 绘制多段线
                     │                          ├─ 绘制支架的三个视图
                     │                          └─ 标注尺寸
                     │
                     │                          ┌─ 图形分析
                     │                          ├─ 图案的填充
                     └─ 任务3.3 绘制轴承座的视图 ──┼─ 绘制轴承座视图
                                                └─ 标注尺寸
```

图 3-1　模块三知识点导图

任务 3.1　绘制切割四棱柱的三视图

绘制切割四棱柱的三视图

3.1.1　图形分析

　　图 3-2 所示为切割四棱柱的三视图，此图形由主视图、俯视图及左视图 3 个视图组成，三视图遵循"长对正、高平齐、宽相等"原则。这些图形均由直线组成，参考模块二中绘制直线命令、标注样式进行绘制与标注。

3.1.2 绘制三视图

沿用模块二中设置好图层及标注样式的 A3 绘图模板，在状态栏中打开"极轴追踪""动态输入""对象捕捉""对象捕捉追踪"及"显示线宽"。

1. 绘制俯视图

根据给定尺寸在合适位置绘制图 3-3 所示切割四棱柱的俯视图。

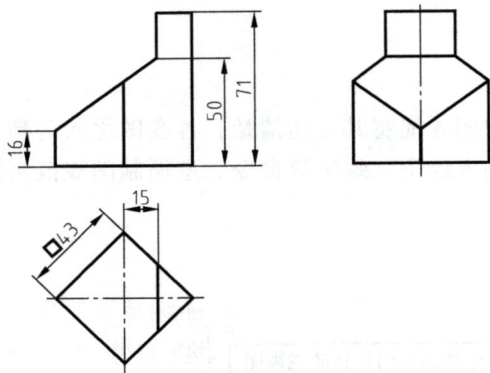

图 3-2 切割四棱柱的三视图

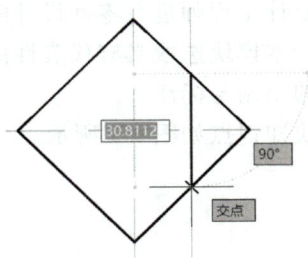

图 3-3 切割四棱柱的俯视图

2. 绘制主视图

主视图与俯视图满足"长对正"，在绘制主视图过程中注意图 3-4、图 3-5 所示的最左、最右两个端点，并按照给定的高度尺寸绘制出主视图，如图 3-6 所示。

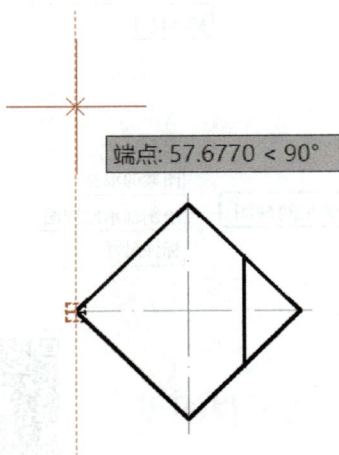

图 3-4 主视图最左起点位置图

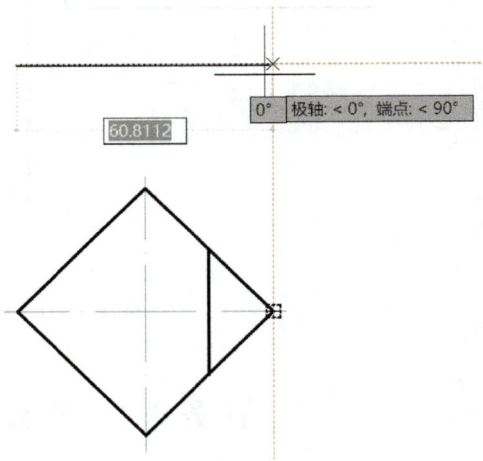

图 3-5 主视图最右端点位置图

3. 绘制左视图

左视图与主视图满足"高平齐"，与俯视图满足"宽相等"，在绘制过程中需要绘制45°辅助线，如图 3-7 所示。各点位在满足投影规律（图 3-8）的基础上进行绘制，最终绘制出切割四棱柱的左视图，结果如图 3-9 所示。

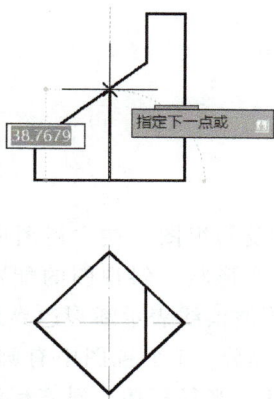

图 3-6 切割四棱柱的主视图

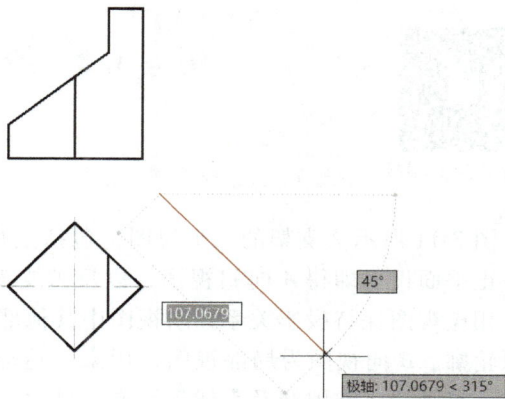

图 3-7 绘制 45°辅助线

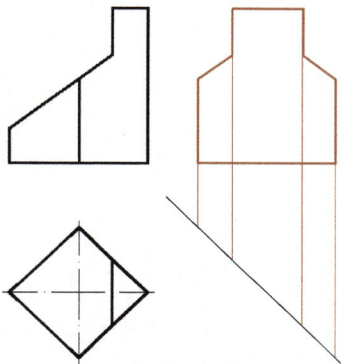

图 3-8 绘图过程中遵循投影规律

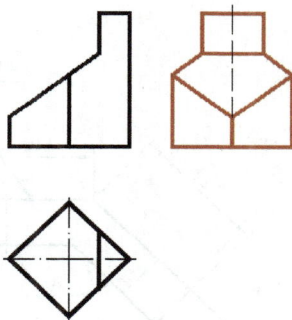

图 3-9 绘制切割四棱柱的左视图

3.1.3 标注尺寸

参照模块二中的尺寸标注方法标注切割四棱柱的各个尺寸，如图 3-10 所示。其中尺寸"43"之前的符号，需在打开的"文字编辑器"工具面板中单击 下的小三角，在列表中选择 其他… ，打开"字符映射表"，在"宋体"字体中找到"□"。

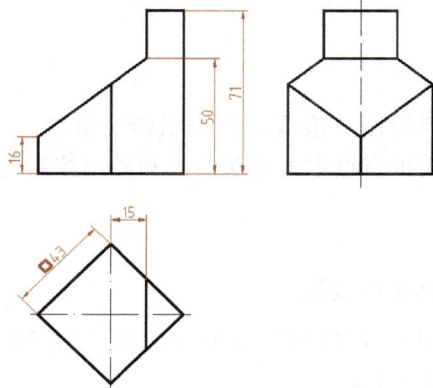

图 3-10 切割四棱柱尺寸标注

任务 3.2　绘制支架的视图

绘制支架的视图 **3.2.1　图形分析**

图 3-11 所示为支架的三个视图，包括主视图、局部视图及斜视图。在主视图中沿 A 向向一正垂面投射即得 A 向斜视图，以反映支架倾斜部分的真实形状。斜视图的配置应尽量与原相应视图保持投影关系，斜视图中其他部分不需画出，用波浪线表示断裂边界且不能超出原轮廓。B 向视图为局部视图，用来表达原俯视图中的一部分。3 个视图中有圆、圆弧、虚线、点画线、波浪线及直线等元素，尺寸标注中有直径标注、半径标注、对齐标注、线性尺寸标注及向视箭头符号等内容。参考模块二中绘制及编辑命令、设置文字样式和标注样式标注尺寸的方法，绘制 3 个视图并标注尺寸。

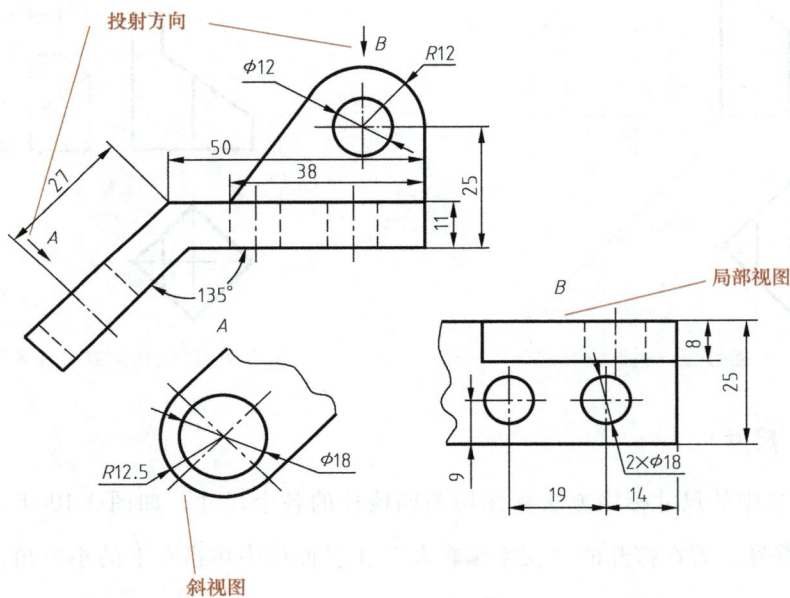

图 3-11　支架的三个视图

3.2.2　绘制波浪线

局部视图及斜视图中需要绘制波浪线，以表示断裂痕迹。波浪线用"样条曲线"命令来绘制，有两种绘制方式：用拟合点定义样条曲线和使用控制点定义样条曲线。每种方法都有其优点。

命令的调用方法如下。

◆ 菜单栏：【绘图】→【样条曲线】。

◆ 功能区："默认"选项卡→"绘图"面板→ $\sim$ 或 $\sim$ 按钮。

◆ 命令行：SPLINE ↙或 SPL ↙。

绘制方式有两种，分为拟合点样条曲线 ⌇ 和控制点样条曲线 ⌇ 。

绘制拟合点样条曲线的提示：

当前设置：方式＝拟合　节点＝弦

指定第一个点或 ［方式（M）/节点（K）/对象（O）］:

绘制控制点样条曲线的提示：

当前设置：方式＝控制点　阶数＝3

指定第一个点或 ［方式（M）/阶数（D）/对象（O）］:*（输入一点，或单击选项或键入选项关键字后回车）*

命令输入后的提示内容由前次使用的 SPLINE 绘制方式确定，即上一次绘制样条曲线的方式是下一次使用 SPLINE 的默认方式。

在上述两种情况的提示中，选项方式（M）用于确定以哪一种方式绘制样条曲线。选择该选项后，接下来提示：

输入样条曲线创建方式 ［拟合（F）/控制点（CV）］＜（当前方式）＞:*（单击一个选项或键入选项关键字后回车；或直接回车，默认当前方式）*

选项拟合（F）用于绘制拟合点样条曲线，单击按钮 ⌇ ，就是已经对该提示选择拟合（F）。选项控制点（CV）用于绘制控制点样条曲线，单击按钮 ⌇ ，就是已经对该提示选择控制点（CV）。下面分别对两种样条曲线的绘制予以说明。

1. 绘制拟合点样条曲线

默认情况下，拟合点与样条曲线重合，如图 3-12a 所示。绘制拟合点样条曲线的主提示是：

当前设置：方式＝拟合　节点＝弦

指定第一个点或 ［方式（M）/节点（K）/对象（O）］:*（输入一点，或单击选项或键入选项关键字后回车）*

（1）指定第一个点　这是首选项，若对接下来的每一个提示都输入点，即形成拟合点样条曲线。接下来提示：

输入下一个点或 ［起点切向（T）/公差（L）］:*（输入一点，或单击选项或键入选项关键字后回车）*

输入下一个点或 ［端点相切（T）/公差（L）/放弃（U）］:*（输入一点，或单击选项或键入选项关键字后回车）*

……

输入下一个点或 ［端点相切（T）/公差（L）/放弃（U）/闭合（C）］: ↙

在上述操作过程中，各相关选项的含义如下。

◆ 起点切向（T）：用于指定样条曲线起点的切线方向，接下来提示：

指定起点切向:*（定义起始点切线方向）*

起点和终点的切线方向可从键盘键入角度来确定；也可移动鼠标，光标橡皮筋的方向即为切线方向；也可对切向提示直接回车，起点的切向由第一点到第二点的方向确定。

◆ 公差（L）：公差反映曲线与指定拟合点的偏离程度。接下来提示：

指定拟合公差＜当前值＞:*（键入公差值后回车；或直接回车，默认当前值）*

接下来回到主提示。

公差越小，样条曲线越靠近拟合点，公差为0时，样条曲线通过指定的拟合点，这也是默认情况。除起点和终点外，公差值适用于所有拟合点，图3-12所示为公差分别为0和3的样条曲线。

a) 公差为0　　　　　　　　　　　　　　b) 公差不为0

图 3-12　不同拟合公差的样条曲线

◆ 端点相切（T）：用于指定样条曲线终点的切线方向，接下来提示：

指定端点切向：*（从键盘键入端点切向角度；或用鼠标输入一点，光标橡皮筋的方向为切线方向；或对提示直接回车，默认切线方向）*

◆ 放弃（U）：撤销最后一个指定点，放弃最近绘制的一段曲线。

◆ 闭合（C）：通过第一个指定点和最后一个指定点，形成闭合样条曲线。默认情况下，闭合的样条曲线保持曲率连续性。

（2）节点（K）　该选项用于选择一种计算方法，以确定样条曲线中连接拟合点之间的曲线如何过渡。接下来提示：

输入节点参数化［弦（C）/平方根（S）/统一（U）］＜当前方法＞：*（单击选项或键入选项关键字后回车；或直接回车，默认当前方法）*

接下来回到主提示。

◆ 弦（或弦长方法）：均匀隔开连接每段曲线的节点，使每个关联的拟合点对之间的距离成正比，如图3-13中的实线。

◆ 平方根（或向心方法）：均匀隔开连接每段曲线的节点，使每个关联的拟合点对之间的距离的平方根成正比。此方法通常会产生更"柔和"的曲线，如图3-13中的虚线。

◆ 统一（或等间距分布方法）：均匀隔开每段曲线的节点，使其相等，而不管拟合点的间距如何。此方法通常可生成泛光化拟合点的曲线，如图3-13中的点画线。

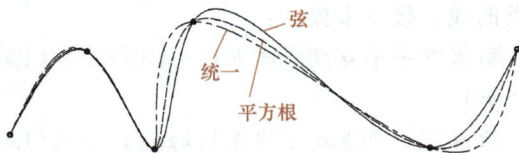

图 3-13　形成样条曲线的计算方法

（3）对象（O）　用PLINE命令绘制的多段线，可用多段线编辑命令PEDIT的样条曲线（S）选项拟合。对象（O）用于将样条拟合的多段线转化为等效的样条曲线。接下来提示：

选择样条曲线拟合多段线：*（选择用多段线编辑命令 PEDIT 的样条曲线（S）选项编辑过的多段线）*

……

选择样条曲线拟合多段线：↙

转换后的样条曲线成为拟合点样条曲线。

2. 绘制控制点样条曲线

绘制控制点样条曲线是指输入控制点，由控制点定义点线控制框，控制框决定样条曲线的形状，如图 3-14 所示。

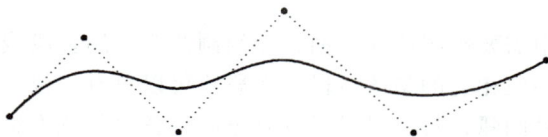

图 3-14　控制点样条曲线

如果选中已经绘制的控制点样条曲线，夹点、控制点和线框都会显示。绘制控制点样条曲线的主提示是：

当前设置:方式=控制点　阶数=3

指定第一个点或［方式(M)/阶数(D)/对象(O)］:(输入一点,或单击选项或键入选项关键字后回车)

（1）指定第一个点　这是首选项，若对接下来的每一个提示都输入点，即形成控制点样条曲线。接下来提示：

输入下一个点:(输入一点)

输入下一个点或［放弃(U)］:(输入一点,或单击放弃(U)或键入 U 并回车)

输入下一个点或［闭合(C)/放弃(U)］:(输入一点,或单击选项或键入选项关键字并回车)

……

输入下一个点或［闭合(C)/放弃(U)］:✓

在上述操作过程中，闭合(C)和放弃(U)的操作与绘制拟合样条曲线时一样。

（2）阶数(D)　该选项用于设置生成样条曲线的多项式阶数。选择此选项可以创建 1 阶（线性）、2 阶（二次）、3 阶（三次）直到最高 10 阶的样条曲线。接下来提示：

输入样条曲线阶数 <3>:(键入阶数后回车,回到主提示)

图 3-15 所示是控制点相同但阶数不同的样条曲线。

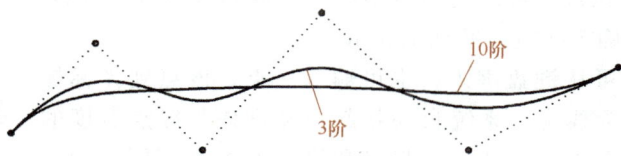

图 3-15　控制点相同但阶数不同的样条曲线

（3）对象(O)　该选项用于将 PLINE 命令绘制的多段线，以及用多段线编辑命令 PEDIT 编辑后的多段线转化为控制点样条曲线。接下来提示：

选择多段线:(选择多段线及编辑命令 PEDIT 编辑过的多段线)

……

选择多段线:✓

转换后的样条曲线成为控制点样条曲线。

选中拟合点样条曲线，拟合点样条曲线的拟合点上将出现夹点；选中夹点，移动光标，可调整样条曲线的形状。选中控制点样条曲线，将出现控制点及控制线框；选中控制点，移动光标，可调整样条曲线的形状。通过移动控制点调整样条曲线的形状，通常可以得到比移动拟合点更好的效果。

3.2.3　绘制多段线

局部视图及斜视图中需要绘制投射方向，即绘制箭头。用多段线命令绘制箭头，可以绘出由直线和圆弧组成的逐段相连的整体线段。多段线可以只有一段，也可以有若干段；每一段可以是直线，也可以是圆弧；每一段可以具有宽度，各段的宽度也可以不同；同一段的起点和端点的宽度也可以不同，如图 3-16 所示。

使用 PLINE 命令绘制的零宽度的多段直线和用 LINE 命令连续绘制的折线外观一样，不同的是，多段线的所有段形成一个整体对象，而用 LINE 命令绘制的折线的每一段是独立的一个对象。

图 3-16　多段线示例图

多段线命令的调用方法如下。

◆ 菜单栏：【绘图】→【多段线】。

◆ 功能区："默认"选项卡→"绘图"面板→▱按钮。

◆ 命令行：PLINE ↙ 或 PL ↙。

命令输入后提示：

指定起点：（输入起点）

当前线宽为 0.0000

指定下一点或 ［圆弧（A）/闭合（C）/半宽（H）/长度（L）/放弃（U）/宽度（W）］：（指定一点，或单击选项或键入选项关键字后回车）

以上是多段线命令的主提示，其选项较多，分别介绍如下。

（1）指定下一点　这是多段线命令首选项，一直指定下一点，可连续绘制一条由多段组成的多段线，类似连续绘制直线，直至回车结束命令。过程如下：

指定下一点或 ［圆弧（A）/闭合（C）/半宽（H）/长度（L）/放弃（U）/宽度（W）］：（输入一点，提示重复出现；直接回车，命令结束）

（2）宽度（W）　该选项可改变当前多段线的起始线宽和终止线宽。接下来提示输入起点宽度和端点宽度，确定线宽后回到主提示。

多段线的线宽值可从键盘键入，也可输入一点，该点到光标橡皮筋固定端的距离即为线宽。系统自动将起点宽度作为终点宽度的默认值，可直接回车不改变线宽。若起点和终点的线宽不同，则绘制变宽度的多段线，形成锥形线（图 3-17）。终点的线宽默认为下一段的线宽。有一定宽度的多段线，其起点和端点定位在多段线的线宽的中心点。

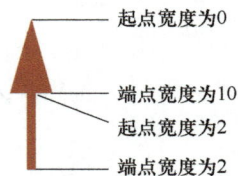

起点宽度为0
端点宽度为10
起点宽度为2
端点宽度为2

图 3-17　变宽度的
多段线

（3）半宽（H）　该选项用于改变当前多段线的起始半宽和终止半宽。操作过程与宽度（W）选项相似，只不过把回答"宽度"变为回答"半宽"。

（4）长度（L）　该选项提示输入下一段多段线的长度，按此长度绘制一段直线，绘制方向按前一段多段线段的方向或前一段圆弧段的切线方向。选择该选项后，提示指定直线的长度：，输入长度值后回到主提示。直线的长度值可从键盘键入，也可输入一点，该点到光标橡皮筋固定端的距离即为长度值。

（5）放弃（U）　该选项用于取消已绘制的前一段多段线，重复使用该选项可删除所有已绘各段，直到起点。

（6）闭合（C）　该选项用于闭合多段线，以一直线段连接至此多段线命令起点，并退出PLINE 命令。

（7）圆弧（A）　选择该选项后，改为开始绘制多段圆弧段，接下来提示：

指定圆弧的端点或［角度（A）/圆心（CE）/闭合（CL）/方向（D）/半宽（H）/直线（L）/半径（R）/第二点（S）/放弃（U）/宽度（W）］:(输入圆弧的端点,或单击选项或输入选项关键字后回车)

各项提示解释如下：

◆ 指定圆弧的端点：这是默认选项，以前一段的端点为起点，指定的点为圆弧终点，并与前段相切的方法绘出圆弧段。不断地指定点，可绘制出彼此相切的圆弧段。

◆ 角度（A）：不再遵循与前段相切的绘制法，提示用户输入圆弧段的圆心角。输入正值，按逆时针方向绘制；输入负值，按顺时针方向绘制。随后可用三种方式画弧。操作过程为：

指定包含角:(输入角度)

指定圆弧的端点或 ［圆心（CE）/半径（R）］:(输入一点,或单击选项或键入选项关键字后回车)

① 输入一点完成该段圆弧。对于这段弧的端点，用户可键入点坐标或在屏幕上指定一点。

② 圆心（CE）：指定圆心画该段圆弧。可键入圆心坐标或在屏幕上指定一点作为圆心。

③ 半径（R）：指定圆弧半径和圆弧的弦方向画该段圆弧。圆弧的半径可从键盘键入；也可用鼠标在屏幕上拾取两点，两点间的距离为圆弧半径。对于圆弧的弦方向，可从键盘键入角度；也可用鼠标在屏幕上拾取一点，该点与这段弧的起点的连线为弦方向。

◆ 圆心（CE）：指定下一段圆弧的圆心，不再遵循与前段相切的绘制法。随后可用三种方式画弧。接下来的提示为：

指定圆弧的圆心:(输入一点)

指定圆弧的端点或［角度（A）/长度（L）］:(输入圆弧的端点,或单击选项或键入选项关键字后回车)

① 输入圆弧端点画该段圆弧。圆弧的圆心或端点可从键盘键入点的坐标，也可用鼠标在屏幕上拾取一点来确定。

② 角度（A）：指定圆弧的圆心角画该段圆弧。圆弧的圆心角可从键盘键入角度；也可用鼠标在屏幕上拾取一点，该点与这段弧的起点的连线与 X 轴的逆时针角度为圆心角。

③ 长度（L）：以圆弧的弦长画该段圆弧。圆弧的弦长可从键盘键入；也可用鼠标在屏幕上拾取一点，该点与这段弧的起点的连线为弦长。注意：弦长应小于圆弧直径。

◆ 闭合（CL）：以一段圆弧闭合整条多段线，并退出 PLINE 命令。

◆ 方向（D）：指定要绘制圆弧段的起点（即前段直线或圆弧的端点）处的切线方向。接下来的提示如下：

指定圆弧的起点切向:(指定一点,或输入角度作为起点切向)

指定圆弧的端点:(输入一点)

◆ 半宽（H）、宽度（W）：含义和用法同主提示中的选项"半宽 H"和"宽度 W"，只不过这里是用于绘制圆弧段。

◆ 直线（L）：从绘制圆弧段状态返回到绘制直线状态。

◆ 半径（R）：提示用户输入要绘圆弧段的半径值，随后可用两种方式画弧。接下来的提示为：

指定圆弧的半径：*(输入半径值)*

指定圆弧的端点或 [角度（A）]：*(输入圆弧的端点，或单击*角度（A）*或输入 A 后回车)*

① 输入圆弧端点将以半径、端点画弧。圆弧的半径可从键盘键入；也可用鼠标在屏幕上拾取两点，两点间的距离即为圆弧半径。对于圆弧的端点，可键入点坐标或在屏幕上指定一点。

② 角度（A）：以圆心角和指定圆弧弦方向画弧。圆心角可从键盘键入角度；也可用鼠标在屏幕上拾取一点，该点与这段弧的起点的连线与 X 轴的逆时针角度即为圆心角。对于圆弧的弦方向，可从键盘键入角度；也可用鼠标在屏幕上拾取一点，该点与这段弧的起点的连线即为弦方向。

◆ 第二点（S）：由三点画圆弧。接下来提示：

指定圆弧上的第二点：*(输入一点)*

指定圆弧的端点：*(输入一点)*

◆ 放弃（U）：取消前一次操作绘制的圆弧段。

3.2.4　绘制支架的三个视图

本实例沿用模块二中设置好图层及标注样式的 A3 绘图模板，保留图层及标注样式，然后更改为横向 A4 图纸的边界及图框线尺寸。

1. 绘制主视图

采用常用绘图命令绘制主视图，如图 3-18 所示。

2. 绘制局部视图

为保证作图效率，本实例直接在主视图下方按照主、俯视图投影关系绘制局部视图，如图 3-19 所示，绘制完成后再将局部视图平移到其他位置。

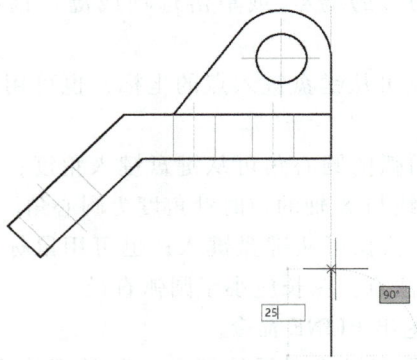

图 3-18　绘制主视图　　　　　图 3-19　绘制局部视图

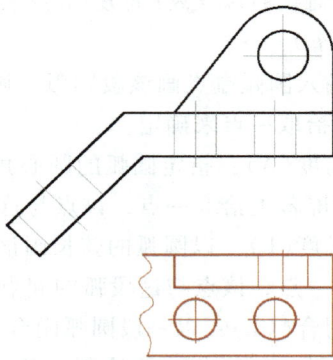

3. 绘制斜视图

为保证斜视图与原视图保持投影关系，需重点关注斜视图的起点位置。输入直线命令后，捕捉主视图左侧点画线端点，向右下方移动鼠标，出现 45° 倍数的极轴后，在适当位置单击，此点作为直线起点；继续沿极轴移动鼠标，在适当位置单击，此点作为直线终点。斜视图的起点位置如图 3-20 所示。采用同样方式，利用 45° 极轴追踪画出另一条点画线位置，并绘制其他图线，结果如图 3-21 所示。

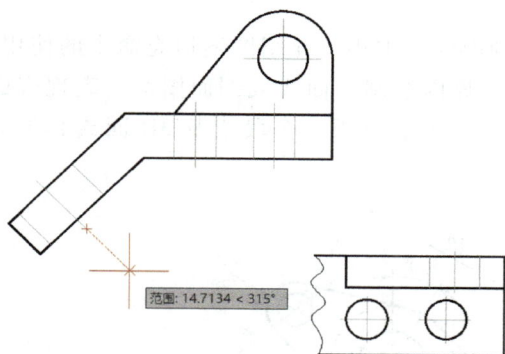

图 3-20　斜视图的起点位置

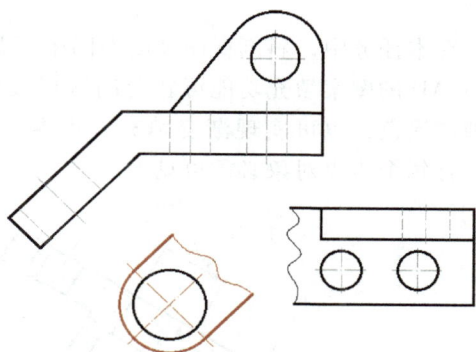

图 3-21　完成后的 3 个视图

3.2.5　标注尺寸

利用线性标注和对齐标注命令标注支架 3 个视图中的尺寸，如图 3-22 所示。

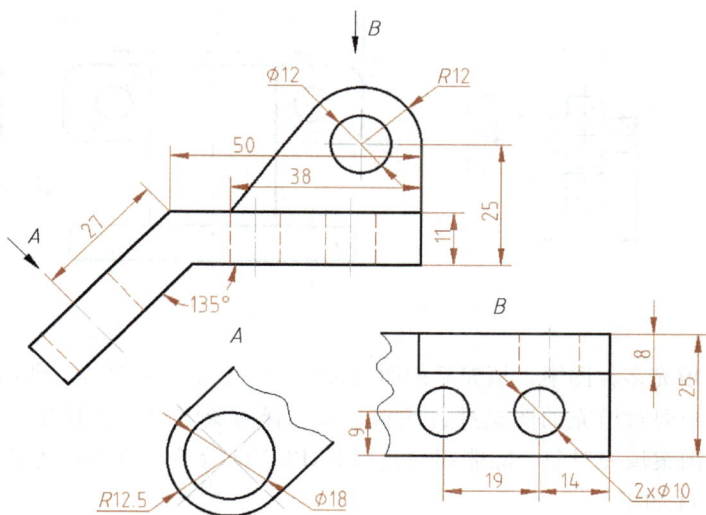

图 3-22　支架视图的尺寸标注

任务 3.3　绘制轴承座的视图

3.3.1　图形分析

图 3-23 所示为轴承座的视图，由主视图、俯视图、A—A 全剖视图及

绘制轴承
座的视图

B—B 断面视图 4 个视图组成。A—A 为全剖的斜剖视图，与原视图保持投影关系。B—B 为断面图，注意其标注。这些视图由圆弧、直线、圆、剖面线及尺寸标注等元素组成。参考前面的任务内容，结合"长对正、高平齐、宽相等"原则，绘制这 4 个视图并标注尺寸。

3.3.2　图案的填充

在本任务中，斜剖视图及断面图中需要填充剖面线，本小节介绍图案填充命令的使用。AutoCAD 的图案填充功能可在封闭区域或定义的边界内绘制剖面线或剖面图案，表现表面纹理或涂色，也可实现渐变填充。边界可以是直线、圆、圆弧、多段线及 3D 面或其他对象，且每个边界对象必须可见。

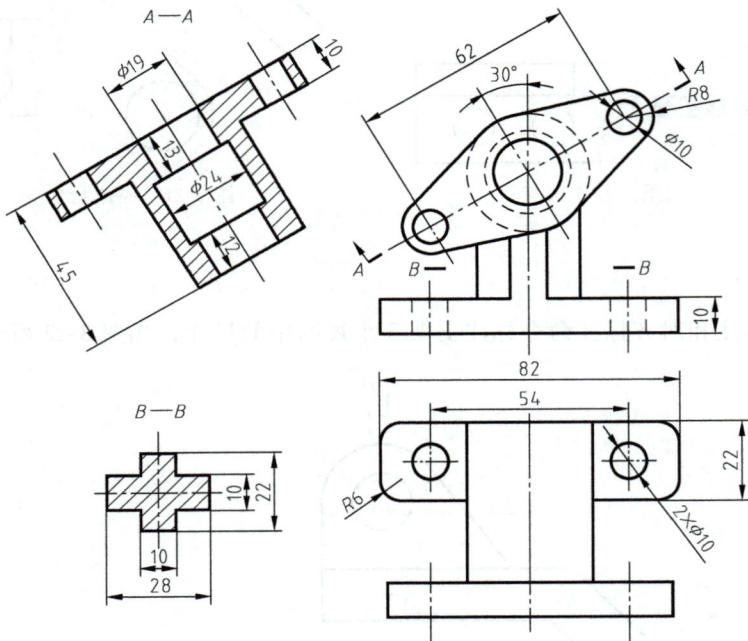

图 3-23　轴承座的视图

AutoCAD 可以填充多种图案，填充后的图案被作为一个整体来对待，即填充图案是一个无名的块。例如，用户要对填充的图案进行编辑，在选择对象时只要选择填充图案上的任意一点，便可选中整个图案填充对象，除非用户使用 EXPLODE 命令将其分解为各个独立的对象。

命令的调用方法如下。

◆ 菜单栏：【绘图】→【图案填充】。

◆ 功能区："默认"选项卡→"绘图"面板→按钮。

◆ 命令行：HATCH ↙ 或 H ↙ 或 BHATCH ↙ 或 BH ↙。

在输入图案填充命令后，功能区立即出现"图案填充创建"选项卡，如图 3-24 所示。

图 3-24　"图案填充创建"选项卡

"图案填充创建"选项卡中有"边界""图案"及"特性"等面板，在"边界"面板可选择"拾取点"或"选择"按钮确定填充边界，在"图案"面板选择填充图案（或渐变色），在"特性"面板确定图案的角度和比例等。下面对选项卡内容进行介绍。

（1）"图案"面板　单击"图案"下拉列表框右边的按钮 ⌄ ，显示可以填充的图案（包括渐变色的图案），如图3-25所示。从预览图片区中单击某个图片，然后单击【确定】按钮即选择了一个填充图案。

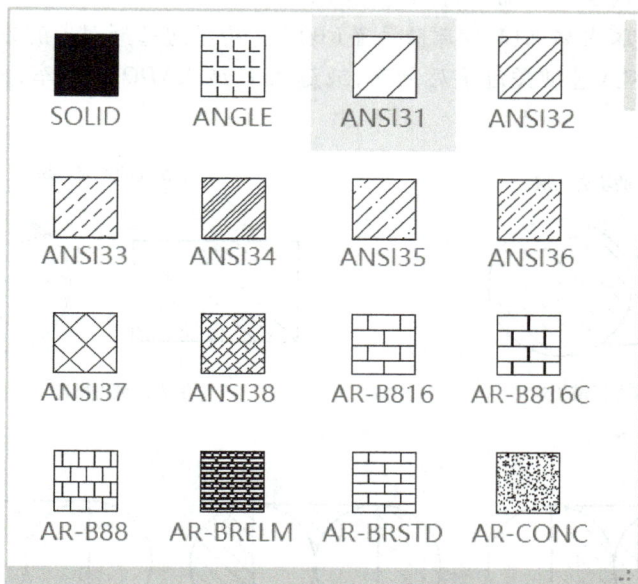

图 3-25　可以填充的图案

（2）"边界"面板

◆ "拾取点"按钮：单击"拾取点"按钮，在命令行出现主提示：

拾取内部点或 ［选择对象(S)/删除边界(B)］:（在要图案填充或渐变填充的区域内单击；或单击选项或键入选项关键字后回车；或键入 U 或 UNDO，放弃上一个操作；或直接回车，返回对话框）

对主提示以"拾取内部点"回答，即在要图案填充或渐变填充的区域内单击，AutoCAD将进行分析，命令行将显示分析过程：

正在选择所有对象...

正在选择所有可见对象...

正在分析所选数据...

正在分析内部孤岛...（能够填充图案） 或 未发现有效的图案填充边界（不能够填充图案）

接下来继续提示：

拾取内部点或 ［选择对象(S)/删除边界(B)］:（在要图案填充或渐变填充的区域内单击；或单击选项或键入选项关键字后回车；或者键入 U 或 UNDO，放弃上一个操作；或直接回车，返回对话框）

如果继续在要图案填充或渐变填充的区域内单击，分析过程和提示重复出现，直至直接回车。可以在多个相连的封闭区域内连续拾取内部点，也可以在多个不相连区域内连续拾取内部点，如图3-26所示。

图3-27所示为通过拾取内部点来定义填充边界进行图案填充。拾取点位置不同，边界不同，填充结果不同。

◆"选择"按钮：使用该按钮，将通过选择特定的对象作为边界来进行图案填充。单击该按钮后，对话框暂时关闭，命令行的主提示变为：

选择对象或［拾取内部点（K）/删除边界（B）］：*（用任何选择对象的方法选择填充区域的边界；或单击选项或键入选项关键字后回车；或键入 U 或 UNDO 后回车，放弃上一个选择；或回车，返回对话框）*

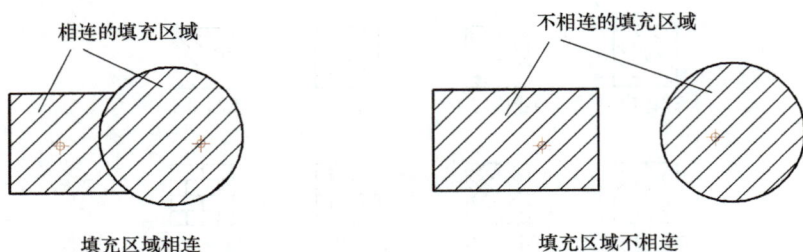

图3-26 拾取内部点图案填充或渐变填充（⊕表示拾取的内部点）

图3-27 在对象内部拾取点进行图案填充（⊕表示拾取的内部点）

如果选择拾取内部点（K），则将当前的选择方式改为拾取内部点，接下来主提示转到拾取内部点的主提示，同时前面选择的填充边界也被取消。如果选择删除边界（B），将转到"删除边界"选项，即从已经选中的填充边界中去掉某些边界。边界选择应是封闭的，如图3-28所示。

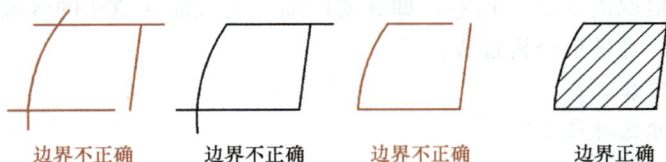

边界不正确　　边界不正确　　边界不正确　　边界正确

图3-28 使用"选择"按钮，边界须构成封闭回路

在用"选择"按钮选择对象来定义填充边界时，AutoCAD不会自动检测边界内部的孤岛（孤岛指填充区域内的对象）。如果用户选择了内部的孤岛，则将其作为填充边界，并根据当前设置的孤岛检测样式进行图案填充。如果不选，则孤岛不作为填充边界。因此，当填充的区域内部有文字（包括尺寸文字）时，选择对象时选中文字，文字就不会被填充，并在其周围留有一部分区域，以使文字清晰显示。如图3-29所示，没有选择内部的文字，则

形成的填充将覆盖内部文字；如果用户选择文字对象，则文字作为边界的一部分不被填充。

不选文字作为边界　　　　　　　　　选中文字作为边界

图 3-29　使用"选择"按钮，选择文字作为边界

◆ "删除"按钮：该按钮是在已经确定了一些边界后才可用，用于从已经确定的填充区域边界中去掉某些边界。

单击该按钮后，"图案填充和渐变色"对话框将暂时关闭，命令行提示：

选择对象或［添加边界（A）］：*（选择要去掉的边界对象，或单击添加边界（A）或键入 A 后回车，返回到主提示）*

选择对象或［添加边界（A）/放弃（U）］：*（选择要去掉的边界对象，或单击添加边界（A）或键入 A 后回车，返回到主提示；或单击放弃（U）或键入 U 后回车，放弃刚才的操作。该提示重复出现，直接回车结束重复提示）*

◆ "重新创建边界"按钮：此按钮在创建图案填充时不可用，而在编辑图案填充时可用。

（3）"特性"面板

◆ "颜色"下拉列表：为填充图案和实体填充指定颜色。

单击该下拉列表，从中选择一种颜色，如果必要，可选"更多颜色..."，将打开"选择颜色"对话框，从中选择合适的颜色。

◆ "角度"下拉列表：用于指定填充图案相对于当前用户坐标系 UCS 的 X 轴的旋转角度。

图 3-30 所示是同样的图案采用不同旋转角度的填充。可单击下拉列表选择角度，也可在文本框中键入角度。

◆ "比例"下拉列表：用于设置填充图案的比例因子，以使图案的外观更稀疏或更稠密。

"比例"下拉列表只有在"类型"下拉列表中选择了"预定义"或"自定义"时才有效。图 3-31 所示是同一图案不同比例的填充。可单击下拉列表选择比例，也可在文本框中键入比例。

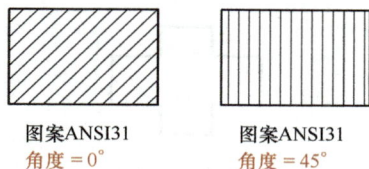

图案ANSI31　　　　　　图案ANSI31　　　　　　　　　　图案ANSI31　　　　　　图案ANSI31
角度 = 0°　　　　　　角度 = 45°　　　　　　　　　　比例 = 1　　　　　　　比例 = 3

图 3-30　不同旋转角度的图案填充　　　　　　**图 3-31　同一图案不同比例的填充**

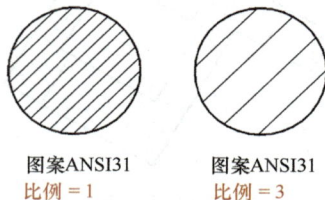

3.3.3　绘制轴承座视图

本实例继续沿用模块二中设置好图层及标注样式的 A3 绘图模板。

1. 绘制主视图

通过直线、偏移及裁剪等命令，绘制主视图，结果如图 3-32 所示。

2. 绘制俯视图

根据任务 3.1 的绘图方式，根据"长对正"原则，绘制俯视图，完成后如图 3-33 所示。

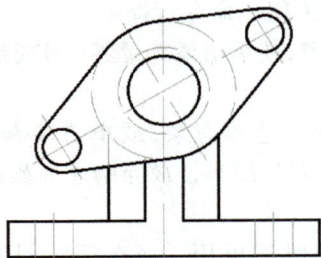

图 3-32　轴承座的主视图

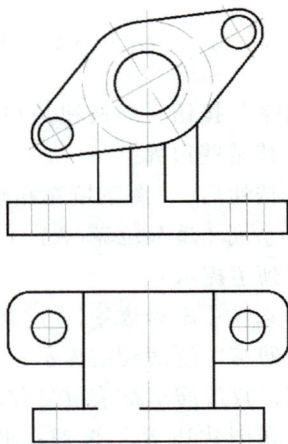

图 3-33　轴承座的主视图和俯视图

3. 绘制 *A—A* 全剖视图

➤ 输入直线命令，通过捕捉 30°倍数的极轴上的点及距离绘制剖视图的上方外框及剖面线；

➤ 单击绘制的剖面线后，单击"默认"选项卡，选择图层为"细实线"图层，得到的全剖视图如图 3-34 所示。

4. 绘制 *B—B* 断面视图

➤ 利用直线及裁剪等命令，绘制断面视图的轮廓线及对称中心线，得到的视图如图 3-35 所示；

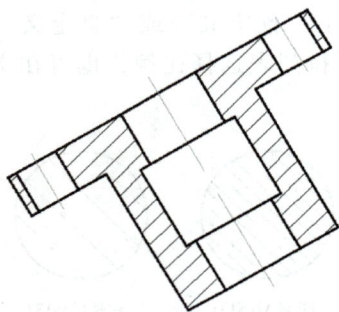

图 3-34　轴承座的全剖视图

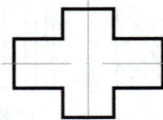

图 3-35　断面轮廓线及对称中心线视图

➤ 输入填充命令（H↙），在"图案填充创建"选项卡中选择剖面线填充图案，再在剖视图需要绘制剖面线的地方（一共 4 处）单击，完成后按<Esc>键取消；

➤ 单击刚绘制的剖面线后，单击"默认"选项卡，选择图层为"细实线"图层，得到的断面图如图 3-36 所示；

➤ 适当调整 4 个视图的位置，留出尺寸标注的位置；

➤ 由于点画线及虚线看不到间隔，可更改点画线及虚线线型比例：选中任意一条点画线后，按<Ctrl>+<1>组合键，在弹出的对话框中将线型比例"1"改为"0.3"（缩小点画线的长画与间隔），再按<Ctrl>+<1>组合键，关闭对话框；

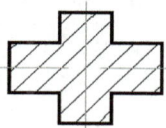

图 3-36 轴承座的断面图

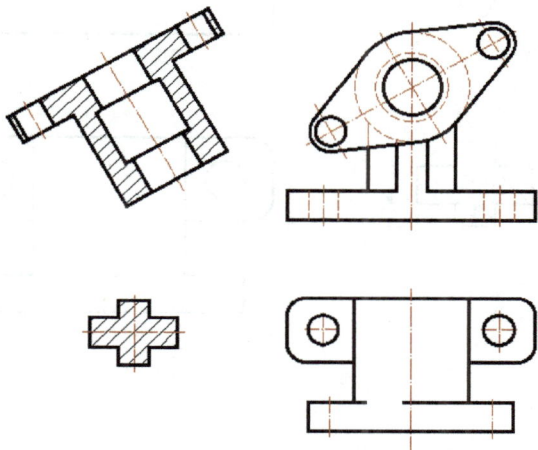

➤ 选中更改的点画线，输入特性匹配命令（MA ↙），再依次单击其他点画线，最后按<Esc>键取消；

➤ 用同样方式更改虚线的线型比例为"0.3"，调整后的视图如图 3-37 所示。

图 3-37 虚线和点画线的线型比例都调整后的视图

3.3.4 标注尺寸

➤ 本实例沿用模块二中的样式设置，标注常规尺寸；

➤ 绘制短粗直线，表示剖切或断裂位置：采用直线命令，剖切和断裂位置通过捕捉 30°倍数极轴上的点绘制短直线（长度为 5~8mm），再选中绘制的直线，在"特性"面板中更改线宽为"0.4"（可先绘制一侧短粗直线，另一侧短直线通过镜像方式得到）；

➤ 在剖视图位置画投射箭头符号：输入多段线命令，在空白任意位置单击第一点，然后依次输入"W ↙""O ↙""1.1 ↙"，向下移动鼠标指针，出现 30°倍数方向极轴后，输入"3.5 ↙"，箭头头部绘制完后，再绘制箭头尾部直线；移动箭头到短粗直线的外端点处，另一侧箭头用同样方式也可得到（可先绘制一侧箭头，另一侧箭头通过镜像方式得到），绘制完箭头的视图如图 3-38 所示；

➤ 输入剖视位置短粗直线旁的字母：文字样式为模块二中更改好的文字样式，采用多行文字命令，在箭头附近点出文本框的对角线，输入"A"。另一侧用同样方式输入"A"；

➤ 采用上一步的方式在断面剖切位置短粗直线附近输入"B"；

➤ 采用同样方式在剖视图及断面视图上方分别标注

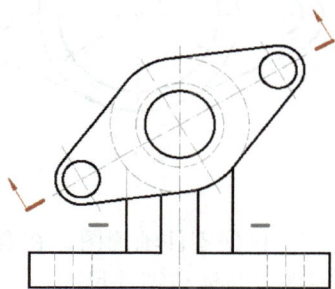

图 3-38 绘制完箭头的视图

"*A—A*"和"*B—B*"，完成后的轴承座的视图如图 3-39 所示。

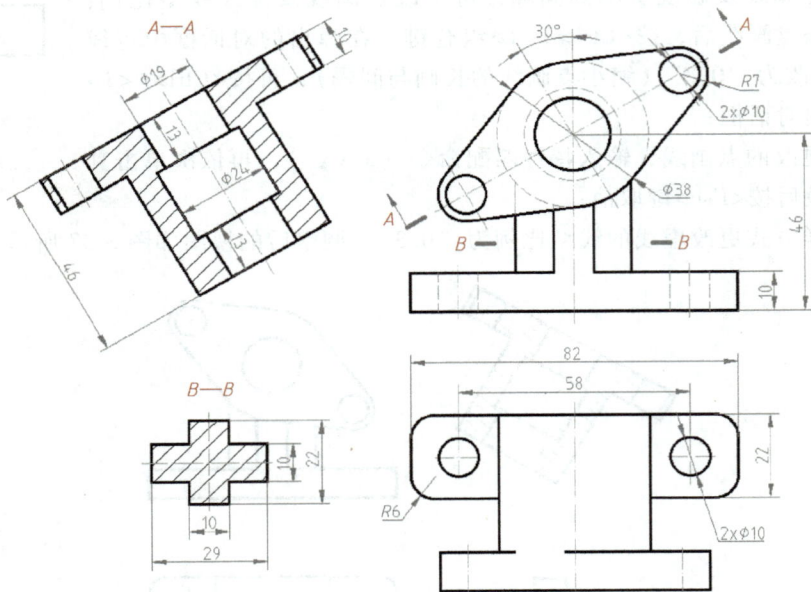

图 3-39　最终得到的轴承座的视图

习　　题

1. 在合适的图纸中绘制图 3-40～图 3-44 所示图例，并标注尺寸。

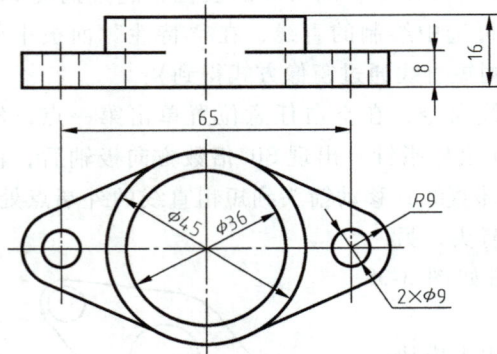

图 3-40　图例 1

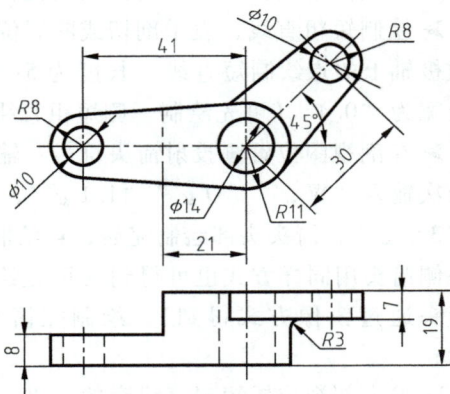

图 3-41　图例 2

2. 根据零件轴测图，在合适的图纸中绘制合适的视图，以清楚表达图 3-45、图 3-46 所示零件，并标注零件尺寸。

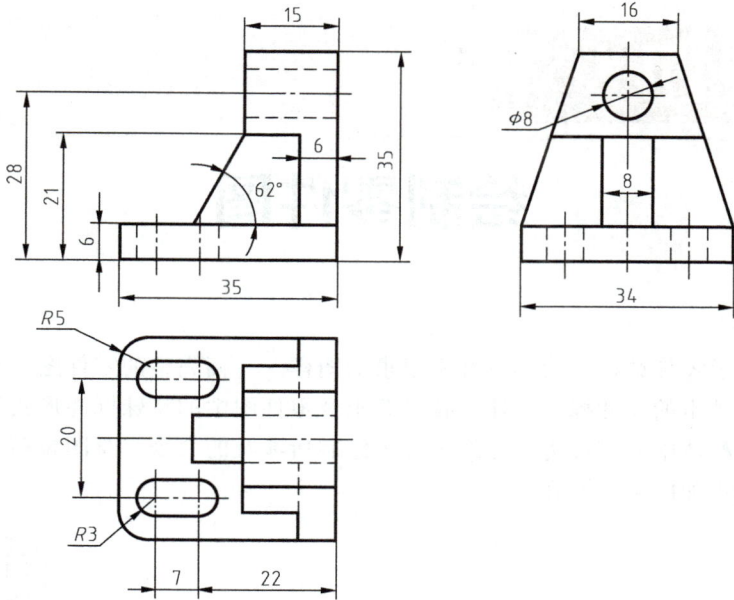

图 3-42 图例 3

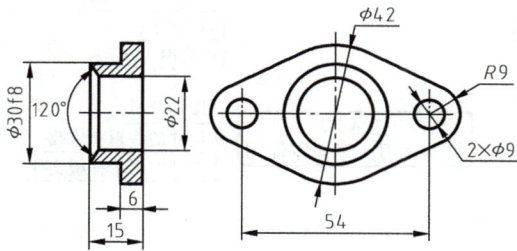

图 3-43 图例 4

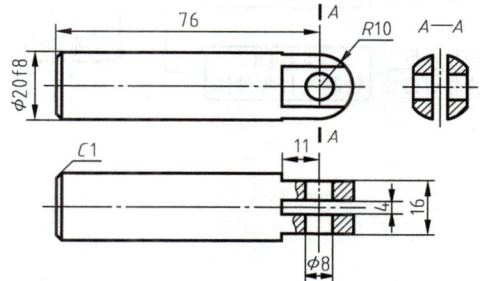

图 3-44 图例 5

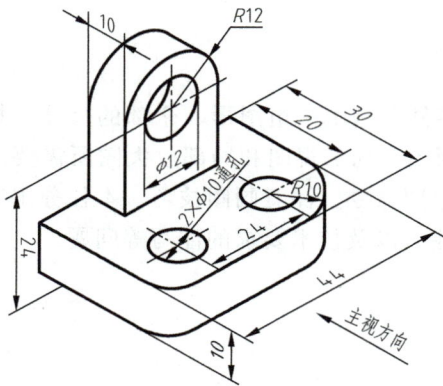

图 3-45 零件轴测图 1

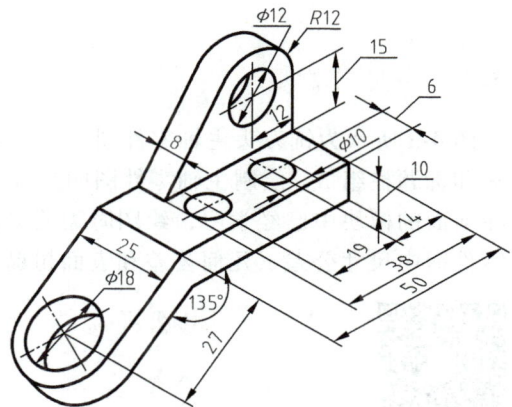

图 3-46 零件轴测图 2

模块四

绘制零件图

零件图是表示零件结构、大小及技术要求的图样。一幅完整的零件图，除了表达零件结构形状的图形、基本的尺寸标注，还有技术要求及零件图中的特殊标注形式等内容。本模块以绘制铣刀头装配体中的零件为例介绍零件图绘制所涉及的命令、绘图技巧和标注技巧。

本模块知识点如图4-1所示。

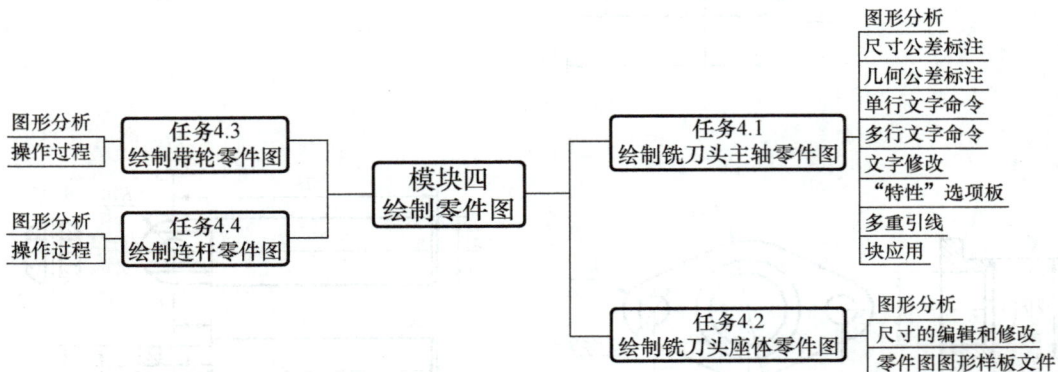

图4-1 模块四知识点导图

任务4.1 绘制铣刀头主轴零件图

4.1.1 图形分析

图4-2所示为铣刀头主轴零件图。一张完整的零件图是由一组图形、全部的尺寸、技术要求和标题栏组成。绘制主轴零件图的主视图、断面图、局部视图和局部放大图所需要的命令在前面的模块中已经学习，绘图时需要灵活运用绘图命令，注意画图技巧。本任务主要解决零件图中尺寸公差、几何公差和表面粗糙度的标注，以及技术要求的注写等问题。

4.1.2 尺寸公差标注

1. 尺寸公差

在机械设计中，尺寸公差的标注形式主要有：极限偏差、极限尺寸、对称偏差和公称尺寸等。

尺寸公差标注

是否标注尺寸公差及公差的标注形式和公差值可通过"标注样式管理器"来设置。参见任务 2.1 中的尺寸标注样式设置。如果图中有相同公差要求的尺寸较多，应单独设置一种公差标注样式，以便快捷标注。如果图中的某些尺寸的公差只出现一两次，可用"标注样式管理器"中的"替代"按钮建立临时的标注样式。

也可以不设置公差标注样式，而在标注尺寸时直接利用标注命令的**多行文字(M)**，具体操作见多行文字命令详解。

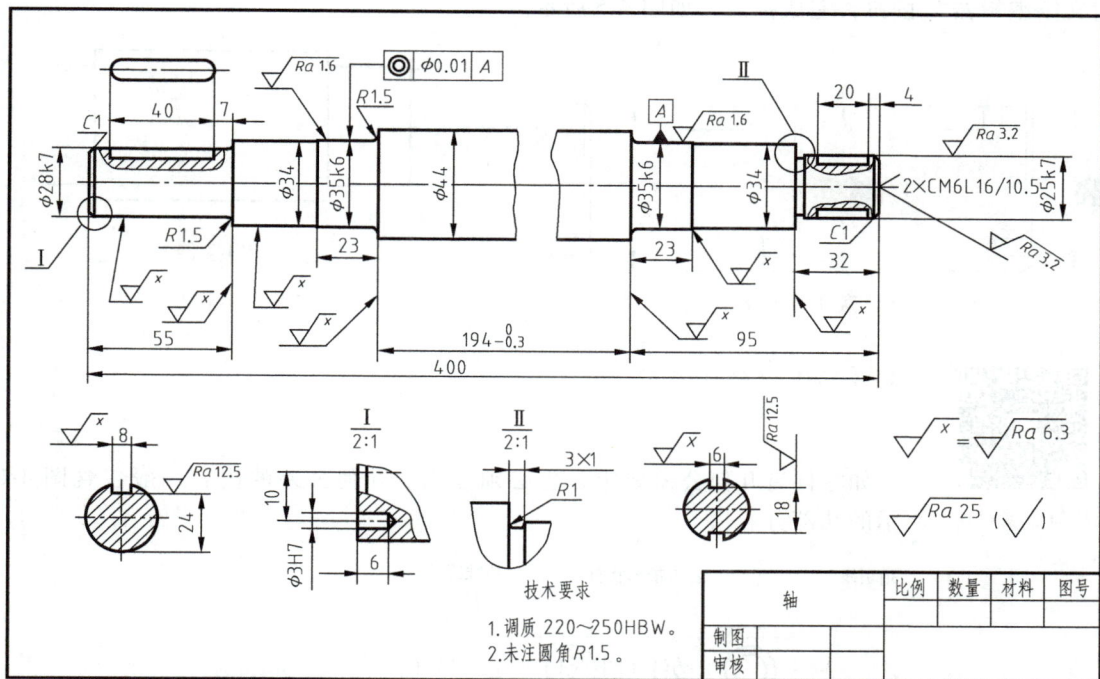

图 4-2　铣刀头主轴零件图

2. 操作过程

以标注图 4-2 中的尺寸公差"$\phi 28k7$"和"$194_{-0.3}^{0}$"为例，使用文字编辑器说明零件图中尺寸公差的标注方法。

➤ 设置好标注样式后，单击线性标注，标注成不带公差的尺寸，标注直径"28"和轴向长度，注意这里的图形采用了断开画法，所以标注的尺寸不是"194"，如图 4-3 所示；

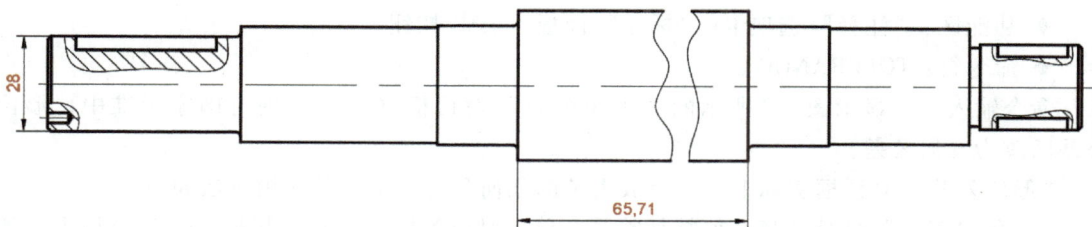

图 4-3　主轴主视图

➤ 双击尺寸数字"28"，打开"文字编辑器"，显示光标在"28"的左边，在英文输入法状态下输入"%%c"，出现直径符号φ，再将光标移动至数字"28"右边并输入"k7"，在空白处单击或者单击"关闭文字编辑器"按钮，完成标注，如图4-4所示；

➤ 双击尺寸数字"65.17"，打开"文字编辑器"，选中"65.17"并删除，然后输入数字"194"，再将光标移动至数字"194"右边并输入"空格 0^-0.03"；选中"空格 0^-0.03"，单击文字编辑器的"格式"面板中的"堆叠"按钮，在空白处单击或者单击"关闭文字编辑器"按钮，完成标注，如图4-5所示。

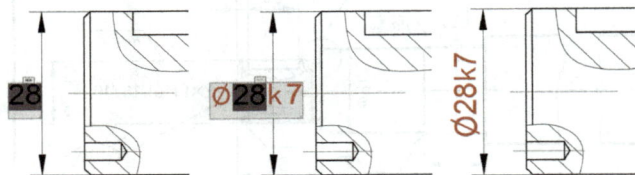

图 4-4　标注直径符号及尺寸公差代号

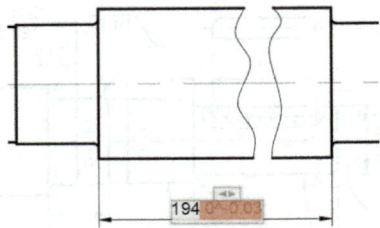

图 4-5　修改尺寸数字

4.1.3　几何公差标注

几何公差标注

1. 几何公差

如零件有几何公差要求，也必须注出。几何公差的内容一般包含图4-6所示的几部分。

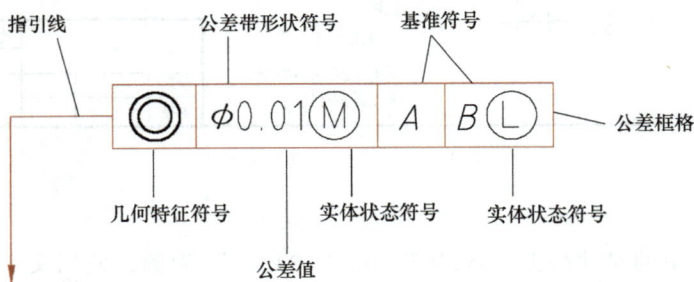

图 4-6　一般几何公差的内容

如果几何公差的标注不包括指引线，命令的输入方式如下。

◆ 菜单栏：【标注】→【公差】。

◆ 功能区："注释"选项卡→"标注"面板→ 按钮。

◆ 命令行：TOLERANCE。

命令输入后，显示图4-7所示的"形位公差"对话框（在我国现行国家标准中，形位公差已改为几何公差）。

"形位公差"对话框实际上是一个放大了的几何公差框格，其使用方法如下。

1）在"符号"部分选择几何特征符号，单击对应黑框，打开"特征符号"对话框，如图4-8所示，在其中单击选择一个符号或单击空白处关闭此对话框。

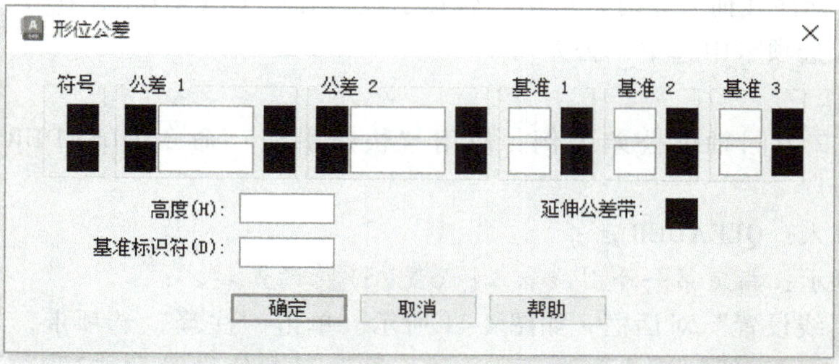

图 4-7　"形位公差"对话框

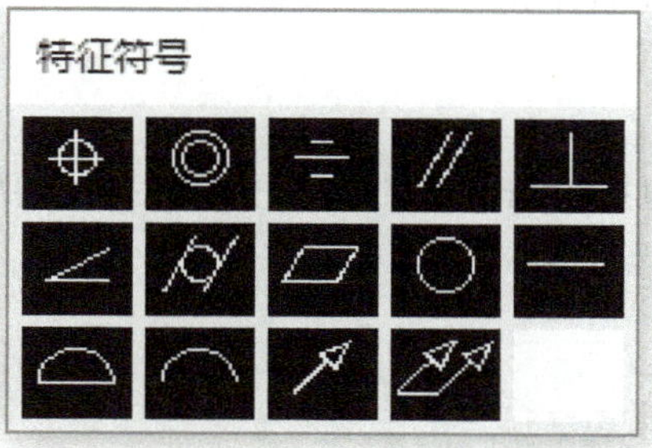

图 4-8　"特征符号"对话框

图 4-9　"附加符号"对话框

2）在"公差 1"部分输入公差值。单击左边黑框，可加入直径公差带符号"φ"；如果需要，可单击右边黑框添加附加符号，弹出的"附加符号"对话框如图 4-9 所示，单击选择一个符号或单击空白处关闭此对话框。"公差 2"的内容操作与"公差 1"部分相同。

3）在"基准 1"或"基准 2""基准 3"部分，键入几何公差基准字母。需要时单击右边黑框，可添加附加符号。

4）"高度""基准标识符"在我国公差标准中不用。

在"形位公差"对话框中设置完成后，单击【确定】按钮，公差框格将出现在十字光标中心，移动光标到合适位置后单击，没有指引线的几何公差框格即绘在图形上。

几何公差框格的指引线可用后面将介绍的"多重引线"画出。

图 4-10 所示为几何公差的标注举例。

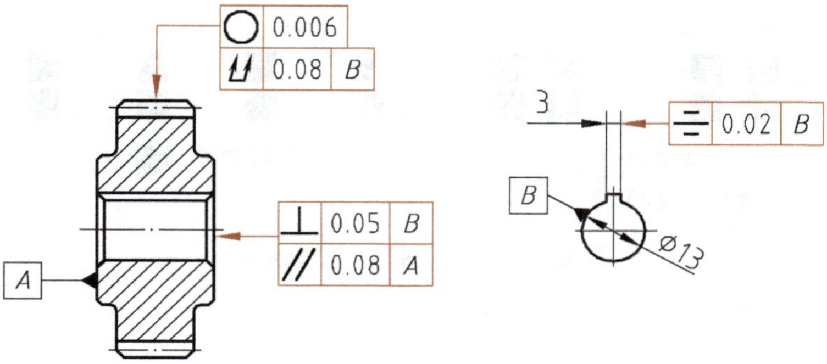

图 4-10　几何公差的标注举例

注意：实际标注几何公差时也可用"快速引线"命令 QLEADER，在其"引线设置"对话框的"注释"选项卡中选中"公差"。

2. 操作过程

以标注图 4-2 中同轴度公差为例，使用"快速引线"命令 QLEADER 进行几何公差标注。

➢ 命令行输入：QLEADER ↙；

➢ 命令行提示：指定第一个引线点或[设置(S)]<设置>：↙；

➢ 打开"引线设置"对话框，如图 4-11 所示。单击"注释"选项卡，"注释类型"选择"公差"；单击"引线和箭头"选项卡，"点数"最大值设置为"3"，单击【确定】按钮，命令行提示：

指定第一个引线点或[设置(S)]<设置>：在标注位置单击

指定下一点：在转折处单击

指定下一点：在适当位置单击

➢ 单击 3 次后弹出"形位公差"对话框，填入对应的符号和数值，如图 4-12 和图 4-13 所示。

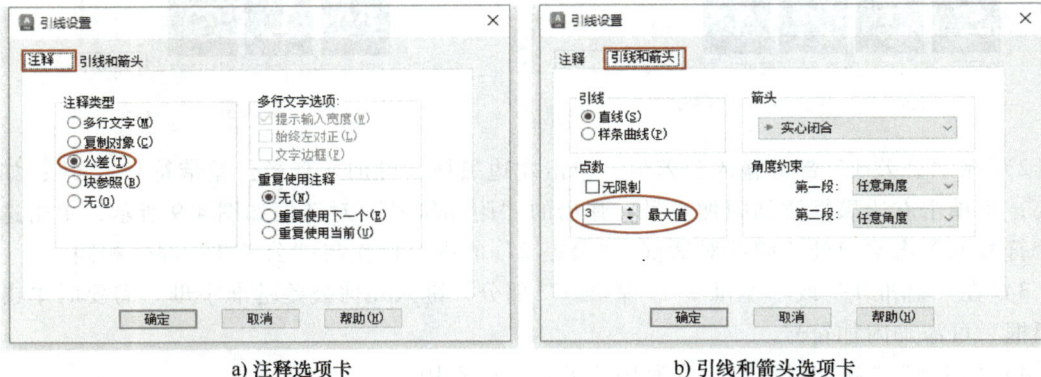

a) 注释选项卡	b) 引线和箭头选项卡

图 4-11　引线设置

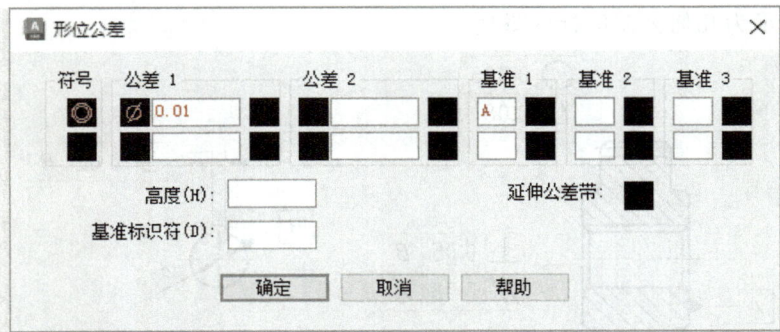

图 4-12　形位公差

4.1.4　单行文字命令

用 TEXT 命令（或 DTEXT 命令）可在图形中添加单行文字对象。

1. 单行文字命令

命令的执行方式如下。

◆ 菜单栏：【绘图】→【文字】→【单行文字】。

◆ 功能区："默认"选项卡→"注释"面板→"文字"下拉按钮→ 单行文字。

◆ 命令行：TEXT ↙ 或 DTEXT ↙ 或 DT ↙。

命令输入后，其主提示为：

当前文字样式："333"。文字高度：333　注释性：3

指定文字的起点或 [对正(J)/样式(S)]：（输入一点，或单击选项或键入选项关键字后回车）

主提示各选项的含义如下。

（1）指定文字的起点　此选项是首选项，也是最常用的选项。用户通过指定一个起始点（此点默认为文字的左下角点），基于起始点左对正进行文字书写。可以键入点的绝对坐标或在屏幕上按鼠标左键指定起点。如果用户选择的文字样式已定义了文字的高度，则命令行不再提示文字高度，否则提示：

指定高度<(当前值)>：（指定文字的高度）

在此提示下可以键入文字的高度，或者直接回车接受默认的文字高度，也可以按鼠标左键输入一点，该点与起点的距离为文字高度。接下来提示：

指定文字的旋转角度<(当前值)>：（输入一个角度，或直接回车）

在此提示下可以键入文字的旋转角度，或者直接回车接受缺省的旋转角度，也可以按鼠标左键输入一点，该点与起点连线相对 0°方向的夹角为文字旋转角度。0°方向默认为 3 点钟方向，角度计量按逆时针方向。接着在用户指定的起点位置将出现一个文本输入边框，并显示一个文字光标线，它反映了当前文字字符的位置、大小及倾斜角度等。输入一个字符后，光标线移动一个字符位置，边框随着用户的输入展开。输入错误时，可以像在普通的文本输入框内一样进行编辑修改。一行输入完毕，按回车键将在下一行开始输入，新放置的一行文字就写在前一行文字的正下方。用户可以一直输入文字而不用退出 TEXT 命令。

输入最后一行文字后，连续两次回车，将退出单行文字命令。也可以按<Esc>键退出命令，但是最后一行的文字将被清除。

在使用单行文字命令时，还可任意改变书写文字的位置。在文字的输入过程中，只要将光标移动到某一点后单击，文字光标就移动到该位置，用户可从该位置处开始输入文字，命令行也重新提示"输入文字："，这样用户可方便地在不同位置书写文字。

（2）对正(J)　该选项用于确定书写文字的排列方式。AutoCAD 定义了文字的顶线、底线、基线和中线位置，以左、中、右和位置线组合有 13 种文字对正模式，如图 4-14 所示，可选其中任一种对正模式。

对主提示选择对正(J)，命令行提示（称为对正提示）：

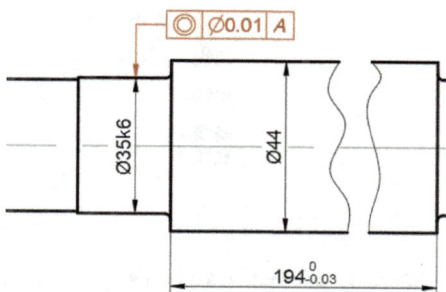

图 4-13　同轴度公差标注

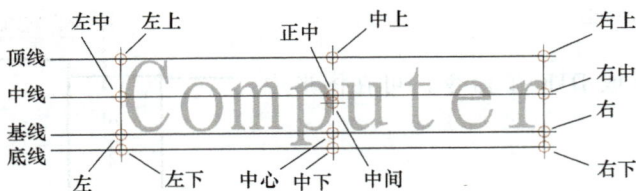

图 4-14　文字对正位置

输入选项[对齐(A)/调整(F)/中心(C)/中间(M)/右(R)/左上(TL)/中上(TC)/右上(TR)/左中(ML)/正中(MC)/右中(MR)/左下(BL)/中下(BC)/右下(BR)]:（单击选项或键入选项关键字后回车）

用户可根据输入文字的排列方式选择对正选项。选择不同的对正选项，命令行提示也不同。下面对各种对正选项进行介绍。

◆ 对齐(A)：选择该选项后，提示用户指定文字基线的两个端点。文字从第一端点往第二个端点书写，两点的位置决定了文字的旋转角度，文字的高度和宽度根据两点之间的距离、字符的多少及宽度因子自动确定，而不受文字样式中文字高度的影响。

例如，输入图 4-15 所示的文字，过程如下。

选择对齐(A)，接下来提示：

指定文字基线的第一个端点:（指定第一端点）

指定文字基线的第二个端点:（指定第二端点）

在绘图区出现的文字输入框内输入"单行文字命令 TEXT 和 DTEXT"，连续两次回车。

◆ 调整(F)：该选项提示用户指定文字基线的两个端点，然后提示指定文字的高度，在保证指定文字高度的情况下，自动调整文字的宽度，使文字分布在两端点之间，如图 4-16 所示。

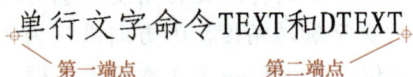

图 4-15　单行文字命令"A"选项

图 4-16　单行文字命令"F"选项

◆ 中心(C)：该选项要求用户指定书写文字基线的中心点位置，再指定文字高度，文字以指定点为中心点，按指定高度书写。文字宽度由高度和宽度因子确定，如图 4-17 所示。

◆ 中间(M)：该选项要求用户指定文字的中间点位置，然后根据给定的文字高度和旋转角度进行文字书写，如图 4-18 所示。

图 4-17　单行文字命令"C"选项

图 4-18　单行文字命令"M"选项

◆ 右（R）：根据用户指定的点作为基线的右端点，文字按照该右下角点按右对正排列，如图 4-19 所示。

◆ 其他选项：其他的选项请参考以上选项理解和使用。

（3）样式（S）　选择样式（S）后，命令行提示：

输入样式名或[?] <Standard>：（输入一个已定义的文字样式名，或单击？或键入"?"后回车）

如果输入当前图形中的一个已经定义的文字样式名，就将其作为当前文字样式。如果选择？，则提示：

输入要列出的文字样式 <*>：（键入一个文字样式名，或键入"＊"后回车，或直接回车）

如果键入一个当前图形中已经定义的文字样式名，将显示样式名称和文字高度。如果键入"＊"后回车或直接回车，则显示当前图形中所有已经定义的文字样式的字体、高度、宽度比例等，并打开一个显示相同内容的"AutoCAD 文本窗口"，以使命令行的提示内容更为醒目。

要注意的是，用 TEXT 命令输入的多行文字是多个独立的单行对象，而用多行文字命令 MTEXT 命令输入的多行文字是一个单独的、整体的对象。如图 4-20a 所示的文字是用 TEXT 命令创建的三行单行文字，是三个独立的对象；图 4-20b 所示的文字是用 MTEXT 命令创建的三行文字，是一个单个对象。若用光标分别拾取对象，就可看出区别。

2. 单行文字的右键快捷菜单

在输入单行文字时，右击，出现快捷菜单，如图 4-21 所示。各选项功能如下。

図 4-19　单行文字命令"R"选项

a) 单行文字命令创建　　b) 多行文字命令创建

图 4-20　单行文字与多行文字的区别

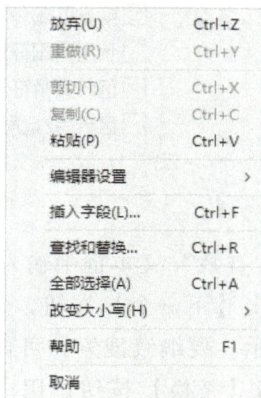

图 4-21　单行文字的右键快捷菜单

注意：在使用文字编辑命令 DDEDIT 修改单行文字时，右击，也出现该快捷菜单。

（1）放弃（重做）　放弃（恢复）刚输入（放弃）的文字。

（2）复制（剪切）、粘贴　选中刚输入的文字，"复制（剪切）"菜单项可用，单击此命令，文字存入剪贴板（复制时原选中文字不变，剪切时则原选中文字删除）。粘贴用于将剪贴板中的文字粘贴到当前位置。

（3）编辑器设置　其子菜单有如下几项。

1）"始终显示为 WYSIWYG（所见即所得）"：控制文字的显示方式。选中该项，文字将按当前设置显示，有时可能因为文字很小、很大或被旋转而不便阅读；取消选中，将以适当的大小在水平方向显示，以便用户可以轻松地阅读和编辑文字。

2）"不透明背景"：对于单行文字，当选中"始终显示为 WYSIWYG"时，会有"不透明背景"选项，选中此选项时，文本输入边框的背景变为不透明。默认的背景是透明的。

3）"拼写检查"：选中该项，确定键入时拼写检查为打开，否则拼写检查关闭。

4）"拼写检查设置"：单击该项，将显示"拼写检查设置"对话框，从中可以指定用于在图形中检查拼写错误的文字选项。

5）"词典"：单击该项，将显示"词典"对话框，从中可以更改用于检查任何拼写错误的词典。

6）"文字亮显颜色"：单击该项，将打开"选择颜色"对话框，从中可选择选中文字时的亮显颜色。

（4）插入字段　选择此选项，将显示"字段"对话框，从中可以选择要插入到文字中的字段。关闭"字段"对话框后，字段的当前值将显示在文字中。

（5）查找和替换　选择此选项，将显示"查找和替换"对话框，如图 4-22 所示。用于搜索（或搜索并用新字符替换）指定的字符串。

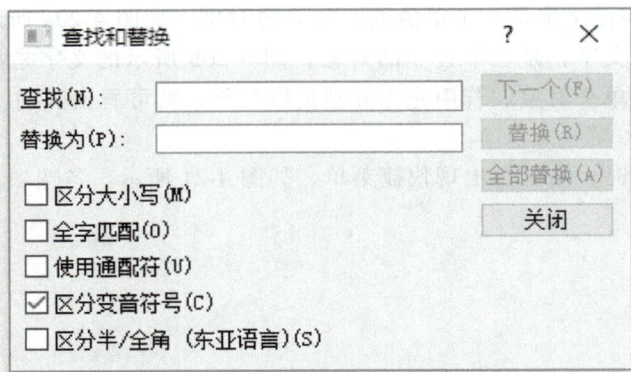

图 4-22　"查找和替换"对话框

1）在"查找"文本框中输入要搜索的字符串，在"替换为"文本框中输入要替换为的字符串。单击【下一个】按钮，开始搜索"查找"中的字符串，搜到的第一个相匹配的字符串高亮显示。要继续搜索，可再次单击【下一个】按钮。

2）单击【替换】按钮，用"替换为"中的字符串替换亮显的字符串。单击【全部替换】按钮，查找所有与在"查找"中指定的字符串匹配的字符串，并用"替换为"中的字符串替换。

3）如果选中"区分大小写"复选框，则仅当字符串中所有字符的大小写与"查找"中的字符大小写一致时，才能查找到匹配内容；否则，不区分大小写。

4）如果选中"全字匹配"复选框，只有当文字是单独的词语时，才认为与"查找"框中的文字相匹配，作为其他单词的一部分的文字将被忽略；否则，将查找与指定的字符串相匹配的所有文字，而不管它们是单独的词语还是其他词语的一部分。

5）如果选中"使用通配符"，可以在搜索中使用通配符，如"＊""？"等。

6）如果选中"区分变音符号"，在搜索结果中区分变音符号标记或重音。

7）如果选中"区分半/全角（东亚语言）"，在搜索结果中区分半角和全角字符。

（6）全部选择　该选项用于选中单行文字框中的所有文字。

（7）改变大小写　该选项用于改变选中文字的大小写。可以选择"大写"和"小写"。

3. 绘制特殊字符

用单行文字命令也可以书写度（°）、正负号（±）、直径（φ）等特殊符号，或给文字添加下划线、上划线等修饰。这些特殊符号不能从键盘直接输入。在 AutoCAD 中提供了三种方法输入特殊字符：控制代码、Unicode 字符串、<Alt>+数字键。

（1）控制代码　控制代码由两个"%"加上一个字符组成。控制代码和特殊符号见表 4-1。

表 4-1　控制代码和特殊符号

控制代码	特殊符号	控制代码	特殊符号
%%d	度符号：°	%%p	正负符号：±
%%c	直径符号：φ	%%%	绘制单个百分号：%
%%u	文字下划线开/关	%%nnn	绘制 ASCII 码为 nnn 的特殊字符
%%o	文字上划线开/关		

说明：

◆ %%u（文字下划线开/关）总是成对出现，第一次出现时表示下划线开始，第二次出现时表示下划线结束；%%o 的用法与 %%u 相同。

◆ 用户在输入特殊符号时，开始显示的是"%%"，直到键入字母，才显示特殊符号。如输入"%%d"时，先显示"%%"，待键入"d"后，出现特殊符号"°"。

◆ 如果要输入单独的字符"%"，如书写"50%"，应键入"50%%%"。

例如，输入图 4-23 所示的文字。输入 TEXT 命令并回答了文字对正方式和文字高度后，按以下方式键入文字。

AutoCAD 2006 功能强大
50%　15°　φ85±0.25

图 4-23　绘制特殊字符实例

%%uAutoCAD 2006%%u %%o 功能强大 ↙

50%%%　15%%d　　%%c85%%p0.25 ↙

（2）Unicode 字符串　Unicode 字符集是 Unicode Consortium 开发的一种字符编码标准，该标准采用多个字节代表每一个字符，实现了使用单个字符集表示世界上几乎所有的字符。在 AutoCAD 中可以由"\U"加上一个四位的 16 进制数来输入一个 Unicode 字符串，具体请参看 AutoCAD 帮助。

（3）<Alt>+数字键　按住<Alt>键并在数字键盘上输入一个字符的 ASCII 码值，可输入部分可打印 ASCII 字符。例如，键盘没有欧元符号"€"，可按住 <Alt> 键并在数字键盘上输入"0128"。

4.1.5　多行文字命令

多行文字

除了单行文字命令外，还有多行文字命令 MTEXT，该命令以段落的方式处理所输入的文字，不管包含多少行都作为一个单独的对象，这与 TEXT 命

令创建的每行文字是一个对象不同。另外，多行文字命令可以输入各种字体，而这些字体不必先建立文字样式。MTEXT 命令输入方法如下。

◆ 菜单栏：【绘图】→【文字】→【多行文字】。

◆ 功能区："默认"选项卡→"注释"面板→"文字"下拉按钮→Ａ 多行文字。

◆ 命令行：MTEXT ↙ 或 MT ↙ 或 T ↙。

命令输入后，AutoCAD 提示：

当前文字样式："333"。文字高度：3   注释性：3

指定第一角点：(指定一个点)

接下来是主提示：

指定对角点或［高度(H)/对正(J)/行距(L)/旋转(R)/样式(S)/宽度(W)/栏(C)］：(指定对角点，或单击选项或键入选项关键字后回车)

1. 多行文字提示选项

（1）指定对角点　这是首选项。用户指定第一个角点后，移动鼠标或选择一个选项后再移动鼠标，在屏幕上显示一个反映段落文字起始位位置和宽度的矩形边界框，在边界框内显示一个向下的箭头，表示文字的流动方向。边界框高度不影响文字的高度和文字段落的高度，边界框的宽度确定段落文字的宽度。移动鼠标到合适的位置后单击，对角点确定，随即弹出"文字编辑器"。关于文字编辑器的具体内容，在下文中详细讨论。

（2）高度(H)　使用该选项可以定义用于多行文字的字符高度。选择高度(H)后，接着提示：

指定高度：(输入一个高度值后回车，或输入一点)

若输入一点，该点与第一角点的距离为字符高度。此后回到主提示。

（3）对正(J)　该选项用于定义多行文字字符在段落边界框中的对正排列方式。Auto-CAD 基于边界框上的九个对正点排列文字，如图 4-24 所示，默认的对正方式是左上（TL）对正。根据边界框的左右边界确定文字的左、中、右对正，根据边界框的上下边界确定文字的上、中、下对正，共有九种多行文字对正方式。图 4-25 所示是按"右中"对正方式输入的两行文字。

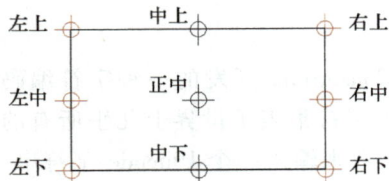

图 4-24　多行文字对正方式

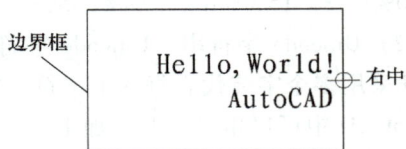

图 4-25　"右中"对正方式

对主提示选择对正(J)后，接着提示：

输入对正方式［左上(TL)/中上(TC)/右上(TR)/左中(ML)/正中(MC)/右中(MR)/左下(BL)/中下(BC)/右下(BR)］<左上(TL)>：(单击选项或键入选项关键字后回车)

而后回到主提示。

（4）行距(L)　该选项用于设定多行文字对象的行与行之间的间距。行距是一行文字的底部（或基线）与下一行文字底部之间的垂直距离。选择主提示中的行距(L)，接着提示：

输入行距类型 [至少(A)/精确(E)] <(当前类型)>:(单击选项或键入选项关键字后回车,或直接回车)

输入行距比例或行距 <(当前值)>:(输入 4.1667(0.25×)~66.6667(4×)之间的数后回车)

◆ 至少(A):根据行中最大字符的高度自动调整文字行。在选定"至少"时,包含更高字符的文字行会在行之间加大间距。

◆ 精确(E):强制使文字对象中所有文字行之间的间距相等。行间距由对象的文字高度或文字样式决定。建议在用多行文字创建表格时使用精确间距。

AutoCAD 根据输入文字中的最大字符的高度来确定行间距。行距值为 4.1667(0.25×)~66.6667(4×) 之间的数。若输入的行距值后不加"×",则是输入行距;若输入的行距值后加"×",则是输入行距比例,如输入"10"与输入"0.6×"效果一样。输入一个带"×"的数字,表示是按行距倍数确定行距,单倍行距是该行字符高度的 1.66 倍。例如,若字符高度为"10","1×"表示单倍行距,则行距为"16.66";"2×"表示两倍行距,则行距为"33.32"。

输入文字的行距后,回到主提示。

(5) 旋转(R)　该选项用于确定文字边界框的旋转角度,即文字行的旋转角度(图 4-26)。对主提示选择旋转(R)后,接着提示:

指定旋转角度:(输入一个角度值后回车,或指定一个点)

若指定一个点,该点与第一角点的连线与 0°线的夹角为旋转角度。接下来回到主提示。

(6) 样式(S)　该选项用于确定使用的文字样式。对主提示选择样式(S)后,接着提示:

输入样式名或[?]<(当前文字样式)>:(键入已定义的文字样式名,或单击?或键入"?"后回车,或直接回车)

图 4-26　多行文字旋转(25°)

若选择?,则是显示已创建的文字样式。确定文字样式后,回到主提示。

(7) 宽度(W)　该选项用于定义文字行的宽度。对主提示选择宽度(W)后,接着提示:

指定宽度:(指定一个点,或输入一个宽度值后回车)

如果用户指定一个点,则文字宽度为指定的第一个角点到该点的距离。确定了文字宽度后,则弹出"文字编辑器"。

(8) 栏(C)　该选项用于设定多行文字的分栏,可以在 AutoCAD 中创建 2 栏以上的分栏多行文字。对主提示选择栏(C)后,接着提示:

输入栏类型 [动态(D)/静态(S)/不分栏(N)] <动态(D)>:(单击一个选项或键入选项关键字后回车;或直接回车,按动态分栏)

◆ 动态(D):此栏类型是由用户指定每栏栏宽、栏间距宽度和栏高,之后根据用户输入文字的增减而增加或减少栏数。选择动态(D)后,继续提示:

指定栏宽:<75>:(键入单个栏宽后回车)

指定栏间距宽度:<12.5>:(键入栏间距后回车)

指定栏高：<25>:（键入栏高后回车）

◆ 静态(S)：此栏类型是由用户指定总栏宽、栏数、栏间距宽度和栏高，之后用户输入的文字按指定栏数分栏。选择静态(S)后，继续提示：

指定总宽度：<200>:（键入总栏宽后回车）

指定栏数：<2>:（键入栏数后回车）

指定栏间距宽度：<12.5>:（键入栏间距宽度后回车）

指定栏高：<25>:（键入栏高后回车）

◆ 不分栏(N)：此选项用于取消上一步输入的栏(C)选项，不再对多行文字分栏。

设定分栏后，弹出"文字格式"工具栏和文字输入编辑框。

2. 文字编辑器

当用户定义好文字边界框的位置和大小后，弹出图 4-27 所示的"文字编辑器"。文字编辑器相当于一个文字处理软件，通过它可以创建或修改多行文字对象，可从其他文件输入或粘贴文字。

a)"文字格式"工具栏

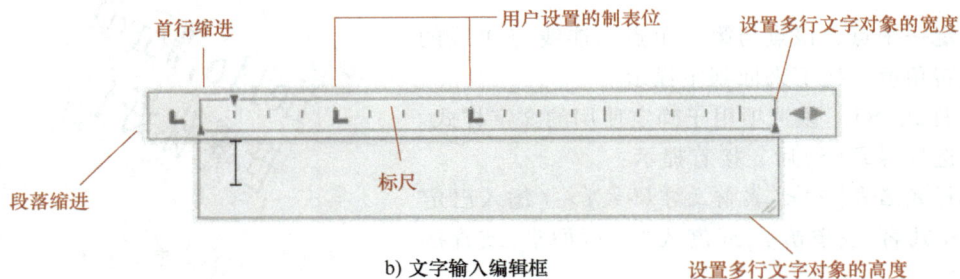

b) 文字输入编辑框

图 4-27　文字编辑器

文字输入编辑框（文字框）可以是透明或不透明的。将文字框背景设为透明，可以看到新输入的文字是否与其他对象重叠。可通过菜单"选项"→"编辑器设置"→"不透明背景"命令来设置背景是否透明。

文字编辑器由"样式""格式""段落""插入""拼写检查""工具""选项"和"关闭"八个面板组成，如图 4-27 所示。各面板说明如下。

（1）"样式"面板　可用于设置多行文字的文字样式和高度，各部分的含义如下。

◆"文字样式"下拉列表：单击选择该列表中的一种文字样式，该样式将成为当前样式并显示在"样式"框中，输入的多行文字将应用该样式。

◆"注释性"按钮：单击此按钮，可打开或关闭当前多行文字对象的注释性。

◆"文字高度"下拉列表：多行文字对象可以包含不同高度的字符。该下拉列表按图形单位设置新文字的字符高度或更改选中文字的高度。当前文字样式的高度显示在"文字高度"框中。可以从键盘键入文字高度，也可以单击该下拉列表，从已有的高度中选择一种文字高度。

◆ "背景遮罩"按钮：单击此按钮，可打开"背景遮罩"对话框，可以在其中设置背景颜色。（此选项不适用于表格单元和单行文字。）

（2）"格式"面板 用于为输入的文字指定或改变字体、指定粗体或斜体格式、添加上划线或下划线、堆叠文字、设置上标或下标、改变文字大小写、设置文字颜色等。

◆ "粗体" B（"斜体" I）按钮：单击该按钮，为新输入文字或选中的文字打开或关闭粗体（斜体）格式。这两个按钮仅适用于真字体（TrueType）字符。

◆ "删除（上划 O、下划 U）线"按钮：单击该按钮，为新输入文字或选定文字打开或关闭删除（上划、下划）线格式。

◆ "堆叠"按钮：如果选中的文字中包含堆叠字符（插入符"∧"、正向斜杠"/"和符号"#"），单击该按钮，则创建堆叠文字。如果选中堆叠文字，单击该按钮，则取消堆叠。

如图 4-28a 所示，将含有"∧"字符的前后文字选中，单击"堆叠"按钮后，转换为左对正的上下排列的公差值堆叠形式（若仅选中"∧"字符及其后面的文字，则堆叠后，后面的文字变为下标；若仅选中"∧"字符及其前面的文字，则堆叠后，前面的文字变为上标）。如图 4-28b 所示，将含有"/"字符的前后文字选中，单击"堆叠"按钮后，转换为分子分母堆叠形式，斜杠被转换为一条同较长的字符串长度相同的水平线。如图 4-28c 所示，将含有"#"字符的前后文字选中，单击"堆叠"按钮后，转换为被斜线分开的分数堆叠形式，斜线下方的文字向右下对齐，斜线上方的文字向左上对齐。

◆ "上、下标"按钮 X²、X₂：此按钮可以将选定文字转为上标或下标，或将其切换为关闭状态。

◆ "改变大小写"按钮 Aa▾：此按钮可以更改选定文字的大小写。

◆ "字体"下拉列表："字体"下拉列表为即将输入的文字指定字体，或改变已输入且选中文字的字体。单击该下拉列表选择一种字体，该字体将显示在下拉列表的"字体"框中，输入的多行文字或选定的文字将应用该字体，而不管该字体是否建立了文字样式。

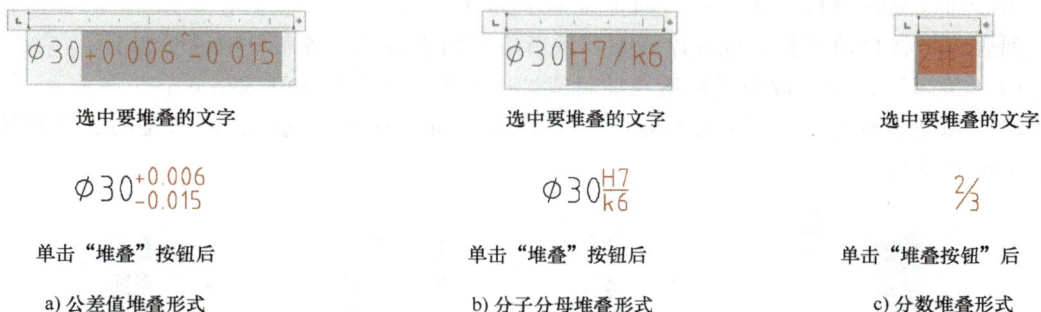

选中要堆叠的文字　　　　　选中要堆叠的文字　　　　　选中要堆叠的文字

单击"堆叠"按钮后　　　　　单击"堆叠"按钮后　　　　　单击"堆叠按钮"后

a) 公差值堆叠形式　　　　　b) 分子分母堆叠形式　　　　　c) 分数堆叠形式

图 4-28　堆叠形式

◆ "文字颜色"下拉列表 ■ ByLayer ▾：为新输入文字指定颜色或修改选定

文字的颜色。单击该下拉列表选择一种颜色，该颜色将显示在下拉列表的"文字颜色"框中，输入的多行文字或选中的文字将应用该颜色。

可以为文字指定与所在图层关联的颜色（ByLayer）或与所在块关联的颜色（ByBlock）。可以从颜色列表中选择一种颜色，或单击"选择颜色…"，打开"选择颜色"对话框，从中选择 AutoCAD 索引颜色、真彩色或配色系统的颜色。

◆"文字倾斜角度"控制框：控制新输入的文字或选中的文字是向左倾斜还是向右倾斜。倾斜角度是相对于 90°方向的偏移角度。单击该控制框，可以从键盘键入一个 -85~85 之间的数值，使文字倾斜；也可单击右侧的向上或向下箭头，改变倾斜角度值。角度为正时，文字向右倾斜，角度为负时，文字向左倾斜。

◆"追踪"控制框：增大或减小新输入的文字或选中文字的字符之间的间距。1.0 是常规间距，大于 1.0 时，可增大间距；小于 1.0 时，可减小间距。单击该控制框，可以从键盘键入一个数值；也可以单击右侧的向上或向下箭头，改变间距值。

◆"宽度因子"控制框：扩展或收缩新输入的文字或选中文字的字符宽度。1.0 代表此字体中字母的常规宽度。大于 1 时，增大宽度；小于 1 时，减小宽度。单击该控制框，可以从键盘键入一个数值；也可单击右侧的向上或向下箭头，改变宽度值。

（3）"段落"面板 用于设置多行文字的对正方式、项目编号、行距和合并段落等。

◆"对正"按钮：单击该按钮，显示设置多行文字对象的对正和对齐方式菜单。"左上"选项是默认设置，可以选择其中的一项作为新的对正方式。

◆"项目符号和编号"按钮：单击"项目符号和编号"按钮，打开"项目符号和编号"下拉菜单（图 4-29），利用该菜单可以将多行文字设置成项目的列表格式，如图 4-30 所示。一旦设置成列表格式，当添加或删除项目，或将项目向上或向下移动一层时，列表编号将自动调整。也可以删除和重新应用列表格式。各菜单项说明如下。

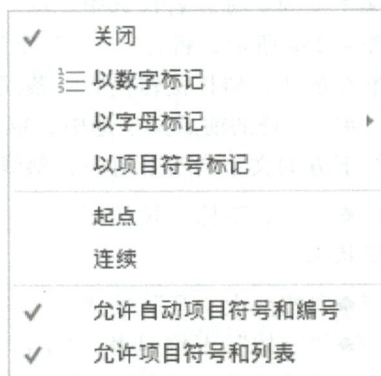

图 4-29 "项目符号和编号"下拉菜单

1）"关闭"选项：取消光标所在项目或选中的若干个项目的列表格式。

2）"以数字标记""以字母标记"和"以项目符号标记"选项：将选定的文字设置成相应标记的项目列表。

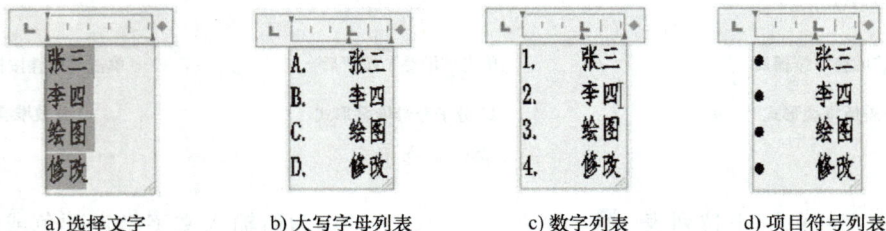

a) 选择文字　　b) 大写字母列表　　c) 数字列表　　d) 项目符号列表

图 4-30 创建项目列表

"以数字标记"：使用数字创建带有句点的项目列表。

"以字母标记"：使用字母创建带有句点的项目列表，如果项目列表含有的项目多于26个，将使用双字母继续序列（Z后是AA，AB，…，AZ，BA，BB，…）。可通过子菜单选择大写或小写字母。

"以项目符号标记"：使用项目符号创建项目列表。

"以数字标记""以字母标记"和"以项目符号标记"创建项目列表的过程如下。

先选定要设置项目列表的文字，如图4-30a所示，再单击"项目符号和编号"按钮，从打开的下拉菜单中分别选择"以字母标记""以数字标记""以项目符号标记"，选定的文字，列表样式如图4-30b~d所示。

应用列表格式时，默认的项目字母或数字后面是一个句点，基于文字框标尺上的制表位缩进项目。

当列表含有下级列表时，可以将下级列表后移一层，形成嵌套列表。后移一层的方法是：将光标放在列表项目的最前端并按<Tab>键；前移一层的方法是：将光标放在列表项目的最前端并按<Shift>+<Tab>键。嵌套列表使用数字、字母或双项目符号，如图4-31所示。

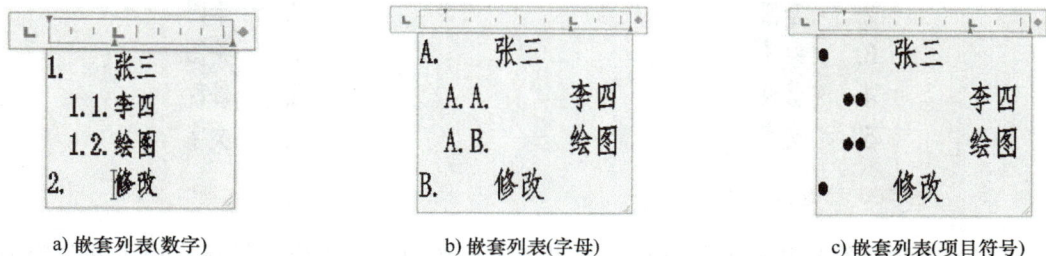

a) 嵌套列表(数字)	b) 嵌套列表(字母)	c) 嵌套列表(项目符号)

图4-31　嵌套列表样式

3）"允许自动项目符号和编号"选项：在输入文字时，用户可以键入的方式用字母、数字或符号创建项目列表。启用"允许自动项目符号和编号"（自动列表）是默认选择。

例如，键入" 1."，再按 <Tab> 键，然后输入一些文字，按回车键后，下一行将以"2."和一个<Tab>空格开头，如图4-32a所示；键入"A."，再按<Tab>键，然后输入一些文字，按回车键后，下一行将以"B."和一个<Tab>空格开头，如图4-32b所示；键入一个"#"号，再按<Tab>键，然后输入一些文字，按回车键后，下一行将以"#"和一个<Tab>空格开头，如图4-32c所示。

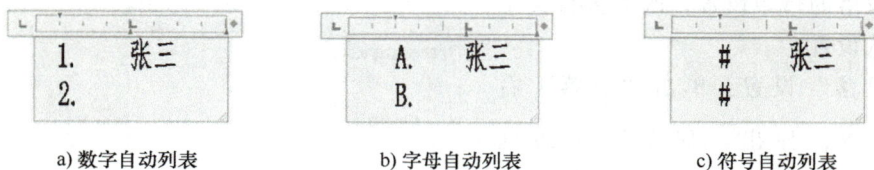

a) 数字自动列表	b) 字母自动列表	c) 符号自动列表

图4-32　自动列表

键入列表时，句点"."、冒号"："、右括号")"、右尖括号">"、右方括号"]"、右花括号"}"可用作数字或字母后的标点，但不能用作项目符号。除这些字符外的其他符号都可以用作项目符号，如"#""@"等。

默认情况下，列表格式应用于外观类似于列表的所有文字。符合以下条件的文字行被 AutoCAD 视为列表：以一个或多个字母、数字或符号开头；字母或数字后跟标点；通过按 <Tab> 键产生的空格；通过按回车键结束。

当自动列表未启用时，按上述方法键入列表元素，然后关闭再重新打开文字编辑器，文字将自动转换为列表。

4）"起点"选项：将项目列表中的某一项编排新的字母或数字序列。选中某一项目，单击该菜单项，项目开始初始编号。如果选定的项目位于列表中间，则选定项目下面的未选中的项目也将按新编号接续。如图 4-33 所示，只选中第三行后单击"起点"，第三行成为初始编号，后面未选中的项目则接续新初始编号，如图 4-34 所示。

5）"连续"选项：将选定的段落添加到上面最后一个项目列表后面接续编号。如果选择了列表项目而不是段落，选定项目下面未选中的项目也将接续编号。如图 4-34 所示，只选择第三行，单击"连续"后，结果将恢复至图 4-33 所示列表。

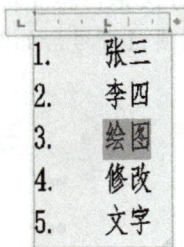

图 4-33 "起点"选项

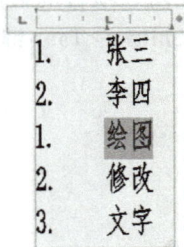

图 4-34 "连续"选项

6）"允许项目符号和列表"选项：如果选中该选项，列表格式将被应用于外观类似项目列表的多行文字对象中的所有纯文本。

如果取消该选项，将出现"多行文字—项目符号和列表"提示框，如果单击框中的【是】按钮，多行文字对象中的所有列表格式都将被删除，各项被转换为纯文本。"项目符号和编号"按钮将不再能使用。

◆"行距"按钮：在当前段落或选定段落中设置行距。单击该按钮，弹出"行距"下拉菜单。可从中选择 1~2.5 倍距，或单击"其他"菜单项，打开"段落"对话框；选择"清除行距"，将删除选定段落或当前段落的行距设置，改为多行文字间距的默认设置。

◆"段落"设置：单击"段落"右下角按钮 ↘，弹出"段落"对话框（图 4-35），可以在此对话框中进行制表位、缩进、段落对齐、段落间距、段落行距的设定。各部分介绍如下。

1）"制表位"栏：该栏第一行依次是四个单选按钮，分别为左对齐、居中、

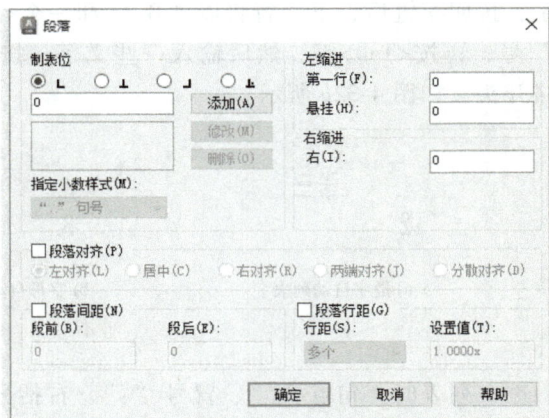

图 4-35 "段落"对话框

右对齐和小数点对齐制表符。先单击一个单选按钮，在第二行的文本框中输入数字，再单击【添加】按钮，即为段落添加左对齐（或居中、右对齐、小数点对齐）制表符。设定了制表符后，第三行的制表符列表框中就会出现相应的制表符标记和位置数值。如果想删除某一个制表符，只需在制表符列表框中单击相应的制表符，再单击【删除】按钮即可。当选择"小数点对齐"制表符时，还可通过"指定小数样式"下拉列表从"句号""逗号""空格"中选择一种小数样式。

也可以在标尺上设置制表位，方法是：单击标尺左侧的制表符标记以确定制表符类型，在标尺上单击添加制表符；拖动标尺上的制表符可改变制表符位置；拖动标尺上的制表符到标尺外可删除制表符。

2）"左缩进"栏：可通过文本框设置选定段落或当前段落第一行及悬挂的缩进值。

3）"右缩进"栏：可通过文本框设置选定段落或当前段落的右缩进值。

4）"段落对齐"栏：选中"段落对齐"复选框后，可设置选定段落或当前段落的对齐方式为左对齐、居中、右对齐、两端对齐或分散对齐。

5）"段落间距"栏：选中"段落间距"复选框后，可设置选定段落或当前段落的段前或段后间距。

6）"段落行距"栏：选中"段落行距"复选框后，可设置选定段落或当前段落的行间距。行间距是多行段落中文字的上一行底部和下一行顶部之间的距离。单击"行距"下拉列表，可选择行间距值为"精确""至少"或"多个"，在"设置值"文本框中可输入行间距值。

选择"精确"，行间距固定，而不论每行的文字有多高。更改文字高度不会影响行间距。

选择"至少"，将根据用户在"设置值"文本框中指定的值和文字高度确定行间距。如果文字高度小于设置值，则行间距由用户指定的值确定；如果文字高度较大，则行间距等于文字高度。

选择"多个"，"设置值"文本框中的数值后有一个字母"x"，表示按一行文字高度的倍数设置行间距，默认为一倍行间距。如果一行中的文字高度不一致，则行间距将由该行中的最大文字高度确定。

◆ "合并段落"按钮：单击该按钮可以实现选定部分的段落合并。

（4）"插入"面板　可以实现对多行文字的分栏、插入符号和字段等设置。

◆ "分栏"按钮：单击该按钮，显示"分栏"菜单，如图4-36所示。各菜单项功能如下。

"不分栏"：取消当前文字对象的分栏。

"动态栏"：设定动态分栏，栏数由输入的文字内容自动增删，它包含"自动高度""手动高度"两个子菜单。选择"自动高度"，则所有栏高都相等；选择"手动高度"，则用户可分别设定每一栏的高度。

"静态栏"：设定静态栏，栏数由用户指定，包含"2""3""4""5""6""其他"六个子菜单。2~6栏可由相应的菜单项设定。如果想设定更多的分栏，可单击"其他"菜单

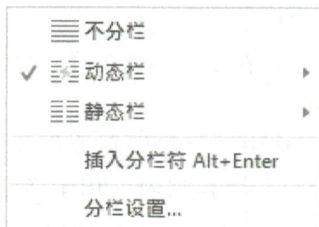

≡≡≡ 不分栏
✓ ≡≡≡ 动态栏 ▶
≡≡≡ 静态栏 ▶
插入分栏符 Alt+Enter
分栏设置…

图4-36 "分栏"菜单

项，弹出"分栏设置"对话框，在对话框中进行设置。

"插入分栏符 Alt+Enter"：插入手动分栏符。如果选择"不分栏"，将禁用该选项。

"分栏设置"：选择此选项后，显示"分栏设置"对话框，在对话框中可设定分栏类型、栏数、高度、栏宽、栏间距、总宽，还可设定分栏为自动高度或手动高度的动态栏，也可以设定为不分栏。

◆"符号"按钮 @：在光标位置插入符号或不间断空格。单击"符号"按钮，出现菜单，该菜单中列出了常用符号及其控制代码或 Unicode 字符串。在菜单上单击一种符号，光标位置即插入该符号。

如果单击菜单项"其他"，将显示"字符映射表"对话框（图 4-37），其中包含了当前字体的整个字符集，可从中选择更多的字符。从"字符映射表"对话框输入符号的步骤如下：

图 4-37　字符映射表

① 单击"字体"下拉列表，从列表中选择一种字体，这时字符表中显示该字体的字符。

② 从字符表中选择字符，选中的字符会放大显示，再单击【选择】按钮，将其放入"复制字符"框中。

③ 选完所有要使用的字符后，单击【复制】按钮，选择的字符进入剪贴板。

④ 关闭对话框。

⑤ 在文字编辑器中，右击，在弹出的快捷菜单中单击【粘贴】，字符加到多行文字框中。

选中"字符映射表"对话框中的"高级查看"复选框，则在其下面增加"字符集""分组"下拉列表（用于确定字符范围）和"搜索"文本框（用于查找字符）等内容。

◆"插入字段"按钮：单击该按钮，显示"字段"对话框。关于"字段"对话框中的内容，请参看 AutoCAD 帮助。

（5）"拼写检查"面板 用于实现对输入文字的拼写检查。单击"编辑词典"按钮，显示"词典"对话框，从中可添加或删除在拼写检查过程中使用的自定义词典。单击"拼写检查"按钮，将打开"拼写检查设置"对话框，如图 4-38 所示。

（6）"工具"面板 用于在多行文字中查找和替换字符、自动大写及选择任意 ASCII 或 RTF 格式的文件输入在当前多行文字中。

（7）"选项"面板 用于在多行文字中放弃或重做在"文字编辑器"选项卡中执行的动作，包括对文字内容或文字格式的更改，控制是否显示标尺等。

（8）"关闭"面板 用于关闭文字编辑器并保存所做的任何修改。也可以在编辑器外的图形中单击，以保存修改并退出编辑器。要关闭文字编辑器而不保存修改，则按<Esc>键。

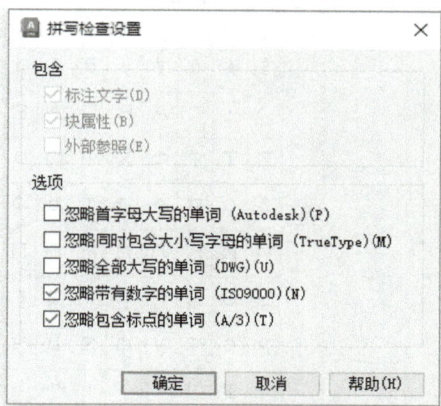

图 4-38 "拼写检查设置"对话框

3. 操作过程

利用多行文字命令结合文字编辑器注写图 4-2 所示零件图中的技术要求及标注局部放大图。

（1）注写技术要求

➤ 创建"长仿宋"文字样式，具体操作见模块二；

➤ 单击多行文字命令，输入多行文字内容。

（2）标注局部放大图

➤ 单击多行文字命令，弹出文字编辑器，输入标注内容"Ⅰ/2：1"；选中输入的内容，单击"堆叠"按钮，关闭文字编辑器完成标注，如图 4-39 所示。

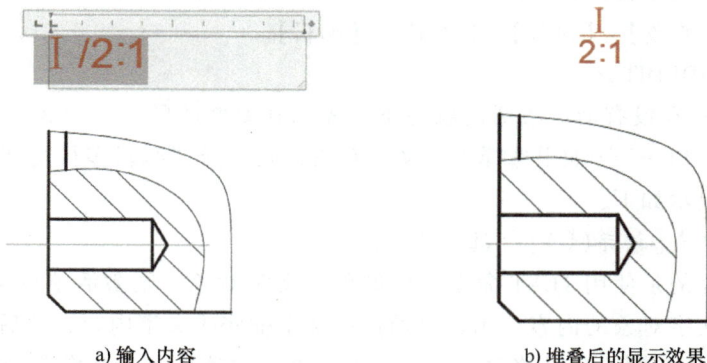

a) 输入内容　　　　　　　　　　b) 堆叠后的显示效果

图 4-39 局部放大图标注

罗马数字的输入方法：在文字编辑器的"插入"面板中，单击"符号"下拉列表，单击"其他"，弹出字符映射表；"字体"选择"宋体"，在列表中找到并选中罗马数字Ⅰ，单击【选择】，"复制字符"框中出现罗马数字Ⅰ，再单击【复制】；回到多行文字输入框中粘贴数字即可，如图 4-40 所示。

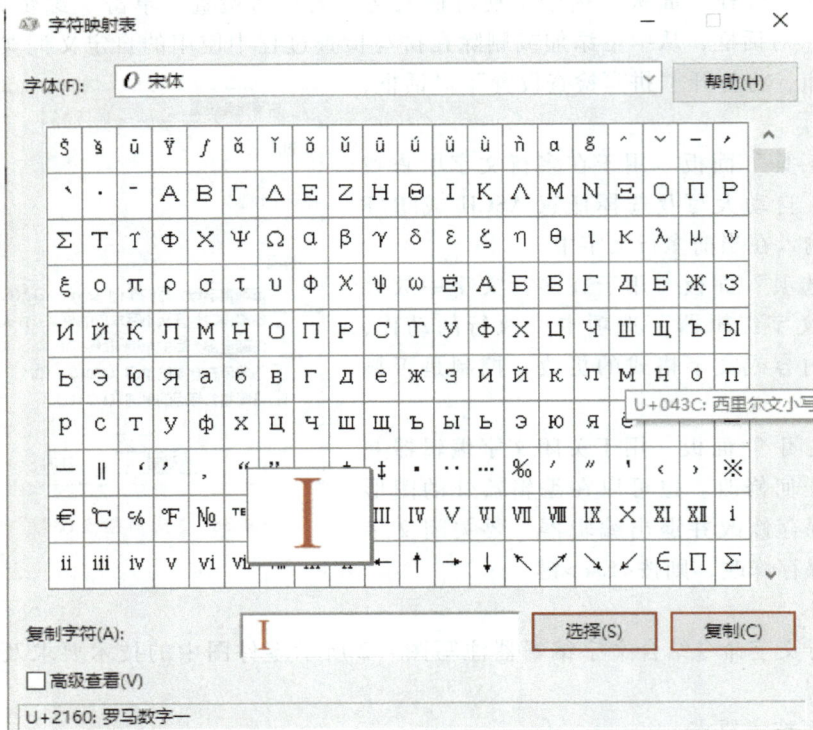

图4-40　罗马数字输入方法

4.1.6　文字修改

图形中的文字可像其他对象一样，进行移动、旋转、删除、复制、镜像等修改。如果要修改文字的内容等简单特性，可使用 DDEDIT 命令。命令的输入方式如下。

◆ 菜单栏：【修改】→【对象】→【文字】→【编辑】。

◆ 命令行：DDEDIT ✓。

◆ 快捷菜单：在没有命令激活的状态下，先选择要修改的文字对象，然后右击，从快捷菜单中选择"编辑…"（如果选择多行文字对象，则选择"编辑多行文字…"）。

命令输入后提示如下：

选择注释对象或［放弃(U)］:（选择文字）

如果用户选择的是使用 TEXT 命令创建的单行文字对象，则激活单行文字的输入边框，并高亮显示选中文字对象的内容。用户可通过该文字框修改文字内容，然后按回车键确认或按<Esc>键放弃本行单行文字的修改，命令行继续提示"选择注释对象或［放弃(U)］:"。

如果用户选择的是使用 MTEXT 命令创建的文字对象，可在其文字输入编辑框中对已经输入的文字内容及使用的字体、文字高度、使用的样式、宽度等项目进行修改。

依次对要修改的文字对象进行修改，命令行会连续出现提示"选择注释对象或［放弃(U)］:"。选择"放弃"选项，将撤销最后进行的编辑；直接回车，则结束命令行提示。

4.1.7　"特性"选项板

"特性"选项板是一个修改功能非常全面的工具。在"特性"选项板中，可以查看任何选定对象（包括图线、文字、尺寸、图案、表格、块、约束等）的所有特性，可以修改任何可以更改的特性，包括用户自己定义的特性。

打开"特性"选项板的方式如下。

◆ 菜单栏：【修改】→【特性】。

◆ 功能区："默认"选项卡→"特性"面板→"对话框启动器"按钮 　。

◆ 命令行：PROPERTIES ✓ 或 DDMODIFY ✓或 PR ✓。

◆ 快捷菜单：选中要查看或修改特性的对象，在绘图区域单击右键，打开快捷菜单，然后选择"特性"。

图 4-41 所示是固定形式的"特性"选项板示例，图 4-42 所示是浮动形式的"特性"选项板示例。

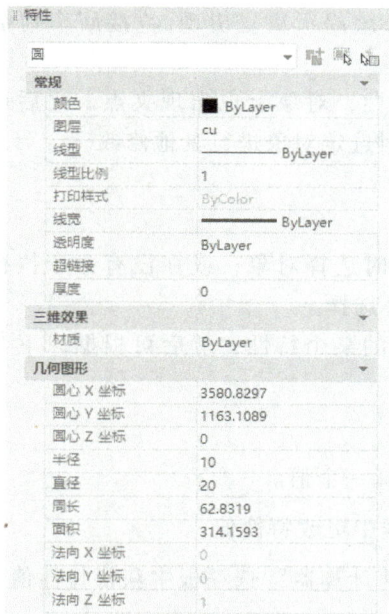

图 4-41　固定形式的"特性"选项板
（选择圆）

图 4-42　浮动形式的"特性"选项板
（选择多行文字）

1. "特性"选项板的结构

可先选择对象，然后打开"特性"选项板，也可先打开"特性"选项板，再选择对象。

1）"特性"选项板上面是对象类型下拉列表，如果没有选择对象，文本框显示"无选择"；若只选择了一个对象，文本框显示该对象属于哪一类图形对象。如果选择了多个同类对象（如多条直线、多个圆、多条多段线等），则文本框显示"类别名（×）"，其中"×"是该类对象的个数。如果同时选择了多个不同类对象，则文本框显示"全部（×）"，其中"×"是对象的个数。如果单击下拉列表，每一类显示为一行"类别名（×）"。

2）"特性"选项板的中间是一个表格形式的特性列表框。如果没有选择对象，特性列表框仅显示当前图层的基本特性、附着在图层上的三维效果、打印样式表名称、视图特性和其他的相关信息。如果只选中了一个对象，特性列表框中列出所选对象的所有特性。如果选中了多个对象，特性列表框则显示所有选中对象的公共特性。若要修改其中的一类对象，可单击"特性"选项板上面的对象类型下拉列表，选择一类对象，则特性列表框只显示该类对象的特性。

单击特性列表框中各列表标题上的"◀"标记，将展开列表。拖动靠近标题条的竖向滑块，可上、下滚动各特性列表。

3）"特性"选项板的右上角是"快速选择"按钮、"选择对象"按钮及"切换PICK-ADD系统变量的值"按钮。

单击"快速选择"按钮，将打开"快速选择"对话框，可用快速选择方式建立选择集。

单击"选择对象"按钮，则要求用户在屏幕上选择对象，这时命令行显示：

命令：_.PSELECT

选择对象：（用选择对象的方式在屏幕上选择对象，该提示重复出现，直接回车则结束选择）

对象选择完成后，在"特性"选项板中显示其特性，对象上也出现夹点。之后可以在特性列表框中修改选定对象的特性，或输入修改命令对选定对象进行其他修改。

2. 用"特性"选项板修改选中的对象

用"特性"选项板修改选中对象的步骤如下。

第一步，打开"特性"选项板，在没有命令执行时选择对象；或在没有命令执行时先选择对象，再打开"特性"选项板。按<Esc>键可放弃选择。

第二步，在"特性"选项板中选中要被修改对象的某个特性，然后可根据以下几种方法修改特性值。

1）直接输入一个新值。

2）单击展开右侧有箭头 ▼ 的下拉列表，从中选择一个值。

3）单击某个特性右侧的按钮 ▢ ，从打开的对话框中更改特性值。

4）单击某个特性右侧的按钮 ▤ ，从打开的"快速计算器"选项板中获得特性值。

5）单击某个特性右侧的"拾取"按钮 ，利用拾取方式改变点的坐标值。

一些特性修改后立即生效，一些特性修改后要按回车键才生效。

举例：利用"特性"选项板修改图4-43中的圆和文字。

如果选中圆，其"特性"选项板如图4-41所示，在对象类型下拉列表框中显示的是"圆"。在"常规"栏中用户可修改圆的颜色、图层、线型、线型比例、线宽等特性（用户可选中圆中的点画线，在特性选项板中改变其线型比例，观察点画线变化效果）；在"几何图形"栏中用户可以修改圆的圆心、半径、周长等。

多行文字：
工程图样

图 4-43 举例（修改图形和文字特性）

如果用户选择的是使用MTEXT命令创建的文字"多行文字：工程图样"，则显示的

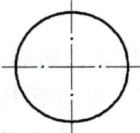

"特性"选项板如图 4-42 所示。对象类型下拉列表框中显示的是"多行文字"。用户可在选项板特性列表中编辑文字对象的各种特性（如改变文字的高度、文字样式等）。如果要改变文字的内容，单击"文字"栏中的"内容"，其右侧出现按钮 ，单击该按钮，在打开的多行文字编辑器中修改。用户用 TEXT 命令创建一些单行文字，用"特性"选项板进行修改，比较与选中多行文字的"特性"选项板的区别。

4.1.8　多重引线

图形中可能有一些说明或解释，并用指引线将其同被说明部位连接起来。使用多重引线可实现这一目的。多重引线也要先设置所需的样式，然后才能使用。

多重引线

1. 多重引线样式

一般多重引线由箭头、引线、基线、文字（或块）组成，如图 4-44 所示。

标注尺寸要先设置尺寸样式，使用多重引线也应先设置多重引线样式。

（1）多重引线样式管理器　通过"多重引线样式管理器"对话框可设定多重引线样式，打开对话框的方法如下。

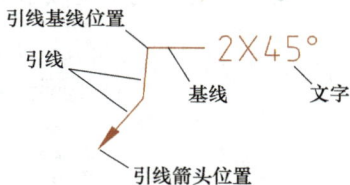

◆ 菜单栏：【格式】→【多重引线样式】。

◆ 功能区："默认"选项卡→"注释"面板 注释 → 。

◆ 命令行：MLEADERSTYLE 。

命令输入后，打开"多重引线样式管理器"对话框（图 4-45）。

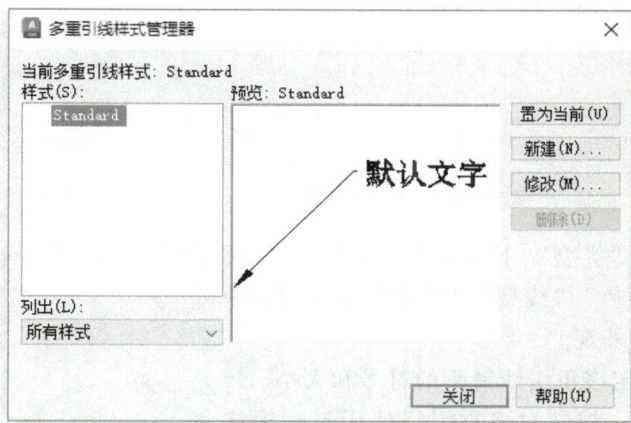

图 4-44　多重引线标注

图 4-45　"多重引线样式管理器"对话框

◆ "样式"列表：列出图形中已经存在的多重引线样式。

◆ "列出"下拉列表：单击展开该下拉列表，可设置"样式"列表中是显示"所有样式"，还是显示"正在使用的样式"。

◆ "预览"框：显示"样式"列表中选中的多重引线样式的预览。

◆【新建】（【修改】）按钮：单击【修改】按钮，打开"修改多重引线样式"对话框

（图 4-46）；单击【新建】按钮，在弹出的"创建新多重引线样式"对话框中设定好"新样式名"及新样式的"基础样式"后，单击【继续】按钮，打开"修改多重引线样式"对话框。

◆【删除】按钮：在"样式"列表内选中一个样式（当前图形中未使用过的多重引线样式），单击【删除】按钮可将其删除。

◆【置为当前】按钮：单击该按钮，可将"样式"列表中选中的多重引线样式置为当前样式。

也可以在"样式"列表中选中一个样式，右击，打开快捷菜单，从中选择"置为当前""修改"等。

（2）"修改多重引线样式"对话框　"修改多重引线样式"对话框包含"引线格式""引线结构""内容"三个选项卡。一些内容与前面已经介绍的"新建标注样式"对话框类似或相同，读者可参考相关内容。

◆"引线格式"选项卡如图 4-46 所示。

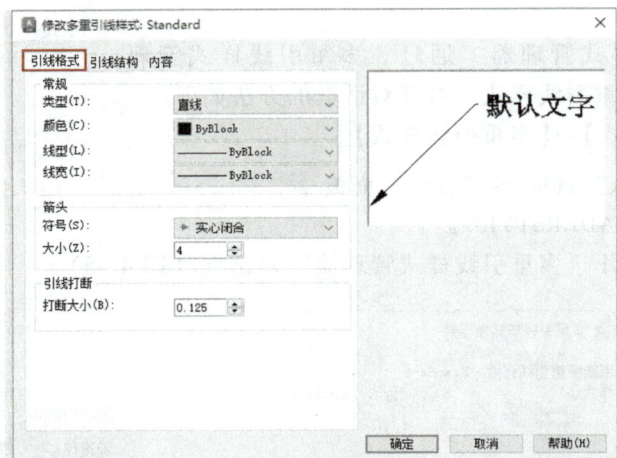

图 4-46　"修改多重引线样式"对话框（"引线格式"选项卡）

"常规"栏：在"类型"下拉列表中可设置多重引线是直线、样条曲线（图 4-47），还是没有引线。在"颜色""线型""线宽"下拉列表中可设置多重引线的基本外观。

"箭头"栏：设定多重引线箭头的符号和大小。

"引线打断"栏：控制对多重引线使用打断标注命令 DIMBREAK 时，引线的断开间距。

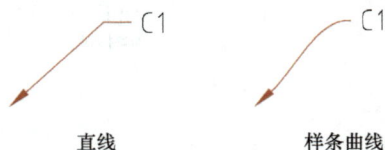

图 4-47　多重引线的类型

◆"引线结构"选项卡如图 4-48 所示。

"约束"栏：选中"最大引线点数"，可设定多重引线最多由几点组成。选中"第一段角度"和"第二段角度"，可设置多重引线的初段（即有箭头的引线段）、第二段（与初段相连）的角度。多重引线的初段、第二段只能按设置的角度值的整倍数画出。多重引线只能约束引线的前两段。

"基线设置"栏：选中"自动包含基线"，可将水平基线附着到多重引线内容。选中

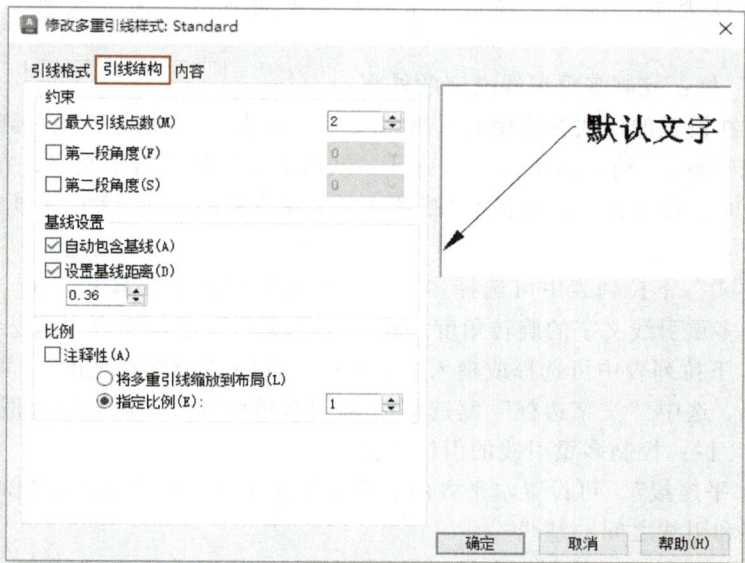

图 4-48　"修改多重引线样式"对话框（"引线结构"选项卡）

"设置基线距离"后，可在其下面的文本框中设置基线长度。

　　"比例"栏：选中"注释性"，则多重引线是注释性对象。选中"将多重引线缩放到布局"，将根据模型空间视口和图纸空间视口中的缩放比例确定多重引线的比例因子。选中"指定比例"后，可在其右侧的文本框设置多重引线的缩放比例。

　　◆ "内容"选项卡如图 4-49 所示。在"多重引线类型"下拉列表中可选择"多行文字"，或者"块"，或者"无"（即没有内容，如仅设置箭头）。

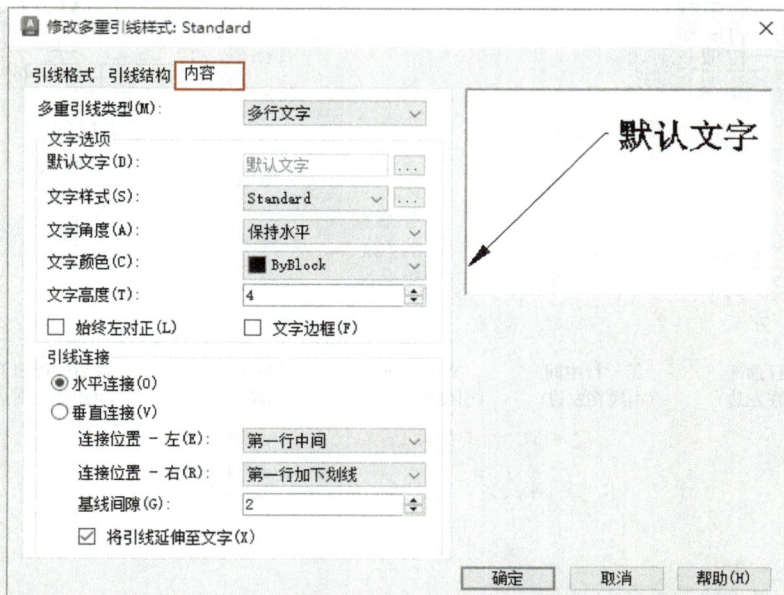

图 4-49　"修改多重引线样式"对话框（"内容"选项卡）

①"多重引线类型"选中"多行文字"后，下面显示"文字选项"栏和"引线连接"栏。

"文字选项"栏：控制多重引线文字的外观。

如果希望正在设置的样式在使用时有默认文字，单击"默认文字"右侧的按钮"…"，可打开"文字编辑器"，输入默认文字。一旦"默认文字"框中有了文字，在使用多重引线命令 MLEADER 时，命令行会增加提示"覆盖默认文字 [是(Y)/否(N)] <否>:"，确定是否使用默认文字。

在"文字样式"下拉列表中可选择多重引线样式使用的文字样式。在"文字角度"下拉列表中可选择多重引线文字的旋转角度。在"文字颜色"下拉列表中可选择文字的颜色。在"文字高度"下拉列表中可选择或输入文字高度。选中"始终左对正"，可指定多重引线文字始终左对齐。选中"文字边框"复选框，可对多重引线文字内容加边框。

"引线连接"栏：控制多重引线的引线连接设置。

a. 选中"水平连接"，可设置水平方向引线位于文字内容的左侧或右侧时连接方式。水平连接包括文字和引线之间的基线。

"连接位置-左（右）"：控制文字位于引线右（左）侧时基线连接到多重引线文字的方式，共有 9 种，如图 4-50 所示。以三行文字为例，对应的位置如图 4-51 所示。引线标注示例如图 4-52 所示。

"基线间隙"：设置基线和多重引线文字之间的距离，如图 4-53 所示。

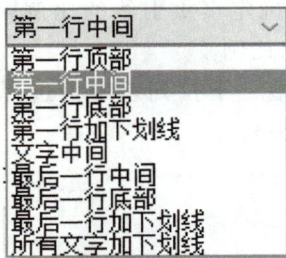

图 4-50 "连接位置"下拉列表

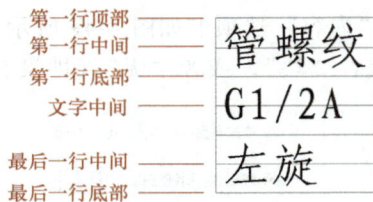

图 4-51 多行文字的几个位置

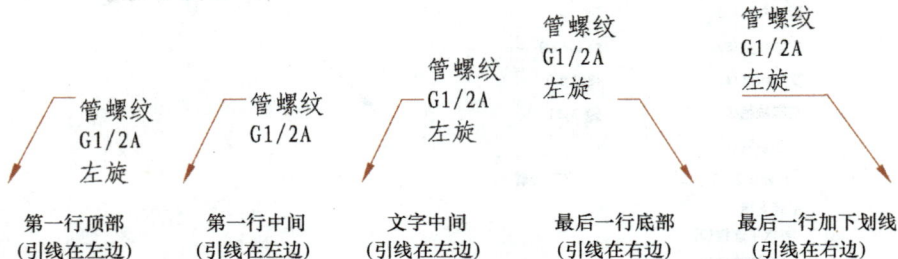

图 4-52 "连接位置-左（右）"举例"

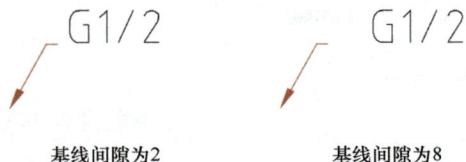

图 4-53 "基线间距"举例

　　b. 选中"垂直连接",可设置将引线插入到文字内容的顶部或底部。垂直连接不包括文字和引线之间的基线。

　　"连接位置-上":将引线连接到文字内容的中上部。单击下拉列表,从中选择"居中"或"上划线并居中"。

　　"连接位置-下":将引线连接到文字内容的底部。单击下拉列表,从中选择"居中"或"下划线并居中"。

　　"基线间隙":设置引线和文字之间的距离。

　　在"连接位置-上"中选择"居中",在"连接位置-下"中选择"居中","基线间隙"设置为"2",标注示例如图 4-54a 所示。在"连接位置-上"中选择"居中",在"连接位置-下"中选择"下划线并居中","基线间隙"设置为"6",标注示例如图 4-54b 所示。

　　② 在"多重引线类型"下拉列表中选择"块",则"内容"选项卡如图 4-55 所示。"块选项"栏用于控制多重引线中块内容的特性。

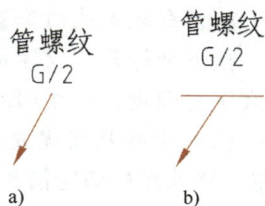

图 4-54　"连接位置-上(下)"举例

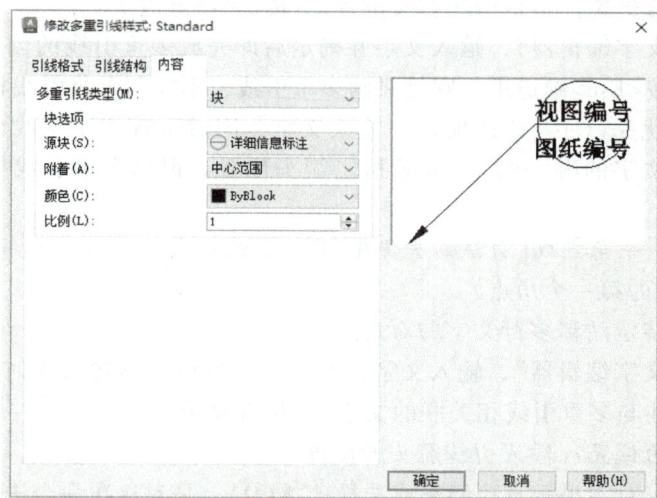

图 4-55　选择多重引线内容为"块"时的"内容"选项卡

　　"源块":单击展开下拉列表,从中选择用于多重引线内容的块,如果选择"用户块…",可以使用用户自己定义的块。

　　"附着":在下拉列表中可选择块附着到多重引线的方式为"插入点"或"中心范围"。

　　"颜色":在下拉列表中可选择多重引线块内容的颜色。

　　"比例":指定插入时块的比例。

2. 多重引线命令

命令输入方式如下。

◆ 菜单栏:【标注】→【多重引线】。

◆ 功能区:"默认"选项卡→"注释"面板→

◆ 命令行：MLEADER ↙。

命令输入后的主提示为：

指定引线箭头的位置或[引线基线优先(L)/内容优先(C)/选项(O)]<选项>：（指定引线箭头的位置，或单击选项或键入选项关键字后回车，或直接回车后进行选项设置）

对该主提示的几个选项解释如下。

（1）指定引线箭头的位置　这是指定引线的第一点（即箭头起点），是首选项。根据多重引线样式输入若干个点后，接下来提示：

指定引线基线的位置：（输入引线基线位置）

接下来打开"文字编辑器"，输入文字并确定后即完成多重引线的创建。如果不输入任何文字并确定，或按<Esc>键退出，则是只画多重引线，不注与多重引线相关联的文字。

（2）引线基线优先(L)　对主提示选择引线基线优先(L)，是先指定引线基线的位置（左右移动光标确定箭头连接引线基线的哪一端），再指定引线箭头，最后输入文字。根据多重引线样式输入若干个点后，接下来提示：

指定引线基线的位置或[引线箭头优先(H)/内容优先(C)/选项(O)]<引线箭头优先>：（指定引线基线位置）　＊注意：此提示中以"引线箭头优先(H)"代替"引线基线优先(L)"　＊

指定引线箭头的位置：（指定引线箭头位置，或按<Esc>键退出）

接下来打开"文字编辑器"，输入文字并确定后即完成多重引线的创建。如果不输入任何文字并确定，或按<Esc>键退出，则是只画多重引线，不注与多重引线相关联的文字。

（3）引线内容优先(C)　该选项是先输入文字，同时也确定了基线位置（左右移动光标确定引线基线在文字的哪一侧），最后指定箭头位置。根据多重引线样式输入若干个点后，接下来提示：

指定文字的第一个角点或[引线箭头优先(H)/引线基线优先(L)/选项(O)]<选项>：（指定注释多行文字的第一个角点）

指定对角点：（指定注释多行文字的对角点）

接下来打开"文字编辑器"，输入文字并确定后（也可以不输入任何文字并确定，则是只画多重引线，不注与多重引线相关联的文字），接着提示：

指定引线箭头的位置：（输入引线箭头的位置）

（4）选项(O)　对主提示直接回车或选择选项(O)，是对这次命令进行一次临时选项设置。接下来提示：

输入选项[引线类型(L)/引线基线(A)/内容类型(C)/最大节点数(M)/第一个角度(F)/第二个角度(S)/退出选项(X)]<退出选项>：（单击选项或键入选项关键字后回车；或直接回车，退出选项设置）

◆ 引线类型(L)：对临时选项设置提示选择引线类型(L)，可设置引线为直线、样条曲线或设为无（即只有文字内容，而没有引线和箭头）。接下来提示：

选择引线类型[直线(S)/样条曲线(P)/无(N)]<当前设置>：（单击直线(S)或键入S后回车，引线为直线；单击样条曲线(P)或键入P后回车，引线为样条曲线；单击无(N)或键入N后回车，没有引线和箭头；直接回车，默认当前设置）

接下来回到临时选项设置提示，继续改变其他选项，或选择退出选项(X)，返回主提示。

◆ 引线基线(A)：对临时选项设置提示选择引线基线(A)，可确定是否使用基线。接下来提示：

使用基线［是(Y)/否(N)］<是>：(单击是(Y)或直接回车,使用基线;单击否(N)或键入 N后回车,不使用基线)

如果选择是(Y)或直接回车,接下来提示：

指定固定基线距离<当前值>：(键入基线距离;或用鼠标指定两点,两点距离为基线距离)

如果对"指定固定基线距离<当前值>："键入 0（零）后回车,返回主提示并回答后,在接下来的提示中会有"指定基线距离 <0.0000>：",可键入距离,或由鼠标指定点确定距离。

◆ 内容类型（C）：该选项确定多重引线关联的内容是多行文字还是块。接下来提示：

选择内容类型［块(B)/多行文字(M)/无(N)］<当前内容>：(单击块(B)或键入 B后回车,引线关联块;单击多行文字(M)或键入 M后回车,引线关联文字;单击无(N)或键入 N后回车,不关联内容;直接回车,默认当前内容)

选择块(B),接下来提示输入块名称：,以一个已经定义的块名回答。

◆ 最大节点数（M）：该选项确定引线由几个点确定。接下来提示：

输入引线的最大节点数 <2>：(输入一个大于或等于 2 的数字作为引线的最大节点数)

◆ 第一个角度（F）：该选项确定多重引线的初段的角度。接下来提示：

输入第一个角度约束 <当前值>：(键入角度值)

◆ 第二个角度 （S）：该选项确定多重引线的第二段的角度。接下来提示：

输入第二个角度约束 <当前值>：(键入角度值)

◆ 退出选项（X）：选择该选项,将退出临时选项设置提示,返回主提示。

3. 添加、删除多重引线

有些情况下多重引线可能需要多条引线,或删除引线,在标注多重引线后,可通过"添加引线"或"删除引线"完成。添加引线的例子如图 4-56 所示。

（1）"添加引线"的命令输入方式

◆ 菜单栏：【修改】→【对象】→【多重引线】→【添加引线】。

图 4-56　添加引线

◆ 功能区："默认"选项卡→"注释"面板→🖉 → 📍🖉添加引线。

◆ 命令行：AIMLEADEREDITADD ↵。

命令输入后的提示为：

选择多重引线：(选择一个引线)

指定引线箭头的位置：(指定要添加的箭头的位置,提示重复出现,回车后结束提示)

（2）"删除引线"的命令输入方式

◆ 菜单栏：【修改】→【对象】→【多重引线】→【删除引线】。

◆ 功能区："默认"选项卡→"注释"面板→🖉 → ✖🖉删除引线。

◆ 命令行：AIMLEADEREDITREMOVE ↵。

命令输入后的提示为：

选择多重引线：（选择一个引线）

指定要删除的引线：（拾取所选多重引线中的一条引线，提示重复出现，回车后结束提示）

4. 对齐多重引线

多个多重引线有时需要按一定的方式分布，可通过多重引线对齐命令完成，如图 4-57 所示。命令输入方式如下。

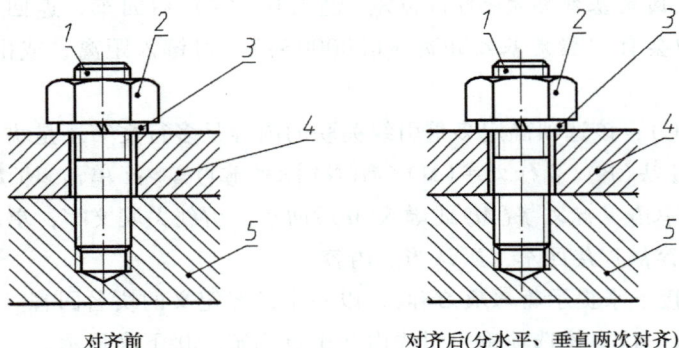

对齐前　　　　　　　　　对齐后(分水平、垂直两次对齐)

图 4-57　多重引线对齐（"使用当前间距"）

◆ 菜单栏：【修改】→【对象】→【多重引线】→【对齐】。

◆ 功能区："默认"选项卡→"注释"面板→ ⟍ ⁃ → ⟍ 对齐。

◆ 命令行：MLEADERALIGN ↙。

命令输入后的提示为（注意：下面选择多重引线后的提示随选项的不同，提示有所不同，读者可自己试之）：

选择多重引线：（用选择对象的任何方式选择多重引线，提示重复出现，回车后结束提示）

选择要对齐到的多重引线或[选项(O)]：（拾取要对齐到的多重引线，或单击选项(O)或键入 O 后回车）

如果拾取要对齐到的多重引线，接下来提示：

指定方向：（键入角度后回车；或移动光标用橡皮筋指定方向，到合适位置后拾取一点）

如果选择选项(O)，接下来是选项提示：

输入选项[分布(D)/使引线线段平行(P)/指定间距(S)/使用当前间距(U)]：

1）分布(D)：指定两点，在两点间等距离隔开所选多重引线的内容。

2）使引线线段平行(P)：使选定多重引线中的每条初段引线均平行。

3）指定间距(S)：指定选定的每两条多重引线内容之间的间距相等。

4）使用当前间距(U)：使用多重引线内容之间的当前间距。

前三个选项对应的示例如图 4-58 所示。

5. 多重引线合并

通过多重引线合并命令可将内容为块的多个引线对象附着到一个基线，如图 4-59 所示。命令输入方式如下。

◆ 菜单栏：【修改】→【对象】→【多重引线】→【合并】。

◆ 功能区："默认"选项卡→"注释"面板→ ⟍ ⁃ → ⟍ 合并。

◆ 命令行：MLEADERCOLLECT ↙。

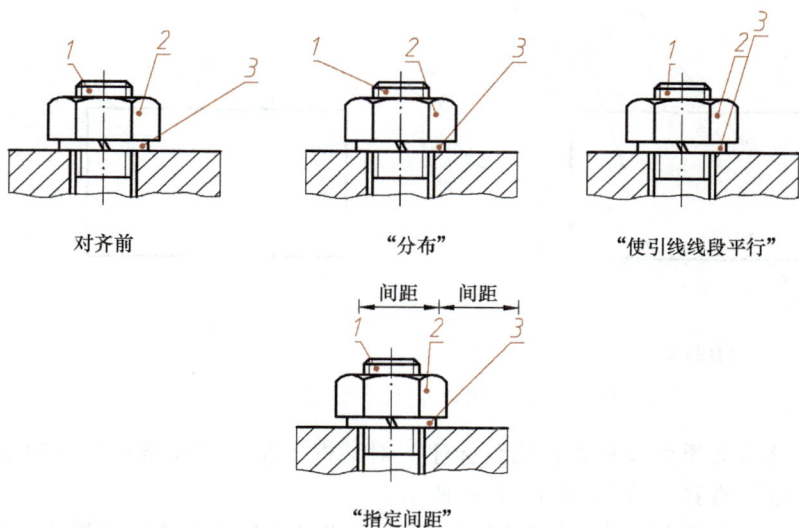

图 4-58　多重引线对齐示例

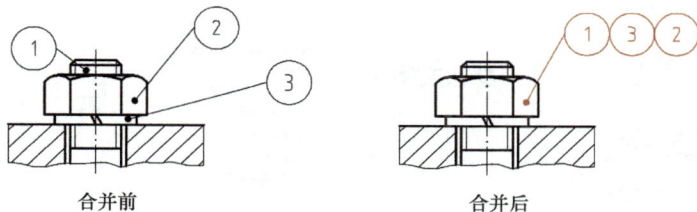

图 4-59　多重引线合并（水平）

命令输入后提示：

选择多重引线：（按一定顺序选择内容为块的多重引线，提示重复出现，回车后结束提示）

指定收集的多重引线位置或 ［垂直（V）/水平（H）/缠绕（W）］ <当前选项>：（输入一个点以指定合并后的多重引线位置；或单击选项或键入选项关键字后回车；或直接回车，默认当前选项）

1）指定位置：为合并后的多重引线的块内容指定放置位置。

2）垂直（水平）：垂直（水平）放置合并后的多重引线的块内容。

3）缠绕：将合并后的多重引线的块内容按行列排列起来。接下来提示"缠绕宽度"或"数量"。"缠绕宽度"指排列后的块内容每行的宽度，由宽度确定每行的块内容数量；"数量"指排列后每行中块内容的最大数量，图 4-60 所示是"数量"为"2"时的合并结果。

6. 操作过程

以下操作使用多重引线的方法标注图 4-2 所示铣刀头主轴零件图上的倒角和表面粗糙度的指引线，读者也可以用其他的方法完成标注。

（1）标注倒角

➤ 打开"多重引线样式管理器"对话框，新建样式，名为"倒角标注"，单击【继续】；

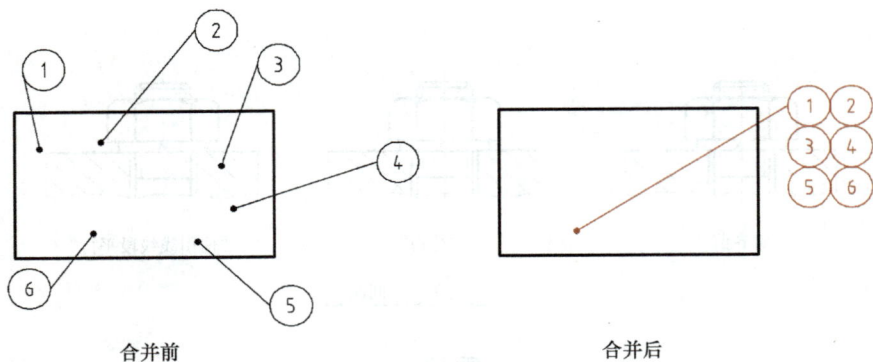

合并前　　　　　　　　　　　合并后

图4-60　多重引线合并（缠绕"数量"为"2"）

➤ 弹出"修改多重引线样式：倒角标注"对话框，在"引线格式"选项卡中，"箭头"选项中的"符号"选择"无"，如图4-61所示；

在"引线结构"选项卡中，"约束"选项中的"最大引线点数"设置为"3"，"基线设置"选项中的"自动包含基线"复选框不勾选，如图4-62所示；

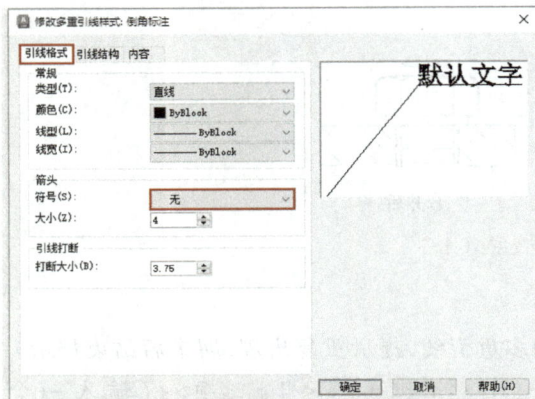

图4-61　"引线格式"选项卡设置

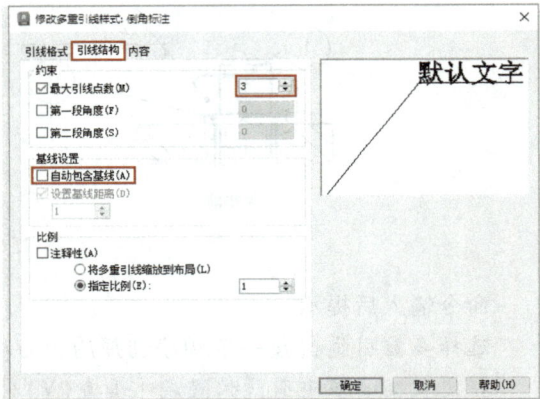

图4-62　"引线结构"选项卡设置

在"内容"选项卡中，"多重引线类型"选择"多行文字"；在"文字选项"栏中，"默认文字"通过打开对话框输入"C1"，"文字样式"选择"数字字母格式"，"文字高度"设为"3.5"；在"引线连接"栏中，选中"水平连接"，"连接位置-左（右）"都选择"最后一行加下划线"，"基线间隙"设为"0"，勾选"将引线延伸至文字"复选框，如图4-63所示；

➤ 单击【确定】，"多重引线样式管理器"对话框的"样式"列表中出现"倒角标注"样式，并可预览样式，如图4-64所示；

➤ 将"倒角标注"样式设置为当前样式，以便标注零件图中的倒角；输入"多重引线"命令，出现提示：

指定引线箭头的位置或[引线基线优先(L)/内容优先(C)/选项(O)]<选项>：单击图上对应引线位置

指定下一点：单击指定引线转折位置

指定引线基线的位置:单击指定基线的位置（注意尽量与上一个点的距离很小）

覆盖默认文字[是(Y)/否(N)]<否>:回车，完成标注（注意如果倒角尺寸不是设置的默认文字，则选择"是"并重新输入标注内容），结果如图 4-65 所示。

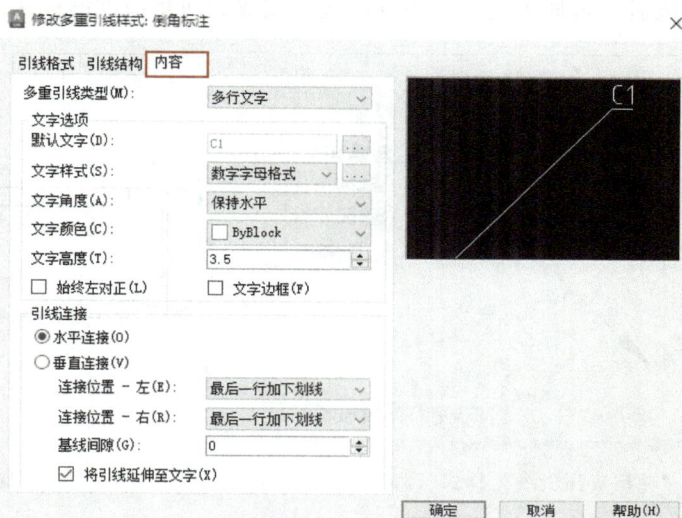

图 4-63 "内容"选项卡设置

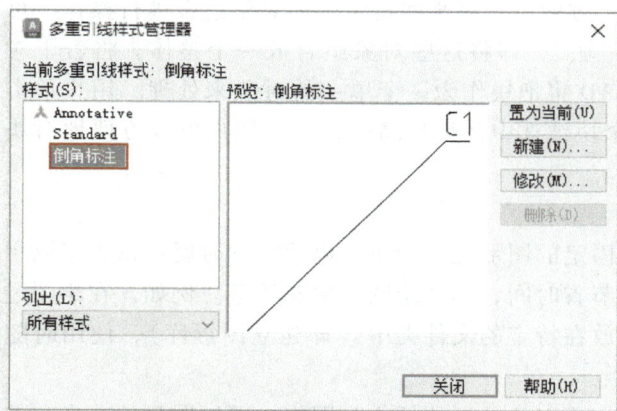

图 4-64 "倒角标注"格式预览

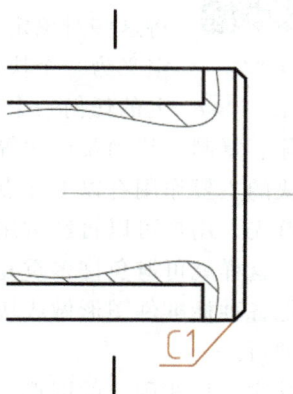

图 4-65 倒角标注

（2）标注表面粗糙度指引线

➤ 打开"多重引线样式管理器"对话框，新建样式，名为"粗糙度指引线"，单击【继续】；

➤ 弹出"修改多重引线样式：粗糙度指引线"对话框，在"引线格式"选项卡中，"箭头"选项中的"大小"设置为"3"；

在"引线结构"选项卡中，"约束"选项中的"最大引线点数"设置为"3"，"基线设置"选项中的"自动包含基线"复选框不勾选；

在"内容"选项卡中，"多重引线类型"选择"无"；

➤ 单击【确定】，"多重引线样式管理器"对话框的"样式"列表中出现"粗糙度指引线"样式，并可预览样式，如图 4-66 所示；

> 将"粗糙度指引线"样式设置为当前样式，以便标注零件图中的指引线；输入"多重引线"命令，根据命令行提示操作即可，结果如图 4-67 所示。

指引线绘制完成后，再插入表面粗糙度图块，完成表面粗糙度的标注。

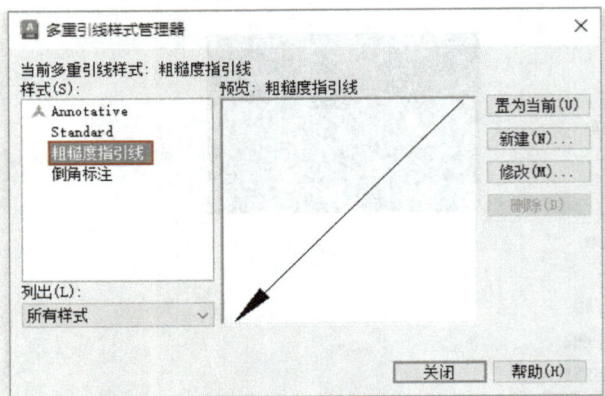

图 4-66 "粗糙度指引线"样式预览

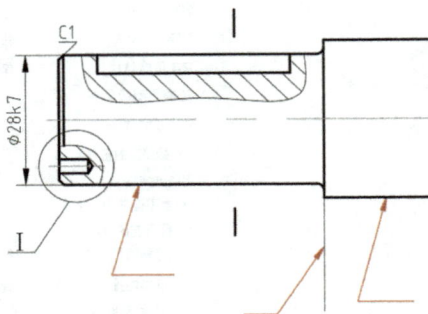

图 4-67 表面粗糙度指引线标注

4.1.9 块应用

在 AutoCAD 中，为了方便用户对某些特定图形对象集合进行操作，可以将这些对象定义成一个"块"，即将这些对象组合成一个整体。将若干对象定义为一个块后，AutoCAD 将把块作为一个单一的对象来处理。用户单击块上的任何一个地方，整个块被选中并呈现高亮显示。用户可以方便地对块进行删除、复制、移动及镜像等许多操作。

块的主要作用有以下几点：

首先，用户可以将经常用到且形式固定的图形定义为块，以后绘图时就可以直接调用这些块，这样就可避免许多重复性劳动，节省时间，提高绘图效率和质量。例如，在绘图过程中，把各种标准件图形做成块，统一存放在特定的文件夹中（即建立图形库），使用时随时插入即可。

其次，形式固定的图形定义为块后，再以块的形式插入到图中，可以明显地节省存储空间。由于用户在绘制图形时，包括各种设置在内的所有图形对象的信息均作为图的一部分存储起来，这样势必使图形文件变得很大；而图形被定义为块后进行的多次插入操作，Auto-CAD 每次存储的只是块的信息，不会将块内对象的构造信息重复存储，从而节省了大量的空间。

再次，定义为块后对图形进行修改更方便。对块定义进行修改后，所有插入到图中的该块都将自动进行修改，这样既可以减少错误，又能提高效率。

最后，块具有属性，通过对块属性的编辑可适应不同图形的需要。

实际绘图时，灵活地应用块将会给绘图过程带来更多的方便。

1. 块的定义

在应用块之前，必须先定义块。要定义块，可以用创建块命令 BLOCK，也可以用块编辑器。用命令 BLOCK 定义块时，组成块的对象必须已经被画出且在屏幕上是可见的。创建块的命令输入方式如下。

◆ 菜单栏：【绘图】→【块】→【创建】。

◆ 功能区："默认"选项卡→"块"面板→ 创建 。

◆ 命令行：BLOCK ↙ 或 B ↙。

命令输入后，屏幕弹出图 4-68 所示"块定义"对话框。

块的简单定义过程为：在"名称"栏中输入一个块名；在"基点"栏内，单击"拾取点"按钮 （此时对话框暂时关闭），从屏幕上指定插入基点，或在 X、Y、Z 文本框中键入基点的坐标；在"对象"栏中单击"选择对象"按钮 （此时对话框暂时关闭），在屏幕上选择将要定义成块的对象；然后单击【确定】按钮。

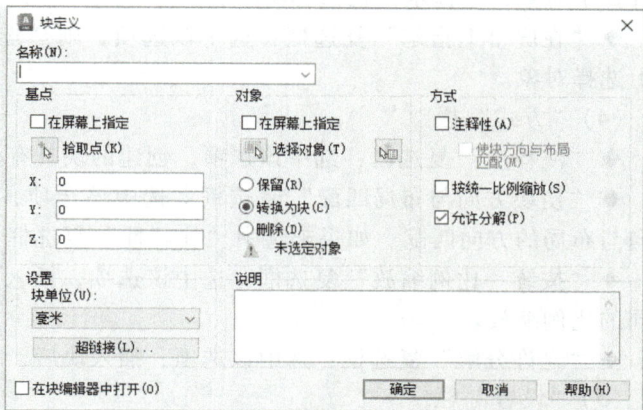

下面对"块定义"对话框进行介绍。

图 4-68 "块定义"对话框

（1）"名称"下拉列表 在此输入一个块名来定义新的块；单击其右侧的 ∨，可列出当前图形中的所有块名。

（2）"基点"栏 基点（或称为插入基点）是块被插入时的基准点，也是块在插入过程中旋转或缩放的基点。可以选择块上的任意一点或图形区中任一点作为基点，为了块的应用方便，应根据块的结构将块的中心、左下角或其他特征点作为基点。默认的基点是坐标原点。

用户可在"X""Y""Z"文本框中输入插入点的坐标值，也可在屏幕上指定插入点。单击"拾取点"按钮 ，对话框暂时关闭并提示：

指定插入基点：（指定一点）

在指定了基点后，又重新显示"块定义"对话框。

如果选中"在屏幕上指定"复选框，"拾取点"按钮 和"X""Y""Z"文本框不可用，需直接在屏幕上指定插入点。

（3）"对象"栏

◆ "选择对象"按钮：单击此按钮，对话框暂时关闭，命令行提示如下。

选择对象：（用选择对象的方式选择要定义为块的对象，回车后结束选择）

对象选择完成后回车，返回"块定义"对话框。

◆ "快速选择"按钮 ：单击此按钮，将显示"快速选择"对话框，通过该对话框来构造一个选择集。

◆ "保留"单选按钮：选中此选项，在创建块后，选中的对象仍在图形中保留，但不转换为块。

◆ "转换为块"单选按钮：选中此选项，在创建块后，选中的对象将作为图形中的一个块，且仍保留在图形中。

◆ "删除"单选按钮：选中此选项，在创建块后，选中的对象从图形中删除。

在该栏的下方，若还没有选择要做成块的对象，有一个感叹号提示"未选定对象"；一旦选择了对象，会提示"已选择×个对象"。

◆ "在屏幕上指定"复选框：选中该选项，则"选择对象"按钮不可用，需直接在屏幕上选择对象。

（4）"方式"栏

◆ "注释性"复选框：选中该选项，创建的块具有注释性。

◆ "使块方向与布局匹配"复选框：选中该选项，指定在图纸空间视口中的块参照的方向与布局的方向匹配。如果未选中"注释性"复选框，则该选项不可用。

◆ "按统一比例缩放"复选框：选中该选项，插入块时，块的 X、Y、Z 方向只能采用相同的比例缩放。

◆ "允许分解"复选框：选中该选项，插入块后，块可以被分解为单个图形对象。

（5）"设置"栏

◆ "块单位"下拉列表：从该下拉列表中选择把块插入到图形中时块的缩放单位。

◆ "超链接"按钮：单击此按钮，将打开"插入超链接"对话框，可以使用该对话框将某个超链接与块定义相关联。

◆ "说明"编辑区：在该编辑区中，可以键入与块定义相关的描述信息。

完成所有的设置后，单击【确定】按钮将关闭对话框，块定义的操作完成。如果选中"在块编辑器中打开"复选框，单击【确定】按钮关闭对话框后，在块编辑器中打开当前的块，可以继续在块编辑器中进行块的编辑。

如果新的块名与已有的块名重名，AutoCAD 将显示警告对话框。

如果需要，可以重新定义块。一旦图块已经重新定义，且使用了图形重生成命令，图形中所有该块的块参照都将使用新定义。

在实际定义块时，块中可以包含其他的块，称为"块嵌套"，即当使用 BLOCK 命令将若干个对象组合成一个单一对象时，被选定的对象本身可以是块。块嵌套的层数没有限制。

2. 块的插入

（1）块插入命令　定义块的目的是为了应用，使用 INSERT 命令可以将先前定义好的图块插入到当前图形中。插入块操作就是将已定义的块按照用户指定的位置、比例和旋转角度插入到图形中。命令的输入方式如下。

◆ 菜单栏：【插入】→【块】。

◆ 功能区："默认"选项卡→"块"面板→ 。

◆ 命令行：INSERT ✓。

命令输入后显示图 4-69 所示的"块"选项板，下面对"块"选项板进行说明。

1）"块"选项板中有"当前图形""最近使用的项目""收藏夹"和"库"四个选项卡。

◆ "当前图形"选项卡：列表中为当前图形中可用块定义的预览或列表。

◆ "最近使用的项目"选项卡：列表中显示当前和上一个任务中最近插入或创建的块定义的预览或列表。这些块可能来自各种图形。

◆ "收藏夹"选项卡：列表中显示从"块"选项板的其他选项卡复制的收藏块定义的预览或列表。

◆ "库"选项卡：显示单个指定图形或文件夹中的预览或块定义。

2）"块"选项板中各选项的作用说明如下。

◆ "插入点"选项：用于指定块的插入位置。如勾选此选项，可在绘图区直接拾取插入点；如未选中该选项，其右方将显示 X、Y、Z 文本框，可在文本框中直接输入插入点的坐标值。

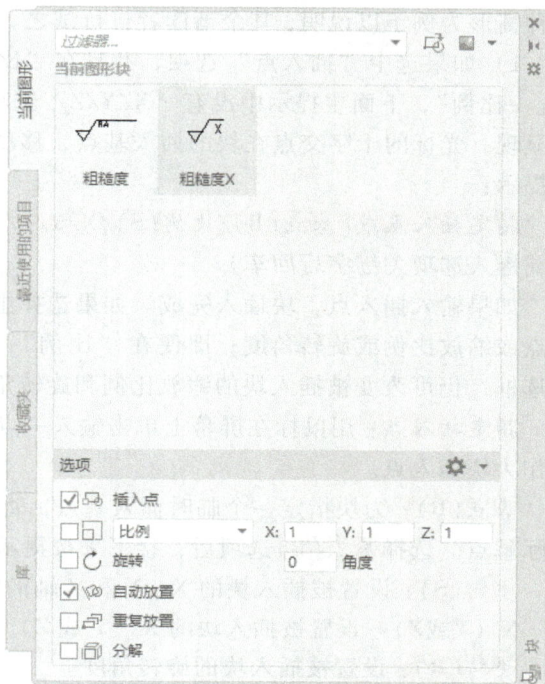

图 4-69　"块"选项板

◆ "比例"选项：用于指定插入块的缩放比例，有"比例"和"统一比例"两种方式。

"比例"方式：为 X、Y、Z 分别指定比例值；"统一比例"方式：为 X、Y、Z 指定同一比例值。如果指定负的 X、Y、Z 缩放比例因子，则插入块的镜像图像。

图 4-70 所示为块插入时不同比例因子的效果。

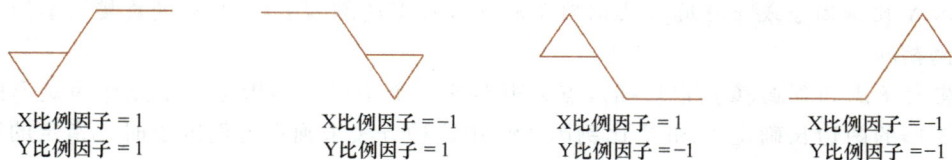

| X比例因子 = 1 | X比例因子 =-1 | X比例因子 = 1 | X比例因子 =-1 |
| Y比例因子 = 1 | Y比例因子 = 1 | Y比例因子 =-1 | Y比例因子 =-1 |

图 4-70　块插入时不同比例因子的效果

◆ "旋转"选项：用于确定块插入时的旋转角度。不选中该选项，可以在"角度"文本框中输入一个正或负的角度值。按逆时针方向旋转的角度是正角度。0°的方向为当前 UCS 的 X 轴方向。选中该选项，则是在命令行提示后输入旋转角度，或用鼠标直接在图形区拖动块旋转到合适的角度。

◆ "重复放置"选项：用于设置是否自动重复块插入。选中该选项，系统将自动提示其他插入点，直到按<Esc>键取消命令；不选中该选项，将插入指定的块一次。

◆ "分解"选项：选中该选项，块插入以后，构成块的对象分解开，不再是一个整体。选择该选项后，"统一比例"复选框也自动被选中，用户只能指定统一的比例因子。

（2）块插入过程中的提示　在"块"选项板中的"插入点"选项、"比例"选项和"旋转"选项中均有复选框，选中其中的一个、两个或三个，命令行提示有所不同。下面以两种情形为例予以说明，其余请读者自行试之。

1）如果选中"插入点"选项，并且在"比例"选项中不选中"统一比例"（如果选中"统一比例"，下面主提示中没有"X/Y/Z"选项），单击预览窗口中的某一个块，块的预览图显现，光标的十字交点在块的插入基点，移动光标，光标带动块的预览图移动，同时出现主提示：

指定插入点或 [基点（B）/比例（S）/X/Y/Z/旋转（R）]：（输入一点作为插入点，或单击选项或键入选项关键字后回车）

如果输入插入点，块插入完成。如果选择主提示的一个选项，则是改变被插入块的插入基点或缩放比例或旋转角度；即使在"比例"和"旋转"选项中不选中"在屏幕上指定"复选框，仍可改变被插入块的缩放比例和旋转角度。各选项的含义如下。

指定插入点：用鼠标在屏幕上单击输入一点（可结合对象捕捉），或从键盘键入点的坐标作为块插入点。

基点（B）：为块指定一个临时插入基点，暂时代替块的实际插入基点，这不会影响块的实际基点。选择基点（B）选项后，接下来按提示操作即可。

比例（S）：设置被插入块的X、Y和Z轴的共同缩放比例因子。

X（Y或Z）：设置被插入块的X（Y或Z）轴方向的比例因子。

旋转（R）：设置被插入块的旋转角度。

2）如果选中"插入点""比例"选项中的"在屏幕上指定"复选框，且先对主提示指定插入点，接下来提示：

输入 X 比例因子，指定对角点，或 [角点（C）/XYZ（XYZ）] <1>：（输入非零比例因子后回车，或指定对角点或选择角点（C），或选择XYZ（XYZ），或直接回车）

如果输入非零比例因子或直接回车，则是设置X比例因子或默认当前的X比例因子。接下来提示输入Y比例因子：

输入 Y 比例因子或 <使用 X 比例因子>：（输入 Y 比例因子后回车，或直接回车使 X 比例和 Y 比例相同）

指定对角点和角点（C）：以块插入点为矩形的一个角点，再指定一个点作为矩形的另一角点，矩形的两边长确定X和Y比例因子。用这种方法来确定比例因子时，指定的第二个点如果不是位于插入点的右上方，所确定的比例因子为负数。

XYZ（XYZ）：设置X、Y和Z三个坐标方向的比例因子，接下来依次提示输入X、Y和Z三个比例因子。

（3）直接拖动文件名到当前作图窗口　如果要在当前图形中插入已经保存的图形，可在"块"选项板中单击"浏览"按钮，打开"选择图形文件"对话框，从中选择文件，还可以按下述步骤操作。

在 Windows 的"我的电脑"或"资源管理器"中，找到欲插入的图形文件，然后按住鼠标左键拖动文件名到当前的作图窗口。此时命令行提示：

命令：INSERT 输入块名 [?] <默认块名>："（图形文件的路径和文件名）"

指定插入点或 [基点（B）/比例（S）/X/Y/Z/旋转（R）]：（输入一个点作为插入点，或单击选项或键入选项关键字后回车）

接下来的提示和操作同"块插入过程中的提示"一样，即在命令行提示后或屏幕上确定块的插入点、缩放比例和旋转角度等。

3. 块存盘

用 BLOCK 命令定义的块不能直接被其他图形调用，如果要使在当前图形中定义的块能被其他图形调用，应将其存盘。用 WBLOCK 命令可将对象或图块保存为一个图形文件。

用 WBLOCK 命令存储的文件，其扩展名是".DWG"，与 SAVE 命令存储的文件格式相同。两个命令的不同之处是：WBLOCK 只存储图形中已用到的信息，比如，一个图形建立了 6 个图层，而只用到了 3 个，没用到的 3 个将不被保存；而 SAVE 命令则存储图形中的所有信息，不管其是否有用。所以，同一个图形，用 WBLOCK 存储的文件容量比用 SAVE 存储的文件容量要小。

命令的输入方式如下。

◆ 功能区："插入"选项卡→【块定义】面板→"创建"按钮→![写块图标]。

◆ 命令行：WBLOCK ↙。

命令输入后，AutoCAD 将显示图 4-71 所示的"写块"对话框。下面予以说明。

（1）"源"栏　在该栏中，用户可以指定要存盘的对象或图块，以及插入点。其主要选项的功能如下。

◆ "块"单选按钮：选中该按钮，将把当前图形中已定义的块保存到文件中。可从其右边的下拉列表中选择一个图块名，这时"基点"和"对象"栏都不可用。

◆ "整个图形"单选按钮：选中该按钮，将把整个当前图形作为一个图块存盘。这时"块"单选按钮右边的下拉列表、"基点"和"对象"栏都不可用。

◆ "对象"单选按钮：用于从当前图形中选择图形对象定义成块，并将其保存到文件中。这时"块"单选按钮右边的下拉列表不可用，而"基点"和"对象"栏可用，定义块的过程与 BLOCK 命令一样，不再重述。

（2）"基点"和"对象"栏　"基点"和"对象"栏　各选项的含义与 BLOCK 命令中的一样，不再重述。

（3）"目标"栏　该栏用于指定输出的文件的名称、路径及文件作为块插入时的单位。

◆ "文件名和路径"下拉列表：指定文件保存的路径及要存盘的文件名。单击其右侧的按钮![...]，显示"浏览文件夹"对话框，从中选择另外的文件保存路径。

◆ "插入单位"下拉列表：指定块插入时的单位。

在必要项目设置完成后，单击【确定】按钮，即在磁盘上以文件形式存储了一个图形块。

以上操作是先输入命令，再确定块图

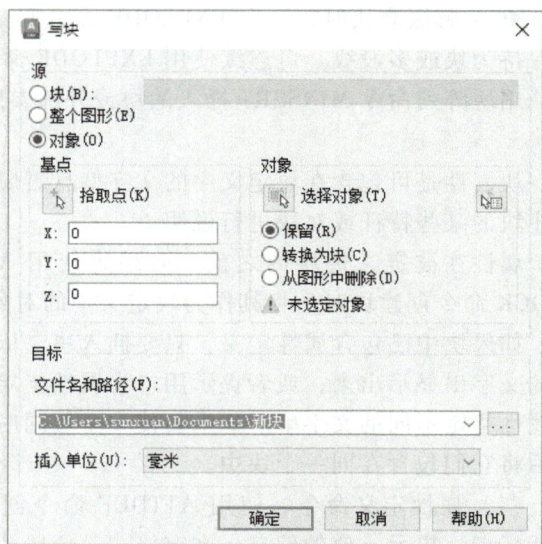

图 4-71　"写块"对话框

形。也可以先选图形，再输入 WBLOCK 命令存储块。

如果选中的是一个块，输入 WBLOCK 命令后，"写块"对话框中"源"栏中的"块"单选按钮被选中。

如果选中的是若干图形对象，或没有进行任何选择，输入 WBLOCK 命令后，"源"栏中的"对象"单选按钮被选中。

4. 块分解

（1）块分解命令　分解命令 EXPLODE 可以分解一个插入的块，即将组成块的各个对象分解为独立的对象，而不再是一个整体。事实上，EXPLODE 命令还可以分解多段线、多线、用多边形命令 POLYGON 绘制的多边形、用矩形命令 RECTANG 绘制的矩形，以及填充的关联图案、多行文字、关联尺寸标注、多重引线等，被分解后的对象成为分离的简单直线、圆弧及箭头、单行文字、尺寸文字等。命令的输入方式如下。

◆ 菜单栏：【修改】→【分解】。

◆ 功能区："默认"选项卡→"修改"面板→ 🗗 。

◆命令行：EXPLODE↙ 或 X↙。

命令输入后，AutoCAD 提示"选择对象："，用任何一种选择对象的方法选择要分解的对象，选择完成后回车，所选对象即被分解。

被选定要分解的对象必须适合于分解，否则将出现错误提示信息。

（2）使用 EXPLODE 命令可能引起的变化

◆ 有宽度的多段线（包括用 RECTANG 绘制的边有宽度的矩形）在分解后将被转变为零宽度的直线或圆弧，与单独的线段相关的切线信息也会丢失。此时，命令行提示会有丢失宽度信息。

◆ 如果块中包含 0 层上的对象，且 0 层上的对象的颜色特性和线型特性都是"Bylayer"，如果块被插入到了与 0 层颜色和线型不相同的非 0 层上，当块被分解后，0 层上的对象变回到 0 层的颜色和线型。

◆ 分解嵌套块时，一次 EXPLODE 命令只能分解最高层次的块，嵌套的块或多段线仍将保持为块或多段线。可连续使用 EXPLODE 命令将嵌套的块或多段线分解。

用块阵列命令 MINSERT 插入的块或外部参照及其从属的块，不能被分解。

5. 块属性

块属性是可包含在块定义中的文字信息。属性可理解为附着于块上的标签或标记，用来描述块的某些特征或对块进行说明。

属性在被定义进块内之前，必须先使用 ATTDEF 命令创建属性定义。而后，在使用 BLOCK 命令创建块时，将其作为块定义中的对象来选择，则块就具有了属性。

如果块中已包含属性定义，只要插入块，依据定义的方式，属性就可以自动地以预先设定的文字串显示出来，或者提示用户为属性指定文字串。以后这个块的每一个块参照都可以为属性指定不同的文字串。如果要使一个块同时具有几个属性，应分别创建每个属性定义，然后将它们包含在同一个块中。

（1）属性定义命令　使用 ATTDEF 命令创建属性定义。属性定义描述了属性的特性，包括标记、提示、值的信息、文字格式、位置及可选模式。命令输入方式如下。

◆ 菜单栏：【绘图】→【块】→【定义属性】。

◆ 功能区："默认"选项卡→"块"面板→ 块 ▼ →"定义属性"按钮 🏷 。
◆ 命令行：ATTDEF ↙ 。

命令输入后，弹出图 4-72 所示"属性定义"对话框。对话框的各项说明如下。

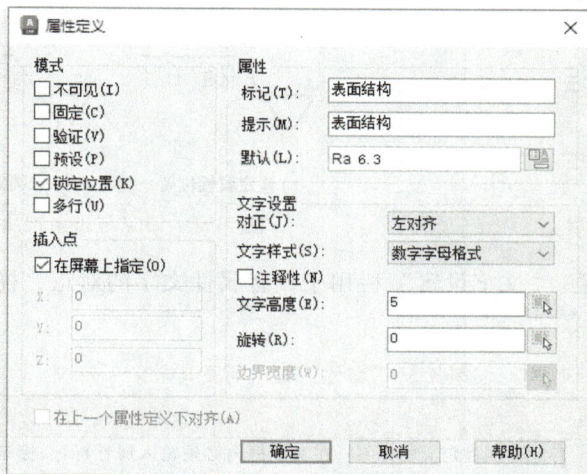

图 4-72　"属性定义"对话框

1）"模式"栏。"模式"栏有多个复选框，可选中一个或多个，各选项的含义见表 4-2。

表 4-2　"模式"栏选项及其含义

序号	选项	含义
1	不可见	选中该选项,将使属性信息在块插入完成以后不被显示,也不被打印出来 单击"默认"选项卡的"块"面板中的 块 ▼ ,打开的滑出式面板中有"保留属性显示"按钮 🏷 ▼ ,单击 🏷 将打开菜单(图 4-73);单击"保留属性显示",将按"属性定义"对话框中的设置或者属性可见,或者属性不可见;单击"显示(隐藏)所有属性",不论"属性定义"对话框中设置的属性是否可见,显示(隐藏)所有属性
2	固定	在插入块时,给属性赋予固定值
3	验证	在插入块时,提示验证属性值,可以更改属性值为用户所需要的值
4	预设	插入包含属性的块时,使用在定义属性时所指定的默认值
5	锁定位置	设定是否锁定块参照中属性的位置。如果选中此复选框,则插入块后,插入的块只有一个夹点,属性的位置不可更改,即锁定属性在块中的位置,如图 4-74a 所示;否则,插入块后,图形和属性都具有夹点,属性可以移动位置,如图 4-74b 所示
6	多行	选中此复选框后,在插入块时,属性值可以包含多行文字(否则只有一行),并且在"文字设置"栏中的"边界宽度"可用,在其中可以输入属性值的宽度

2）"属性"栏。"属性"栏用于设置属性数据，在文本框中输入属性的标记、提示和默认值。设置属性数据最多可以输入 256 个字符。如果属性提示或属性值需要以空格开始，必须在字符串前面加上一个反斜杠（\）；如果第一个字符本身就是反斜杠，则必须在字符串前面再加上一个反斜杠。"属性"栏各选项的含义见表 4-3。

3）"插入点"栏。插入点用于为属性指定坐标位置，既可以选中"在屏幕上指定"复选框（对话框暂时关闭）后在屏幕上指定其位置，也可通过在 X、Y、Z 文本框中输入坐标值来指定。

图 4-73　属性可见性菜单

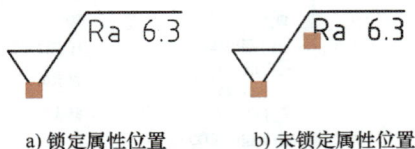

a) 锁定属性位置　　　b) 未锁定属性位置

图 4-74　锁定与未锁定属性位置

4）"文字设置"栏。"文字设置"栏用于设置属性文字的对正、样式、高度和旋转，见表 4-4。

表 4-3　"属性"栏选项及其含义

序号	选项	含义
1	"标记"文本框	标记是属性定义的标签。在文本框内必须输入属性标记,标记不能含有空格。属性定义必须有标记,就像图层或线型要有名称一样。在用 BLOCK 命令把属性与图形对象和其他属性相结合之前,属性的标记是在属性定义过程中的一个自身标识。标记仅在定义中出现,而不是在插入块以后
2	"提示"文本框	在属性的值为非固定或没有预设值时,当插入带有属性的块时,在命令行提示显示"输入属性值"的后面会出现针对某个属性的提示,提示用户输入适当的值,该提示就是在"提示"文本框中输入的字符串。如果"提示"文本框为空,属性标记将用作提示。如果在"模式"中选择了"固定"模式,"提示"选项将不可用
3	"默认"文本框	用户在属性定义过程中可以为属性指定一个默认值。在插入块的过程中,它将以属性"<默认值>"的形式出现在命令行提示后面,直接按<Enter>键,它会自动成为属性值。在文本框中输入的值就是默认值
4	"插入字段"按钮	按钮显示"字段"对话框。可以插入一个字段作为属性的全部或部分值

表 4-4　"文字设置"栏选项及其含义

序号	选项	含义
1	对正	指定属性文字的对正方式(参见单行文字命令 TEXT)
2	文字样式	指定属性文字的预定样式(参见文字样式命令 STYLE)
3	注释性	选中该选项,使属性具有注释性
4	文字高度	指定属性文字的高度。在文本框中输入文字高度值,或通过单击按钮（对话框暂时关闭）,在屏幕上指定两点,两点间的距离为文字高度。如果选择了具有固定高度(任何非 0 值)的文字样式,或者在"对正"下拉列表中选择了"对齐",则"高度"选项不可用
5	旋转	指定属性文字的旋转角度。在文本框中输入角度值,或通过单击按钮,在屏幕上指定两点,两点连线与正向 X 轴的夹角为文字旋转角度。如果在"对正"下拉列表中选择了"对齐"或"调整",则"旋转"选项不可用
6	边界宽度	仅在"模式"栏选中"多行"时才可用。在文本框中输入属性文字行的最大宽度(0 值表示对文字行的长度没有限制),或通过单击按钮,在屏幕上指定两点,两点间的距离为属性文字的宽度

5）"在上一个属性定义下对齐"复选框。即在前面已经定义的属性下面对齐放置属性标记。若前面还没有定义属性，此选项不可用。

设置好各个选项后，单击【确定】按钮，关闭"属性定义"对话框，此时属性标记就出现在图形中。重复有关过程可以定义其他属性。

（2）创建具有属性块举例　如图 4-75 所示，创建具有属性的表面结构块的步骤如下。

➤ 用直线命令 LINE 画图形部分；

➤ 用属性定义命令创建属性"表面结构"：在"属性定义"对话框的"属性"栏中输入标记为"表面结构"，输入提示为"表面结构"，输入默认值为"Ra 6.3"；在"文字设置"栏中，选择文字的对正方式为"左对齐"，文字样式选择已创建的一个文字样式，如"数字字母格式式"，文字高度为"5"；在"插入点"栏中勾选"在屏幕上指定"，在图形中指定属性的插入点；单击【确定】按钮，属性创建完成。图形和属性如图 4-75 所示；

➤ 用 BLOCK 命令创建具有属性的块：在"块定义"对话框中，输入块名为"bmjg"；单击【拾取点】按钮，在图形中指定块的插入点；单击【选择对象】按钮，在屏幕上把图形和属性都选中；单击【确定】按钮，名称为"bmjg"、具有属性"表面结构"的块创建完成。

图 4-75　未定义块时的图形和属性

（3）插入带有属性的块　插入一个带有属性的块与插入一个一般块的方法是一样的。如果块中包含非固定值的属性，在插入块时，命令行将提示为每一个属性输入一个值。

例如，用 INSERT 命令插入定义的"bmjg"块时，除原有的提示外，将增加提示：

输入属性值

表面结构:<Ra 6.3>:（可键入另外的值，或直接回车）

图 4-76 所示是插入块"bmjg"的结果，图 4-76a 所示是默认属性值为"Ra 6.3"，图 4-76b 所示是输入属性值"Ra 3.2"。

如果块中有多个非固定值的属性，则在插入块时会有多个要求输入属性值的提示。

若将系统变量 ATTDIA 的值设定为 1，则不再出现要求输入属性值的

a) 默认属性值为 Ra 6.3　　　b) 重新输入属性值 Ra 3.2

图 4-76　插入块"bmjg"的结果

提示，而是在屏幕上出现"编辑属性"对话框，在对话框中输入属性值。

6. 修改属性

在绘图过程中，为了方便用户随时修改属性，AutoCAD 提供了属性编辑功能。

（1）编辑属性命令　用 EATTEDIT 命令可以修改块属性。命令输入方式如下。

◆ 菜单栏：【修改】→【对象】→【属性】→【单个】。

◆ 功能区："默认"选项卡→"块"面板→ 块 ▼ →"编辑属性"按钮 编辑属性 ▼。

◆ 命令行：EATTEDIT ✓。

命令输入后提示：

选择块:（选择带有属性的块）

如果选择的块不包含属性，或者所选的不是块，将继续提示"选择块："。在选择带有属性的块后，将显示图 4-77 所示的"增强属性编辑器"对话框，其左上角显示要编辑的块名及块属性标记。

1）"选择块"按钮：单击"选择块"按钮，对话框将暂时关闭，命令行提示从图形区域选择块。当选择了块或按<Esc>键，返回对话框。如果修改了块的属性，但未保存所做的更改就单击"选择块"按钮，将出现警告框，提示在选择其他块之前是否保存更改。

2）"属性"选项卡：如图 4-77 所示，显示每个属性的标记、提示和值。只能在"值"文本框中修改属性的值。

3）【应用】按钮：在修改了属性的值、文字选项、特性后，单击该按钮，将更新属性的图形，并保持"增强属性编辑器"对话框打开。

4）"文字选项"选项卡：修改属性文字在图形中的显示方式。各项内容已在前面介绍，这里不再叙述。

5）"特性"选项卡：在"特性"选项卡中可修改属性文字的图层、线型、颜色、线宽。如果图形使用打印样式，还可以使用"打印样式"下拉列表为属性指定打印样式。如果当前图形使用颜色相关打印样式，则"打印样式"下拉列表不可用。

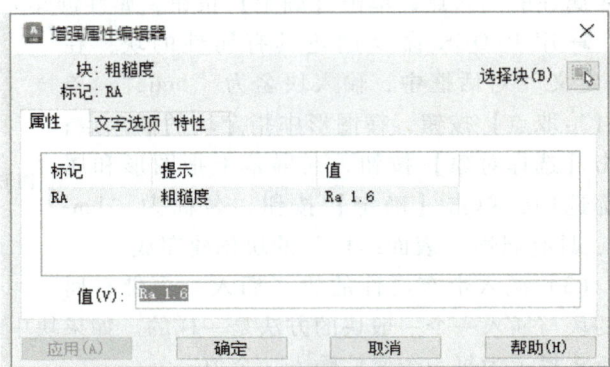

图 4-77 "增强属性编辑器"对话框（"属性"选项卡）

有关项目更改后，单击【确定】按钮，修改完成。

（2）块属性管理器　BATTMAN 命令管理当前图形中块的属性定义。可以在块中编辑属性定义、从块中删除属性及更改插入块时系统提示用户属性值的顺序，因而它的功能更强。命令输入方式如下。

◆ 菜单栏：【修改】→【对象】→【属性】→【块属性管理器】。

◆ 功能区："默认"选项卡→"块"面板→ 块 → "块属性管理器"按钮。

◆ 命令行：BATTMAN。

命令输入后，如果当前图形不包含具有属性的块，命令行提示"此图形不包含带属性的块"并结束命令；如果当前图形包含具有属性的块，则显示图 4-78 所示"块属性管理器"对话框。

1）"选择块"按钮：单击"选择块"按钮，对话框将暂时关闭，用光标在图形区域选择块。选择了块或按<Esc>键，返回对话框。如果修改了块的属性，并且未保存所做的更改就单击"选择块"按钮，将出现警告框，提示在选择其他块之前是否保存更改。

2）"块"下拉列表：该下拉列表列出了当前图形中具有属性的全部块，从中可选择要修改属性的块。

3）属性列表区域：选定的块的属性显示在属性列表中。默认情况下，标记、提示、默认和模式四种属性特性显示在属性列表中。单击"设置"按钮，可以指定要在列表中显示属性的哪些特性。

4）"同步"按钮：用于更新具有当前定义的属性特性的选定块。此操作不会影响每个块中赋给属性的值。

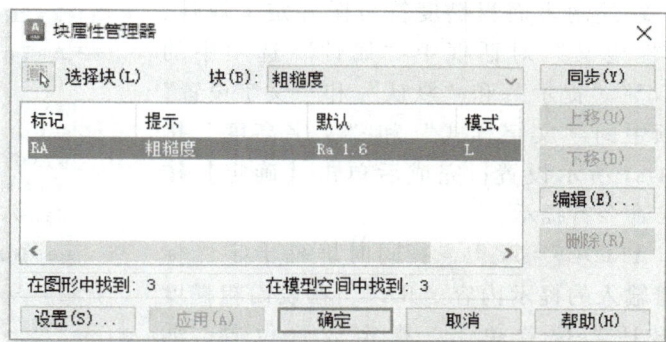

图 4-78　"块属性管理器"对话框

在"草图与注释"工作空间，单击"默认"选项卡的"块"面板中的 块▼，打开的滑出式面板上有"同步属性"按钮 ；单击"插入"选项卡的"块定义"面板中的 块定义 ▼，打开的滑出式面板有"同步属性"按钮 同步，它们都与"块属性管理器"的"同步"按钮意义一样。

5）"上移（下移）"按钮：单击该按钮时，在属性列表区域中上移（下移）选定的属性标签。选定固定属性时，"上移（下移）"按钮不可使用。

6）"编辑"按钮：单击该按钮，打开图 4-79 所示"编辑属性"对话框，可在其中修改属性特性。对话框中各选项卡的内容可参看属性定义命令 ATTDEF 和块属性修改命令 EATTEDIT。

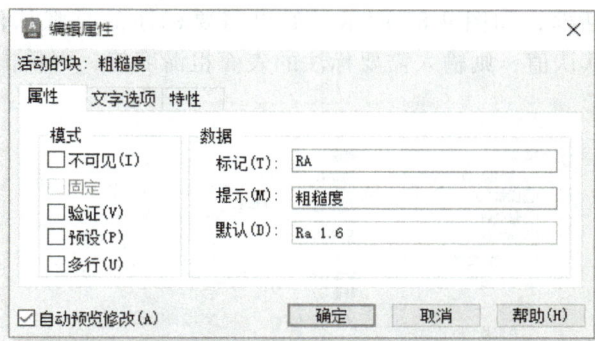

图 4-79　"编辑属性"对话框

7）"删除"按钮：在属性列表区域中选定一个属性，单击该按钮，该属性将从块定义中删除。如果在选择"删除"之前已选中了"块属性设置"对话框中的"将修改应用到现有参照"，则该属性将从当前图形中该块的所有引用中删除。对于仅具有一个属性的块，"删除"按钮不可使用。

8）【设置】按钮：单击该按钮，打开图 4-80 所示"块属性设置"对话框，在其中定义"块属性管理器"中属性列表区域中列出的属性信息，打"√"的属性将列出。

9）【应用】按钮：单击该按钮，属性更改后按新的设定更新图形，同时保持"块属性管理器"为打开状态。

7. 操作过程

以下操作示范标注图 4-2 所示铣刀头主轴中的表面粗糙度。

➤ 绘制表面粗糙度符号图并定义属性，"属性定义"对话框中"属性"选项中的"标记""提示"和"默认"和"文字设置"选项中的"文字样式"和"文字高度"按图 4-81 所示设置；完成后单击【确定】按钮，命令行提示：

<u>ATTDEF 指定起点</u>：同时屏幕十字光标带着输入的提示内容"RA"，在表面粗糙度符号适当位置单击，指定放置位置，如图 4-82 所示；

➤ 创建块。单击创建块命令，弹出"块定义"对话框，块名称输入"粗糙度"，在"基点"栏单击"拾取点"按钮，命令行提示：

<u>指定插入基点</u>：光标拾取块插入点，如图 4-83 所示；

<u>选择对象</u>：选择全部对象，回车并返回"块定义"对话框，单击【确定】按钮，完成创建块；

➤ 插入块。单击插入块命令，选择创建的"粗糙度"块，如图 4-84 所示；屏幕显示十字光标在块插入点位置，命令行提示：

<u>指定插入点或「基点（B）/比例（s）/X/Y/Z/旋转（R）」</u>：单击指定表面粗糙度的标注位置，弹出"编辑属性"对话框，如图 4-85 所示。如果需要标注的是默认值，则直接单击【确定】按钮；如果不是默认值，则输入需要标注的表面粗糙度值，再单击【确定】按钮。

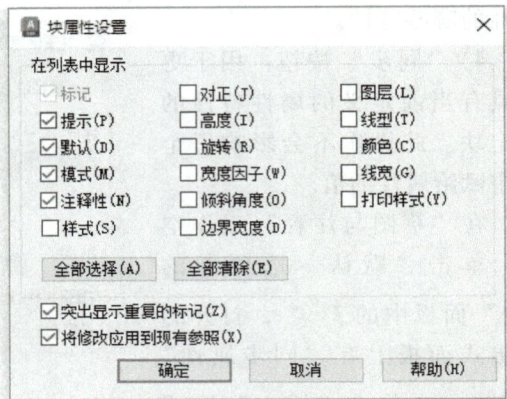

图 4-80 "块属性设置"对话框

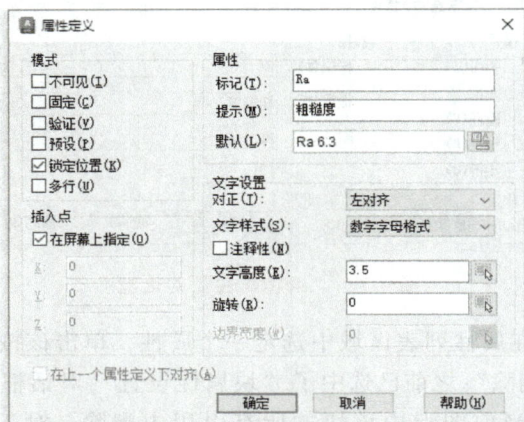

图 4-81 属性定义

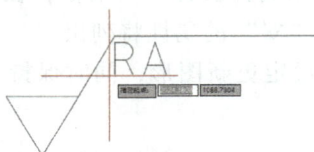

图 4-82 内容放置位置

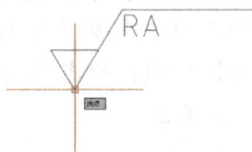

图 4-83 块插入点位置

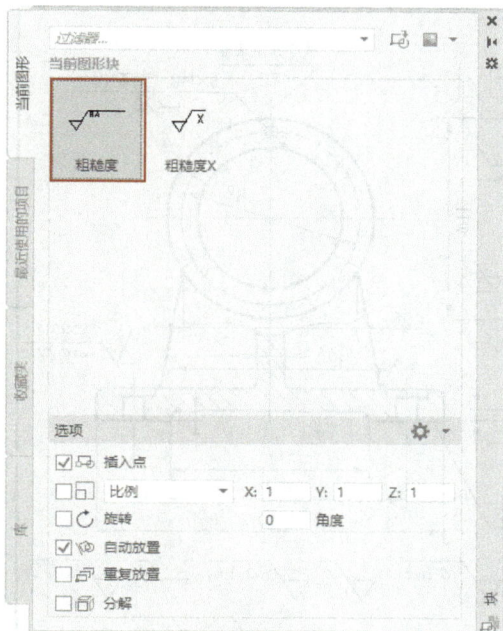

图 4-84 插入块（粗糙度）

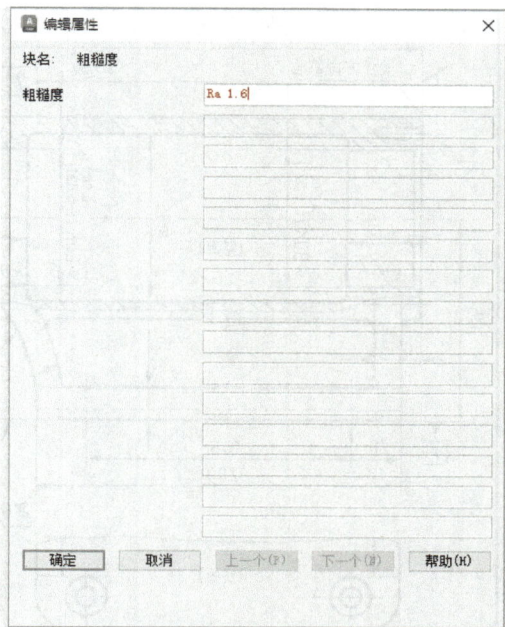

图 4-85 "编辑属性"对话框

任务 4.2 绘制铣刀头座体零件图

4.2.1 图形分析

图 4-86 所示为铣刀头座体零件图。零件图中常见的标注已经在任务 4.1 "绘制铣刀头主轴零件图"中介绍，本任务主要介绍零件图中的一些特殊标注形式、尺寸的编辑和修改的方法，使其符合标注要求和制图标准。

4.2.2 尺寸的编辑和修改

对于已经标注的尺寸，其尺寸文字位置、内容、标注样式、尺寸公差等都可以编辑和修改。可以使用编辑标注命令或使用尺寸标注的夹点来编辑和修改尺寸。

尺寸的编辑和修改

1. 编辑标注

编辑标注命令用于修改尺寸文字、恢复尺寸文字的定义位置、改变尺寸文字的旋转角度及使尺寸界线倾斜。编辑尺寸界线命令的输入方式如下。

◆ 菜单栏：【标注】→【倾斜】。

◆ 功能区："注释"选项卡→"标注"面板→ 标注 ▼ →"倾斜"按钮 ⟋。

◆ 命令行：DIMEDIT ↙。

命令输入后，命令行的主提示为：

输入标注编辑类型［默认(H)/新建(N)/旋转(R)/倾斜(O)］＜默认＞：（单击选项或键

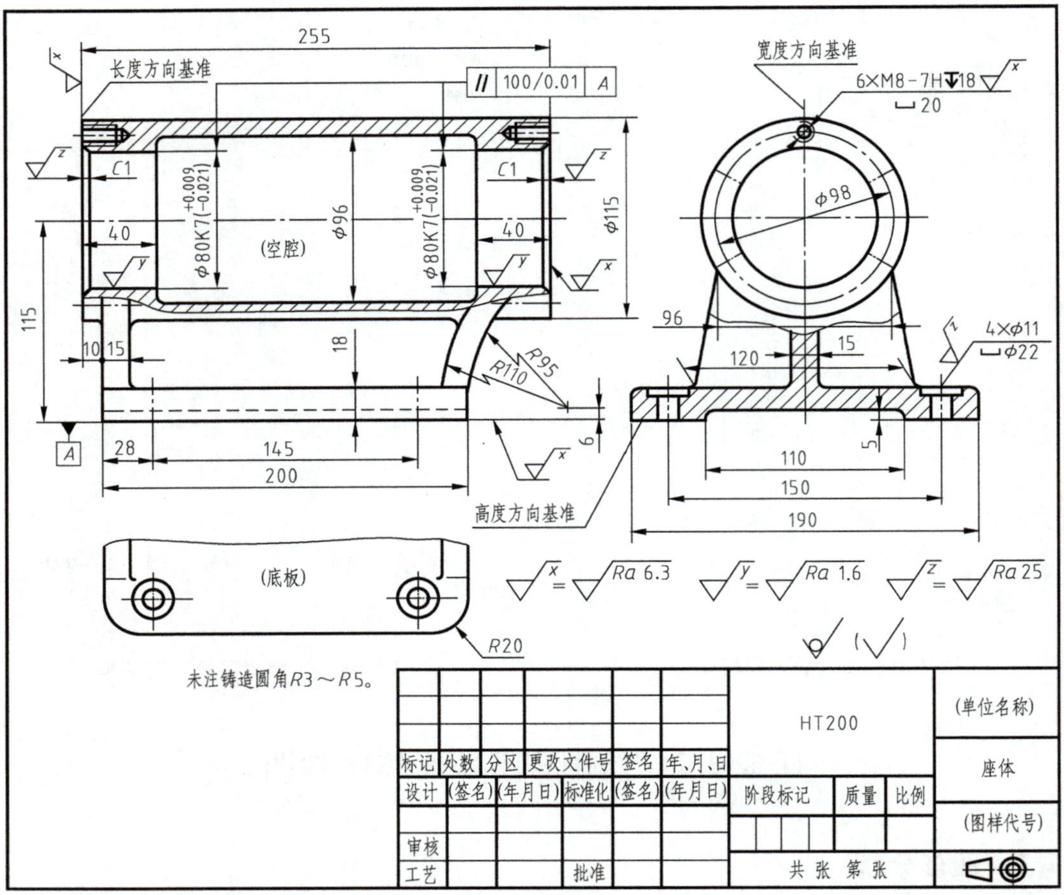

图 4-86　铣刀头座体零件图

入选项关键字后回车，或直接回车）

（1）默认（H）　这是首选项。如果已经改变了文字的位置，使用该选项将尺寸文字移回到标注样式定义的默认位置。按提示选择尺寸标注对象后即结束命令。

（2）新建（N）　该选项是用新的尺寸文字替代已标注的尺寸文字。对主提示选择"新建（N）"，显示"文字编辑器"，输入新的文字后确定，再对"选择对象："的提示选择一尺寸标注即可。

（3）旋转（R）　该选项用于旋转已标注的尺寸文字。在主提示下选择"旋转（R）"，接下来提示：

指定标注文字的角度：（输入文字旋转角度，此角度为尺寸数字基线与水平方向的夹角）

接下来提示选择对象：。

（4）倾斜（O）　通常，尺寸标注的尺寸界线与尺寸线相互垂直，若需要尺寸界线倾斜，在标注完成后再用 DIMEDIT 命令的"倾斜"选项，可使长度型标注的尺寸界线倾斜一定的角度（图 4-87）。选择"倾斜（O）"，接下来提示：

选择对象：（选择尺寸标注对象，提示重复出现，回车后结束提示）

输入倾斜角度(按 <Enter>键表示无):(输入一个角度值后回车，或输入两点，或直接回车)

若对该提示输入两点，两点连线与正向 X 轴的夹角为尺寸界线的倾斜角度。

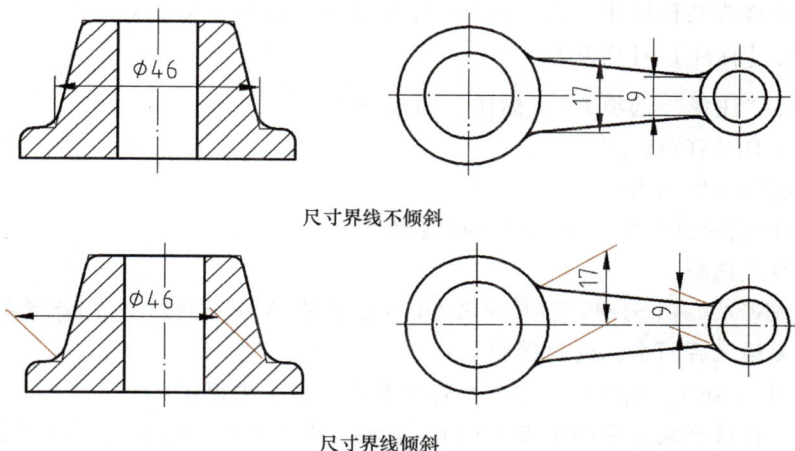

尺寸界线不倾斜

尺寸界线倾斜

图 4-87　DIMEDIT 命令的"倾斜"选项

2. 编辑标注文字

编辑标注文字命令主要是用来改变尺寸文字沿尺寸线的位置和角度。命令输入方式如下。

- ◆ 菜单栏：【标注】→【对齐文字】。
- ◆ 功能区："注释"选项卡→"标注"面板→ 标注 ▾ → ✕ ⊢⋯⊣ ⊢⋯⊣ ⊢⋯⊣ 。
- ◆ 命令行：DIMTEDIT ↙。

命令输入后提示：

选择标注：(选择要编辑的尺寸)

为标注文字指定新位置或[左对齐(L)/右对齐(R)/居中(C)/默认(H)/角度(A)]：
(给尺寸文字指定新的位置，或单击选项或键入选项关键字后回车)

（1）标注文字指定新位置　这是首选项，可以给尺寸线及尺寸文字指定一个新的放置位置。在该提示出现后，移动光标，可动态地拖动尺寸线及尺寸文字到一个新的位置，如图4-88 所示。

（2）在对齐（L）、右对齐（R）、居中（C）　选项用于将已标注的尺寸文字沿尺寸线靠近左（右）边一条尺寸界线放置（图4-88），或将尺寸文字沿尺寸线居中放置。

（3）默认（H）　该选项是将尺寸文字移回到标注样式定义的默认位置。

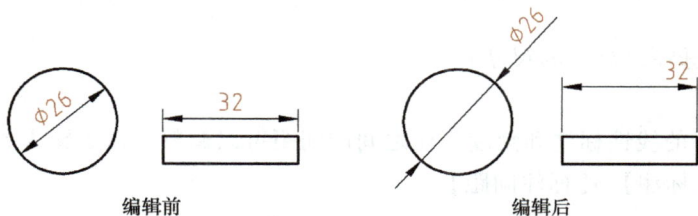

编辑前　　　　　　　　　　编辑后

图 4-88　指定标注文字的新位置

（4）角度（A） 该选项用于指定已标注的尺寸文字的角度，其功能与 DIMEDIT 中的旋转（R）选项相同。

3. 标注更新

该命令用于修改某种标注样式，列出尺寸变量等。命令输入方式如下。

◆ 菜单栏：【标注】→【更新】。

◆ 功能区："注释"选项卡→"标注"面板→ 。

◆ 命令行：DIMSTYLE ↙。

命令输入后的主提示为：

当前标注样式：<当前样式名> 注释性：否

输入标注样式选项

[注释性（AN）/保存（S）/恢复（R）/状态（ST）/变量（V）/应用（A）/?] <恢复>:（单击选项或键入选项关键字后回车，或直接回车）

（1）注释性（AN） 用于创建注释性标注样式。接下来提示：

创建注释性标注样式 [是（Y）/否（N）] <是>:（单击是（Y）或键入 Y 后回车，或直接回车，创建注释性标注样式；或单击否（N）或键入 N 后回车，不创建注释性标注样式）

输入新标注样式名或 [?]:（输入新标注样式名后回车，创建一个新的标注样式；或单击?或键入 "?" 后回车，列出所有标注样式名）

注意：下面的各个选项中的 "?" 都是列出所有的已有标注样式，不再重述。

（2）保存（S） 用于把当前尺寸标注存储到一个新标注样式中。选择该选项，接下来提示：

输入新标注样式名或 [?]:（输入新标注样式名后回车，创建一个新的标注样式；或选择?，列出所有标注样式名）

（3）恢复（R） 该选项用于恢复已存在的标注样式并作为当前样式。接下来提示：

输入标注样式名、[?] 或 <选择标注>:（输入标注样式名后回车，或直接回车）

输入一个标注样式名，该样式即作为当前样式；若直接回车，就是通过选择图形当中已标注的尺寸，将该尺寸所使用的标注样式作为当前的标注样式。

（4）状态（ST） 该选项用于列出所有尺寸变量的当前值。

（5）变量（V） 在主提示下选择 "变量（V）"，接下来提示：

输入标注样式名、[?] 或 <选择标注>:（输入一个标注样式名后回车，或直接回车）

输入一个标注样式名，则列出该标注样式的尺寸变量的当前值；若直接回车，则提示：

选择标注:（选择一个尺寸，列出该尺寸所使用的标注样式名）

（6）应用（A） 该选项是将已使用其他标注样式标注的尺寸，更新为当前尺寸标注样式。接下来提示：

选择对象:（选择已标注的尺寸）

4. 调整标注间距

已标注的平行的线性标注和角度标注之间的间距可以调整。命令输入方式如下。

◆ 菜单栏：【标注】→【标注间距】。

◆ 功能区："注释"选项卡→"标注"面板→ 。

◆ 命令行：DIMSPACE ✓。

命令输入后提示：

选择基准标注：（选择要调整标注间距的尺寸中作为基准的尺寸标注）

选择要产生间距的标注：（选择要产生间距的平行的线性标注或角度标注，提示重复出现，回车后结束重复提示）

输入值或［自动（A）］<自动>：（键入间距值后回车，或直接回车）

（1）直接回车　如果直接回车，则应用"自动"选项，即基于选定的基准标注的标注样式中的文字高度自动计算间距，间距值是文字高度的两倍。图 4-89 所示是以尺寸"15"为基准标注调整线性标注间距。图 4-90 所示是以尺寸"45°"为基准标注调整角度标注间距。

（2）键入间距值　如果键入间距值后回车，则从基准标注按间距值均匀地隔开

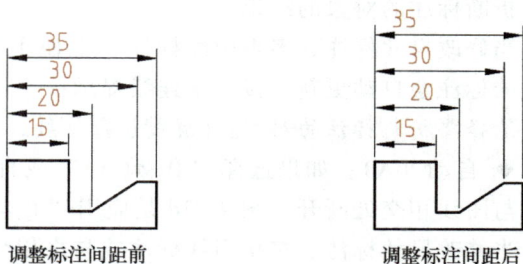

图 4-89　调整线性标注间距

选定标注。例如，如果键入间距值"0"（零），可对齐选定的线性标注和对齐标注的末端，如图 4-91 所示（以尺寸"15"为基准标注）。

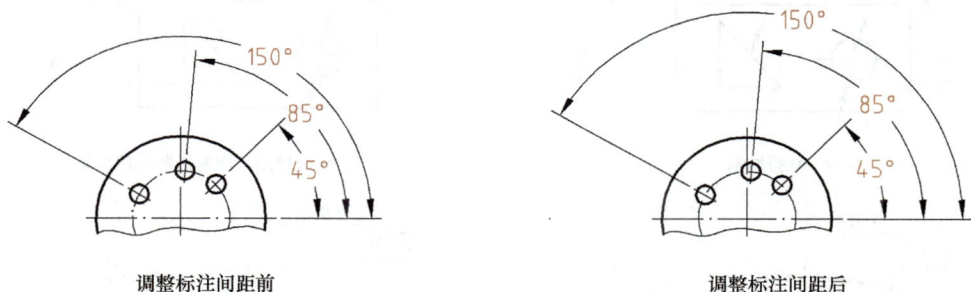

图 4-90　调整角度标注间距

5. 折断标注

折断标注可以打断尺寸线、尺寸界线、多重引线，如图 4-92 所示。命令的输入方式如下。

◆ 菜单栏：【标注】→【标注打断】。

◆ 功能区："注释"选项卡→"标注"面板→ 。

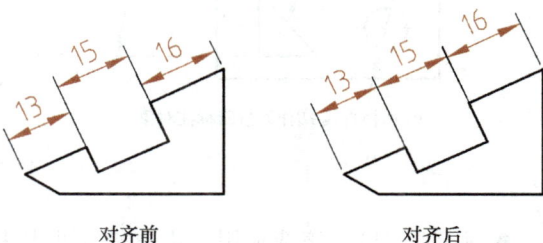

图 4-91　对齐线性标注的末端

◆ 命令行：DIMBREAK ✓。

命令输入后主提示为：

选择要添加/删除折断的标注或［多个（M）］：（拾取已标注的尺寸或多重引线，或标注的已经打断的尺寸或多重引线；或单击多个（M）或键入 M 后回车）

（1）选择要添加/删除折断的标注　这是选择已标注的准备打断的尺寸或多重引线，或

者选择准备去掉打断的尺寸或多重引线，接下来提示：

选择要折断标注的对象或 ［自动（A）/手动（M）/删除（R）］＜自动＞:(选择与尺寸线、尺寸界线、多重引线相交的图线（如图4-92中的圆弧或直线AB），或单击选项或键入选项关键字后回车，或直接回车)

◆ 选择要折断标注的对象：这是要求选择图线，尺寸线、尺寸界线、多重引线在与该图线相交处断开。图4-92b是选择圆弧作为折断标注的对象的结果，图4-92c是选择直线AB作为折断标注的对象的结果。

当修改尺寸标注、多重引线标注（如使用夹点改变位置等）或与之相交的图线时，打断后的标注会自动更新。接下来连续提示：

选择要折断标注的对象:(继续选择图线，或对其回车后结束命令)

◆ 自动（A）：如果选择"自动（A）"或直接回车，自动将尺寸线、尺寸界线、多重引线在与图线相交处断开。图4-92d是应用"自动（A）"选项后折断标注的结果。

当修改尺寸标注、多重引线标注或与之相交的图线时，打断后的标注会自动更新。

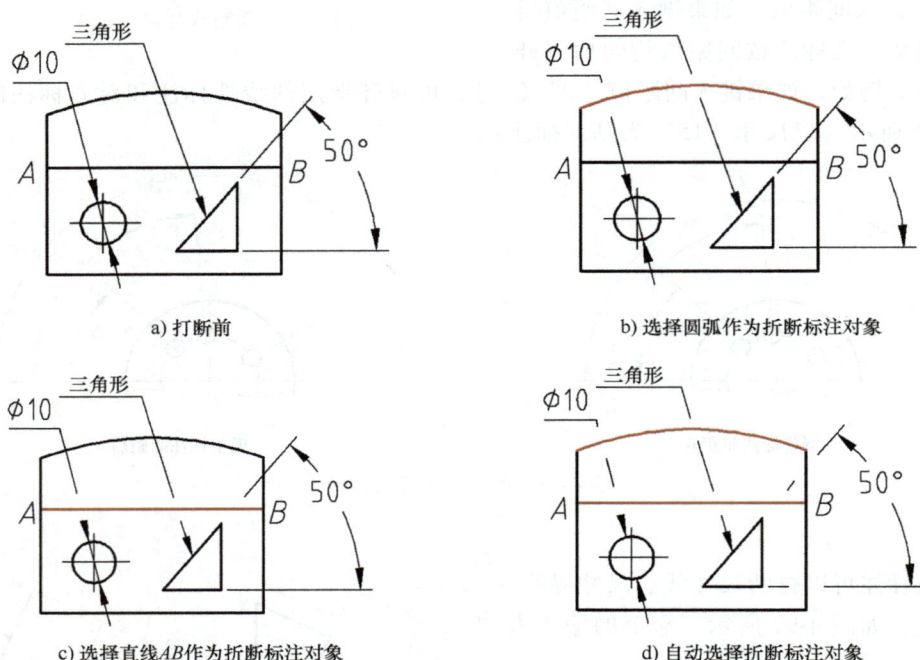

图 4-92　折断标注举例

◆ 手动（M）：该选项用于用户指定两点来打断尺寸线、尺寸界线、多重引线。接下来提示：

指定第一个打断点:(在尺寸线、尺寸界线、多重引线上（或附近）指定一点)

指定第二个打断点:(在相同的尺寸线、尺寸界线、多重引线上（或附近）指定另一点)

当修改尺寸标注、多重引线标注或与之相交的图线时，打断后的标注不会自动更新。

◆ 删除（R）：在已经选择了已打断的尺寸线、尺寸界线、多重引线后，选择该选项将恢复已打断的标注。

（2）多个（M）　对主提示选择"多个（M）"，可以一次选择多个尺寸标注或多重引线标注。接下来提示：

选择标注：（用任何选择对象的方法选择标注的尺寸或多重引线，提示重复出现，回车后结束重复提示）

选择要折断标注的对象或［自动（A）/删除（R）］＜自动＞：（选择与尺寸线、尺寸界线、多重引线相交的图线，或单击选项或键入选项关键字后回车，或直接回车）

该提示的各个选项与前面已介绍的相应选项意义一样。

6. 折弯线添加到线性标注

可以将折弯线添加到线性标注或对齐标注（图 2-25）。命令的输入方式如下。

◆ 菜单栏：【标注】→【折弯线性】。

◆ 功能区："注释"选项卡→"标注"面板→ 。

◆ 命令行：DIMJOGLINE ↙。

命令输入后提示：

选择要添加折弯的标注或［删除（R）］：（拾取线性标注，或单击删除（R）或键入 R 后回车）

1）拾取了要向其添加折弯的线性标注或对齐标注后，接下来提示用户指定折弯的位置，即

指定折弯位置（或按＜Enter＞键）：（指定一点作为折弯位置，或按 ＜Enter＞键以将折弯放在标注文字和第一条尺寸界线之间的中点处，或基于标注文字位置的尺寸线的中点处）

2）选项"删除（R）"用于删除已经有折弯的线性标注或对齐标注中的折弯。接下来的提示为：

选择要删除的折弯：（拾取已经有折弯的线性标注）

7. 使用夹点改变标注

使用"夹点"的"拉伸"功能，可以改变尺寸界线、尺寸线、尺寸文字的位置，也可改变多重引线的箭头、文字、基线位置。其方法是用鼠标选中相应的夹点，使其成为热点，移动鼠标到合适的位置后单击即可。当然，"夹点"编辑的其他功能对于尺寸标注也适用。各种尺寸标注的夹点及多重引线的夹点位置如图 4-93 和图 4-94 所示。

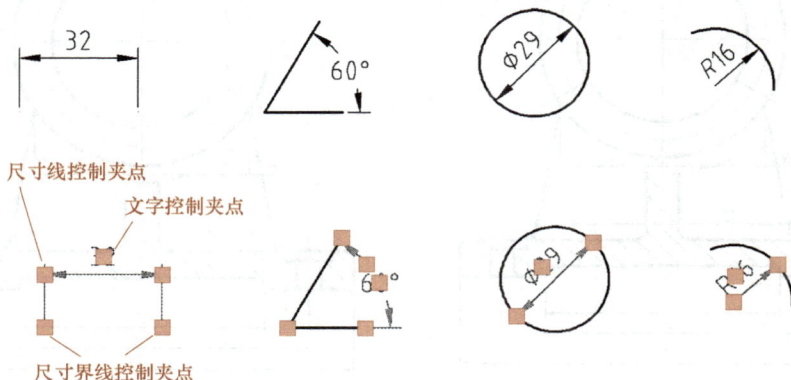

图 4-93　各种尺寸夹点位置（夹点编辑前）

（1）夹点改变尺寸标注

◆ 选中文字控制夹点，可将文字沿尺寸线移动到任意位置放置。

◆ 选中尺寸线控制夹点，可改变尺寸线的位置。

◆ 选中尺寸界线的起始点控制夹点，可改变尺寸界线的位置，尺寸文字随之自动变化。

图 4-94 所示是对图 4-93 所示标注进行夹点编辑以后的可能效果。

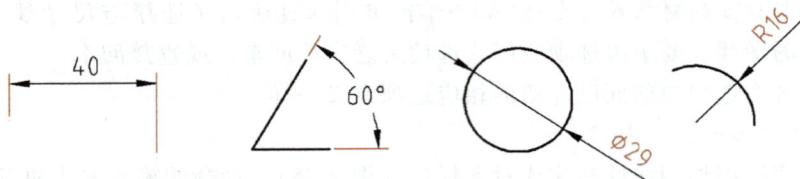

图 4-94　使用夹点编辑尺寸后

（2）夹点改变多重引线　多重引线的夹点如图 4-95 所示。

◆ 选中文字夹点和方块基线夹点，可将文字、基线移到任意位置，但箭头端点不变。

◆ 选中三角形基线夹点，可将基线加长或缩短。

◆ 选中箭头夹点，可改变箭头端点到任意位置。

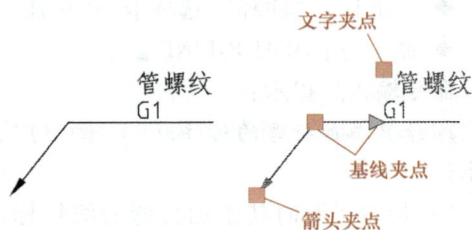

图 4-95　多重引线的夹点

8. 操作过程

以图 4-86 所示铣刀头座体零件图中尺寸标注的编辑方法为例，操作过程如下。

（1）调整标注间距　调整尺寸"110""150"和"190"三个并联尺寸，使其间距相等，均为"10"，如图 4-96 所示。

➤ 单击功能区"注释"选项卡→"标注"面板→"调整间距"按钮 ，命令行提示：

➤ 选择基准标注:选择尺寸"110"；

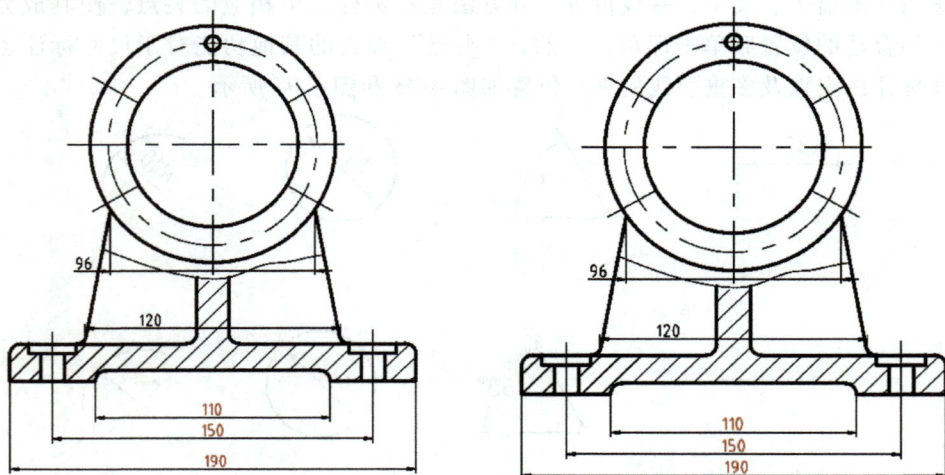

图 4-96　并联尺寸调整标注间距

➤ 选择要产生间距的标注:选择尺寸"150"和"190"并回车；

➤ 输入值或[自动(A)]<自动>:输入间距"10"并回车。

若调整串联尺寸使其对齐,输入间距为"0"即可,过程不再赘述。串联尺寸调整对齐示例如图 4-97 所示。

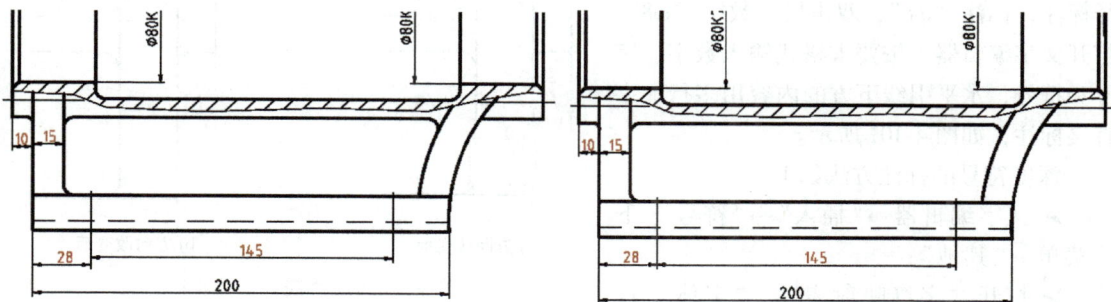

图 4-97　串联尺寸调整对齐

（2）尺寸界线倾斜　编辑左视图中的尺寸"120",使其尺寸界线倾斜,如图 4-98 所示。

➤ 单击功能区"注释"选项卡→"标注"面板→ 标注 ▼ →"倾斜"按钮 ⟋╱ ,命令行提示:

➤ 选择对象:选择尺寸"120"并回车；

➤ 输入倾斜角度(按<Enter>键表示无):输入"120"并回车。

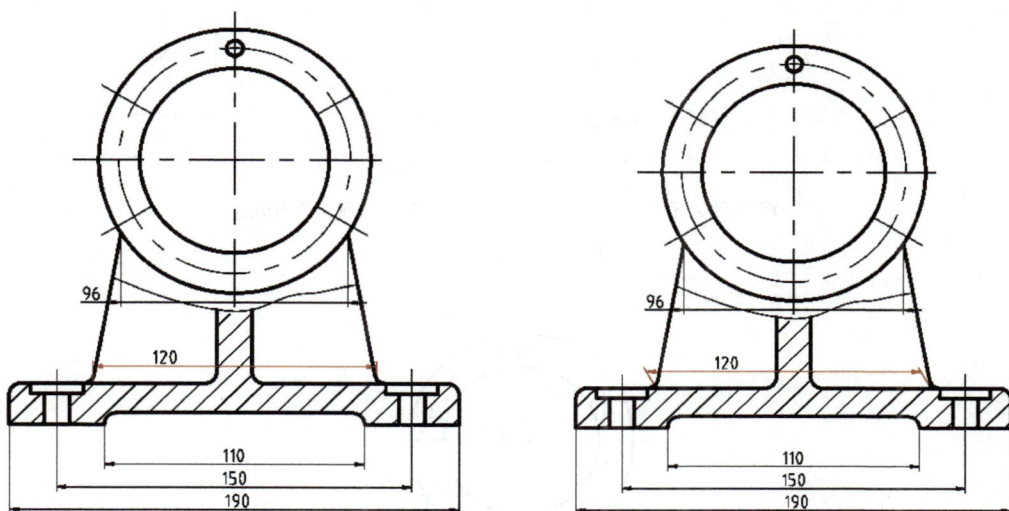

图 4-98　尺寸线界线倾斜

（3）利用"特性"选项编辑尺寸标注　编辑主视图中的尺寸"10"和"15",改变箭头方向和尺寸终端,如图 4-99b 所示,并对尺寸"10"和"15"进行对齐调整。

➤ 单击选中尺寸"10",光标放在左端的箭头上,夹点变成粉色后弹出选择菜单,单击"翻转箭头",如图 4-99a 所示,对尺寸"15"也进行同样的操作,结果如图 4-99b 所示；

➤ 选中尺寸"10",右击后弹出快捷菜单,选择"特性"后弹出"特性"对话框；在

"直线和箭头"选项中将箭头2的"实心闭合"改为"无"，采用同样的操作将尺寸"15"的箭头1的"实心闭合"改为"小点"，如图4-100所示。（这里操作方法不唯一，可以灵活掌握。）

（4）编辑标注"$\phi8$"螺纹孔　选择直径标注，标注"$\phi8$"；双击尺寸数字"$\phi8$"，打开文字编辑器。按要求格式输入数字、字母和符号，水平引线下方的内容用多行文字直接标注，如图4-101所示。

深度符号的标注方法如下：

➤ 文字编辑器→"插入"→"符号"下拉菜单→"其他"；

➤ 打开"字符映射表"，"字体"选择"GDT"，单击选中深度符号，再单击

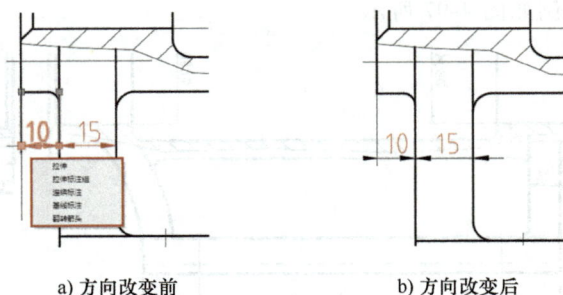

a) 方向改变前　　　　b) 方向改变后

图 4-99　改变箭头方向

【选择】按钮，"复制字符"框中出现深度符号；单击【复制】按钮，如图4-102所示，返回绘图界面；利用<Ctrl>+<V>键粘贴深度符号，适当调整符号高度，使之与文字高度匹配。

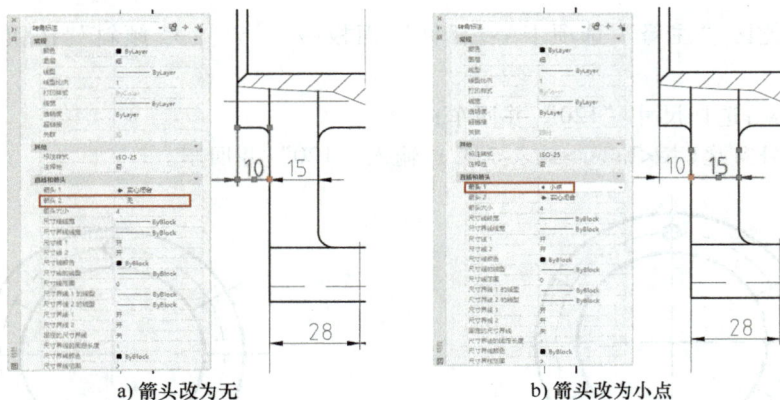

a) 箭头改为无　　　　　　　　b) 箭头改为小点

图 4-100　改箭头为小点

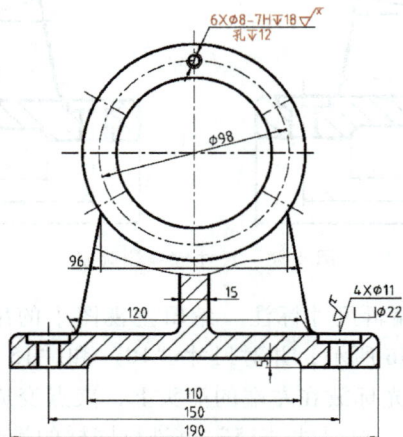

图 4-101　螺纹孔的标注

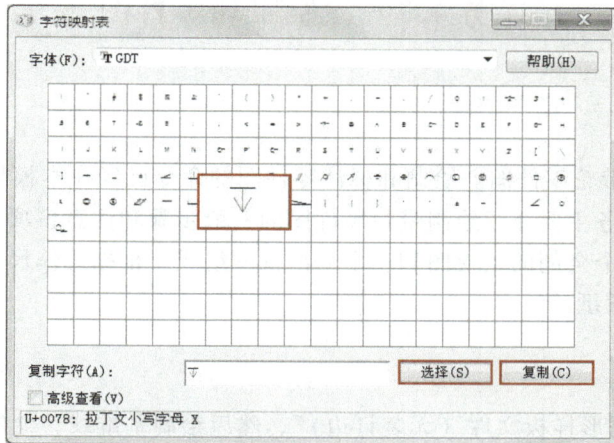

图 4-102　深度符号标注法

4.2.3　零件图图形样板文件

根据模块一中的相关内容创建无装订边 A3 横放图形样板文件，本实例中直接调用此图形样板文件，方法如下。

单击【新建】按钮，弹出"选择样板"对话框，选择"A3 横放图形样板（无装订边）"，单击【打开】按钮，即可在创建好的样式的基础上绘制新的图形，如图 4-103 所示。

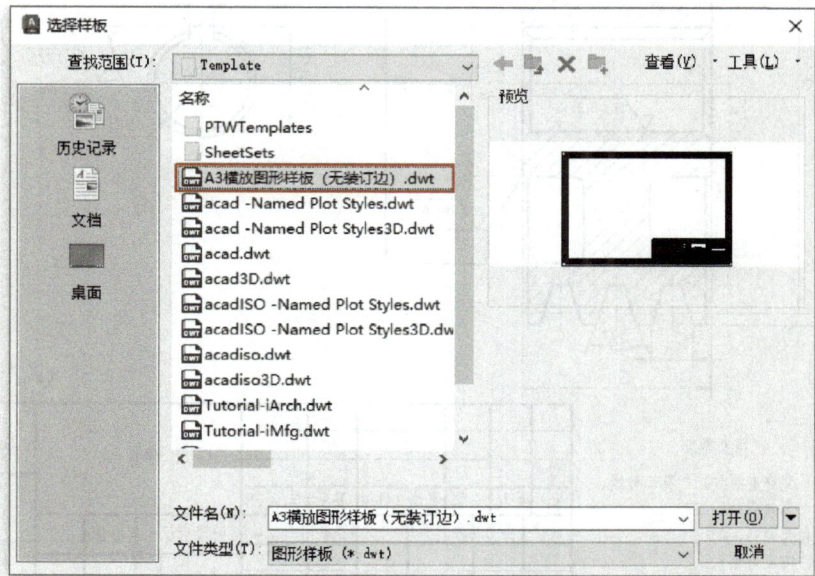

图 4-103　调用样板文件

任务 4.3　绘制带轮零件图

4.3.1　图形分析

图 4-104 所示为带轮零件图。绘制和标注零件图的命令已经在本模块的前两个任务中进行了详细讲解，本任务主要介绍绘制带轮零件图的一般步骤和注意事项。

带轮零件图由一个全剖的主视图和一个局部视图组成，根据总体尺寸和图形布局，选用 1∶1 比例、A3 横放图纸。

4.3.2　操作过程

选择"A3 横放图形样板文件（无装订边）"，然后绘制基准线，绘制视图。注意先绘制投影为圆的局部视图，主视图对应投影按高平齐绘制。主视图轮槽和腹板结构对称，可使用镜像命令。主视图中的尺寸"20"与剖面线重叠，需要将剖面线断开绘制，因此这里要先标注尺寸"20"，再进行图案填充。之后标注其他尺寸、注写技术要求、填写标题栏、检查并保存图形。

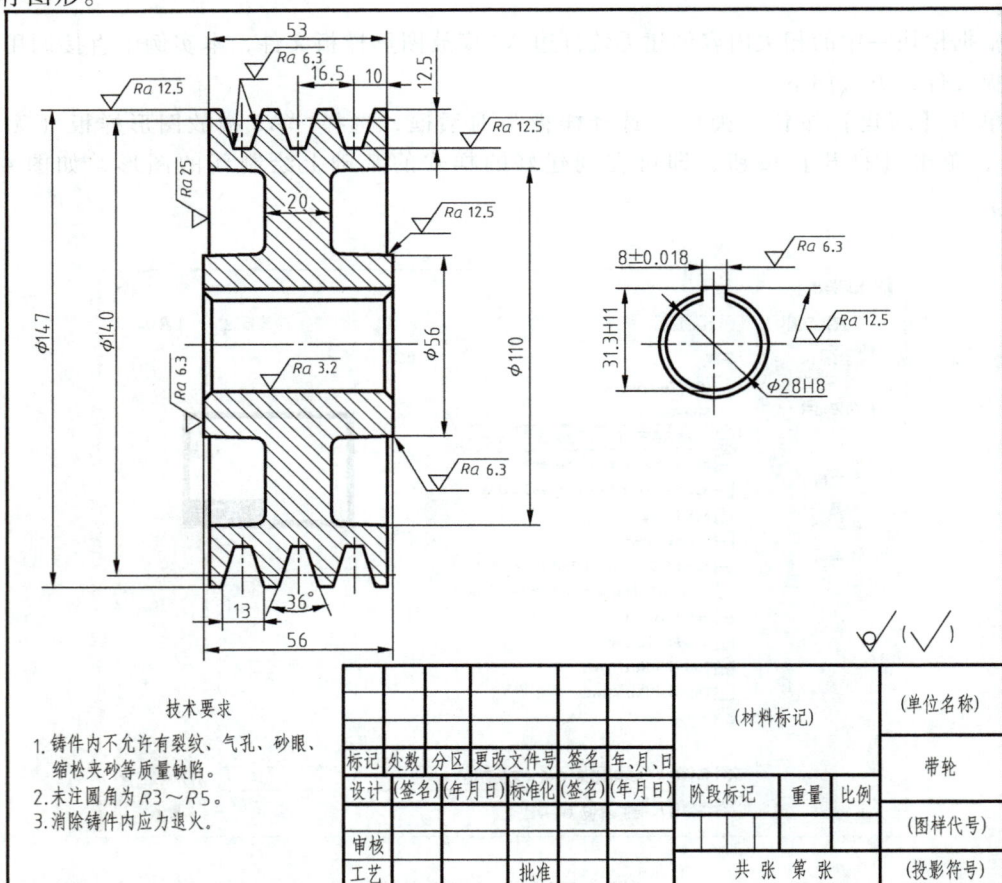

图 4-104　带轮零件图

任务 4.4　绘制连杆零件图

4.4.1　图形分析

图 4-105 所示为连杆零件图。连杆属于叉架类零件，叉架类零件一般结构形状较复杂，视图数量较多。连杆零件图由局部剖的主视图、旋转剖的俯视图、局部剖的斜视图和移出断面图组成。根据总体尺寸和图形布局，选用 1∶1 比例、A3 横放图纸。

4.4.2　操作过程

选择 "A3 横放图形样板文件（无装订边）"，然后绘制基准线，绘制视图。连杆左右各有一个圆筒，在绘图时一般先绘制投影为圆的部分，非圆投影根据投影关系绘制。视图中的尺寸较多，要看懂投影关系才能准确找到尺寸，正确绘图。绘制断面图和斜视图时，注意使用用户坐标系。标注尺寸时，先标注公称尺寸，再标注公差、表面粗糙度、基准等，之后标注剖视图和斜视图、注写技术要求、填写标题栏、检查并保存图形。

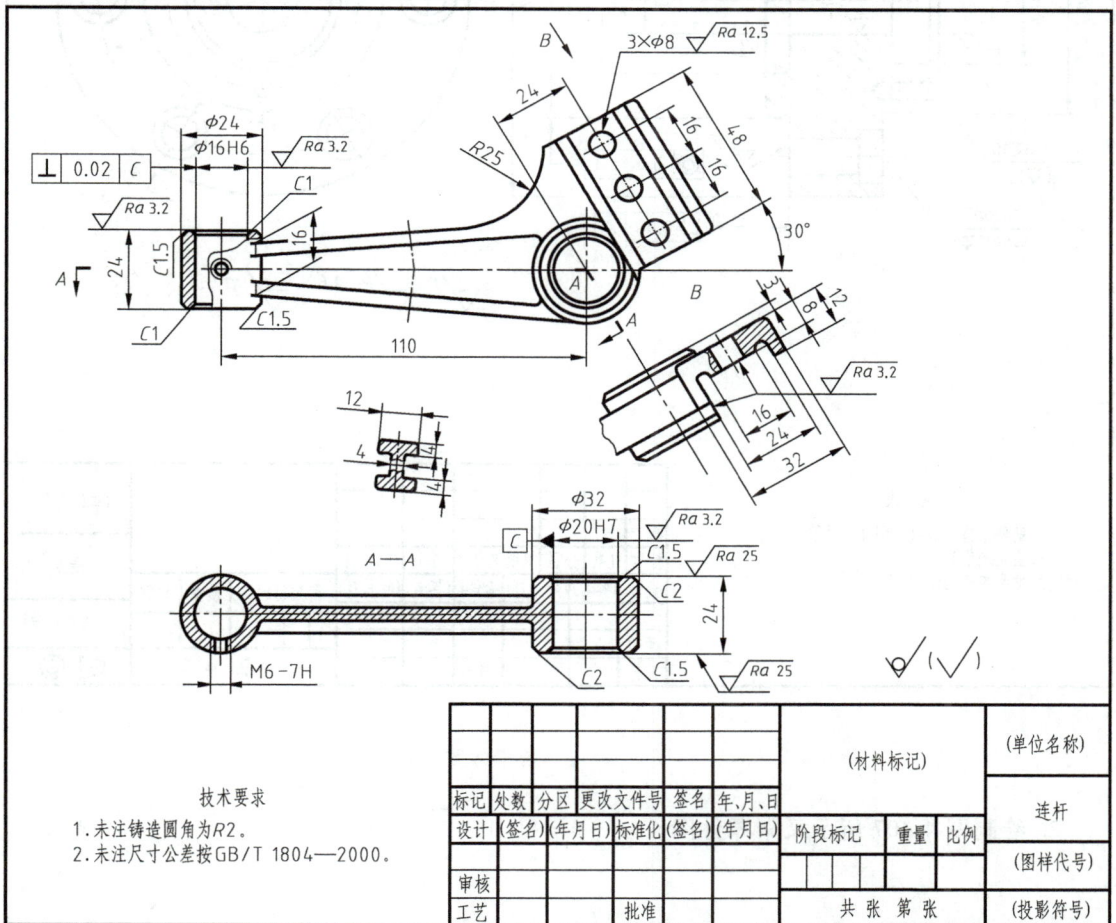

图 4-105　连杆零件图

习　题

1. 绘制图 4-106 所示端盖零件图。

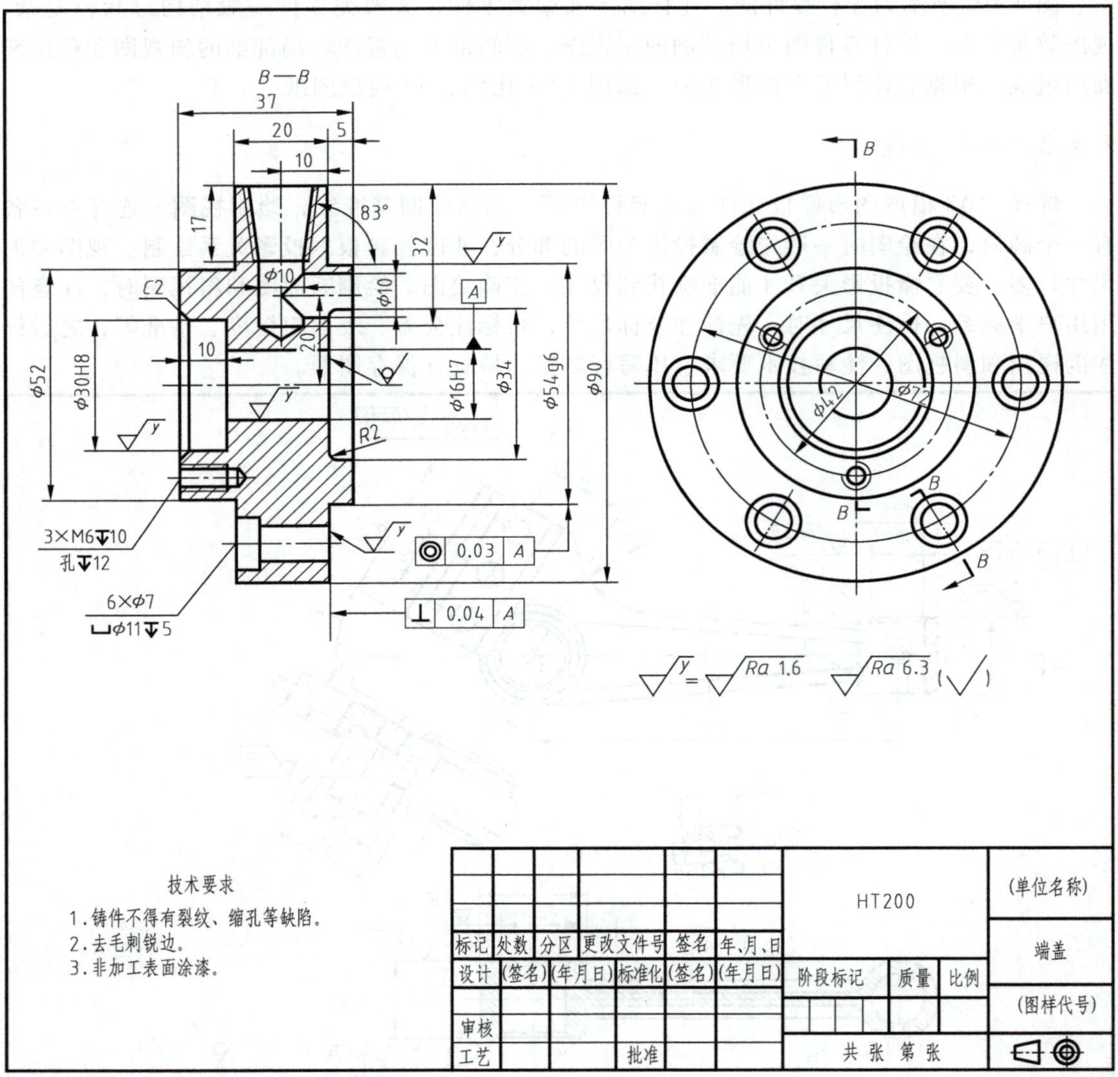

图 1-106　端盖零件图

2. 绘制图 4-107 所示叉架零件图。

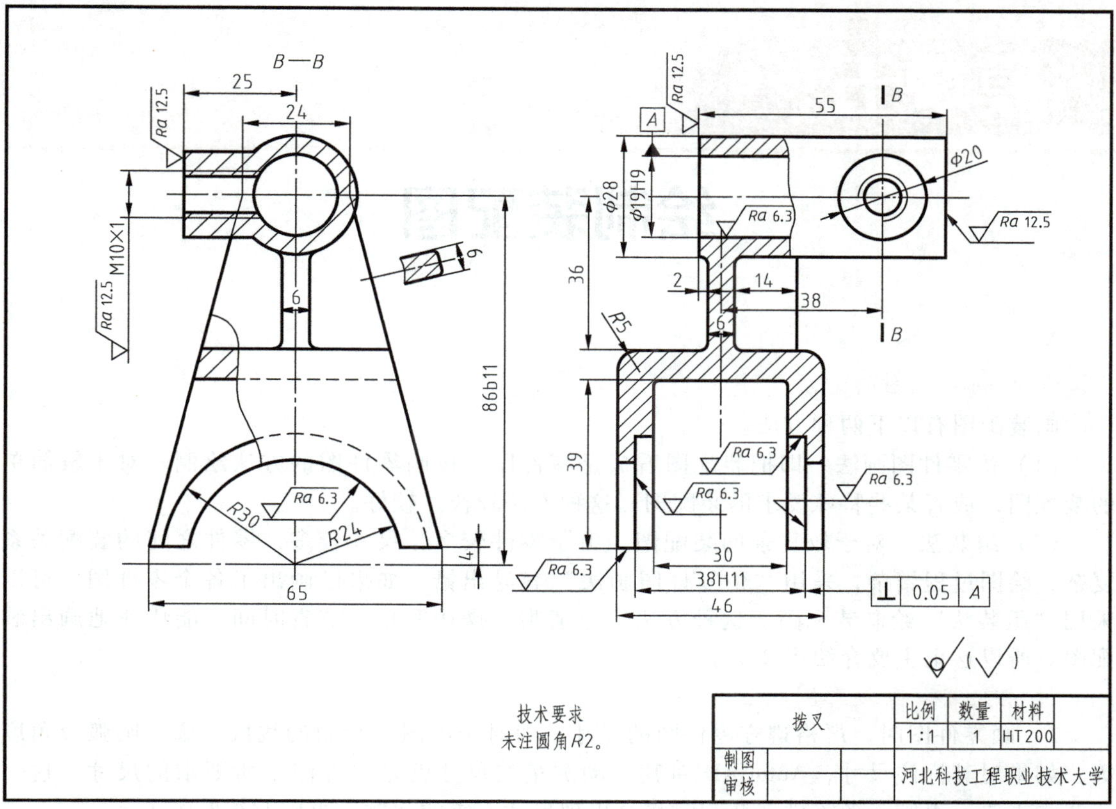

技术要求
未注圆角R2。

拨叉	比例	数量	材料
	1:1	1	HT200
制图		河北科技工程职业技术大学	
审核			

图 1-107 叉架零件图

模块五

绘制装配图

1. 绘制装配图的方法

画装配图有以下两种方法。

（1）仿零件图画法　即把装配图看成是零件图，按画零件图的方法绘制。对于较简单的装配图，或者某些特殊要求的装配图，这种方法较快、较好。

（2）组装法　对于较复杂的装配图，由于零件较多，尺寸较多，零件之间的装配关系复杂，绘图过程繁杂，采用"仿零件图画法"容易出错。如果已画出了各个零件图，可以采用"组装法"绘制装配图。这种方法思路清晰、操作简单、节省时间，能快速地画出装配图。所以这里主要介绍组装法。

2. 用组装法画装配图的注意事项

1）画零件图时，严格遵守零件图的尺寸。即对于绘图时绘制的线段、圆、圆弧及角度等，如果对其标注尺寸，AutoCAD 对其自动测量的尺寸就是零件图中所要求的尺寸。这一点非常重要，否则，各零件在装配时将会出现尺寸不符的问题，再修改很麻烦了。

2）绘制的各零件的粗实线、细实线、点画线等图形对象的特性（如图层、颜色、线型、线宽等）要一致，以使装配图上各种图线不致混淆。如果允许，可把所有零件图画在（或组织到）同一图形中。各零件的剖面线的方向或间隔尽可能一致，以便在装配图中区分各个零件。

3. "组装"装配图的具体方法

第一步，将各零件做成块（注意：块的插入基点要适合于零件在装配图中的准确定位，一般置于装配结合面或装配定位面）。

第二步，将各个零件块按顺序插入基础零件。

第三步，补充、修改细节，完成装配图。

本模块介绍用组装法绘制铣刀头的装配图。本模块知识点如图 5-1 所示。

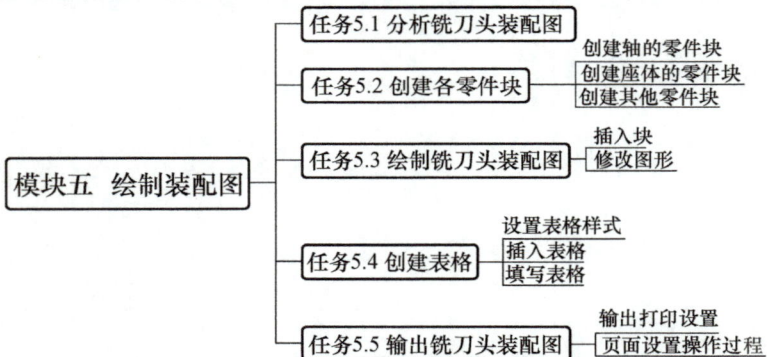

图 5-1　模块五知识点导图

任务 5.1　分析铣刀头装配图

图 5-2 所示为铣刀头装配图。整个装配体共有 16 种零件。铣刀头主要用于零件的铣削加工，该装配体由多种典型的零件装配而成，如座体、滚动轴承、轴、轴承盖、带轮、键、销、挡圈、螺钉等。基础件为座体，两端由圆锥滚子轴承支撑轴，轴承外侧有轴承盖；左边带轮为动力输入端，带轮和轴由键连接；带轮的左侧由销、挡圈、螺钉实现定位和紧固；轴右边动力输出给铣刀盘，刀盘带动铣刀铣削；轴与刀盘由键连接，挡圈、垫圈、螺钉把刀盘与轴紧固住。装配体长 418mm，宽 190mm，高 164mm，传动轴贯通装配体左右，左边装配 V 带轮，右边安装铣刀，底座上有 4 个 φ11mm 的连接孔。

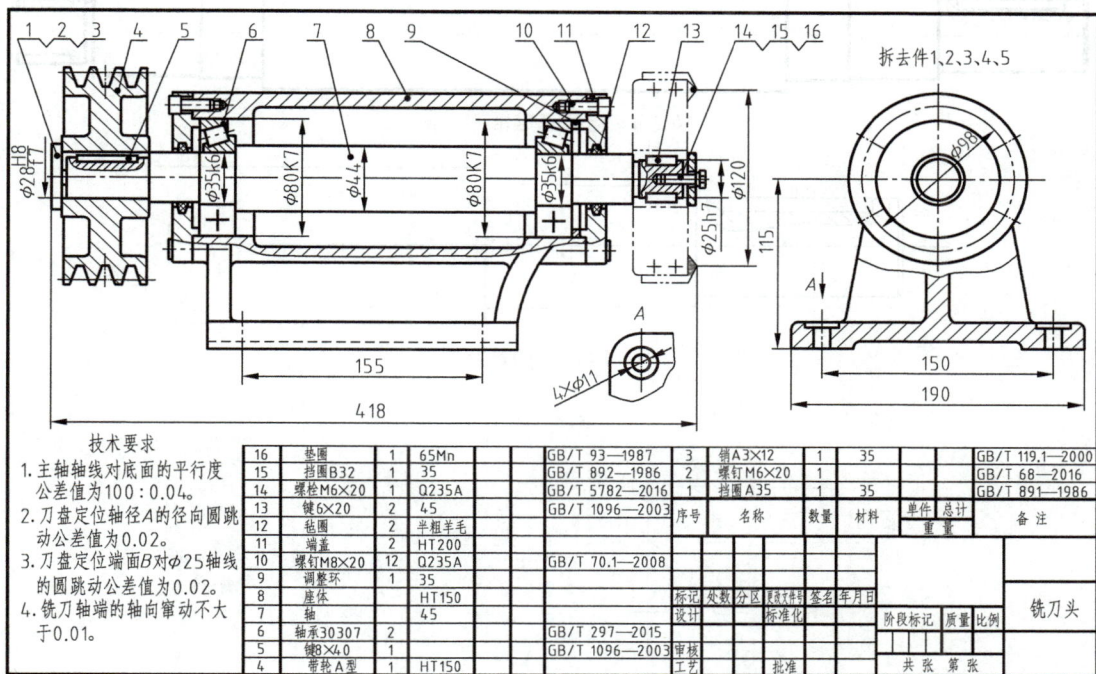

技术要求
1. 主轴轴线对底面的平行度公差值为 100：0.04。
2. 刀盘定位轴径 A 的径向圆跳动公差值为 0.02。
3. 刀盘定位端面 B 对 φ25 轴线的圆跳动公差值为 0.02。
4. 铣刀轴端的轴向窜动不大于 0.01。

16	垫圈	1	65Mn		GB/T 93—1987		3	销A3×12	1	35		GB/T 119.1—2000
15	挡圈B32	1	35		GB/T 892—1986		2	螺钉M6×20	1			GB/T 68—2016
14	螺栓M6×20	1	Q235A		GB/T 5782—2016		1	挡圈A35	1	35		GB/T 891—1986
13	键6×20	2	45		GB/T 1096—2003		序号	名称	数量	材料	单件 总计 重量	备注
12	毡圈	2	半粗羊毛									
11	端盖	2	HT200									
10	螺钉M8×20	12	Q235A		GB/T 70.1—2008		标记	处数 分区	更改文件号	签名 年月日		
9	调整环	1	35				设计		标准化			铣刀头
8	座体	1	HT150									
7	轴	1	45							阶段标记 质量 比例		
6	轴承30307	2			GB/T 297—2015							
5	键8×40	1			GB/T 1096—2003		审核					共 张 第 张
4	带轮A型	1	HT150				工艺		批准			

图 5-2　铣刀头装配图

任务 5.2　创建各零件块

在模块四中已经对铣刀头装配体中的各个零件进行了绘制，本模块利用块的定义将铣刀头装配体中的各零件创建为对应的块，以便于装配使用。

5.2.1　创建轴的零件块

➤ 调出模块四中绘制的轴的零件图，如图 5-3 所示；

➤ 装配图中要求轴的实长。按照零件图中轴的实长，使用前面的修改命令将其改为装配图中所需的轴，如图 5-4 所示，使用创建块命令 BLOCK，创

创建轴的零件块

建轴零件块，并将图 5-5 中标记的轴中心点作为基点；

　➤ 在"块定义"对话框中，单击"选择对象"按钮，再将整条轴选中，如图 5-6 所示；

　➤ 单击【确定】按钮，并保存到创建好的的文件夹中，轴的零件图即为存好的一个外部块，如图 5-7 所示。

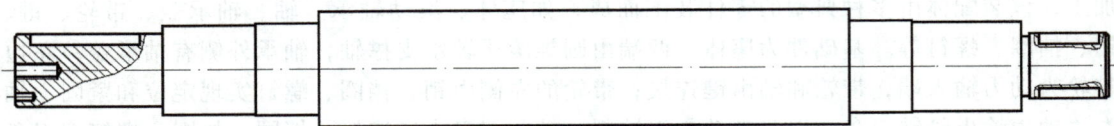

图 5-3　轴的零件图

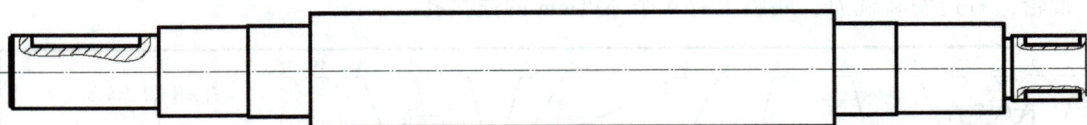

图 5-4　修改后轴的零件图

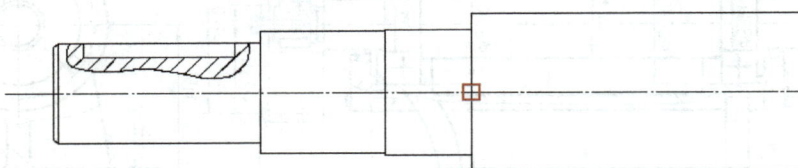

图 5-5　轴的基点

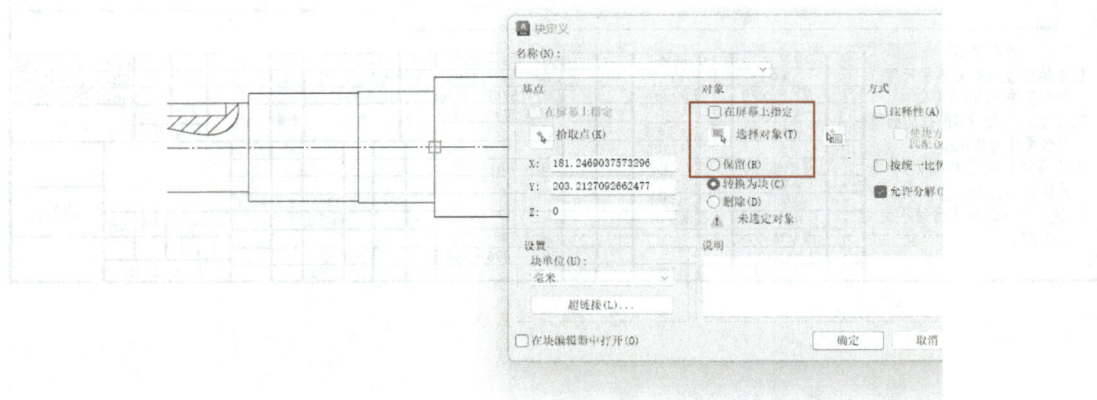

图 5-6　选择对象

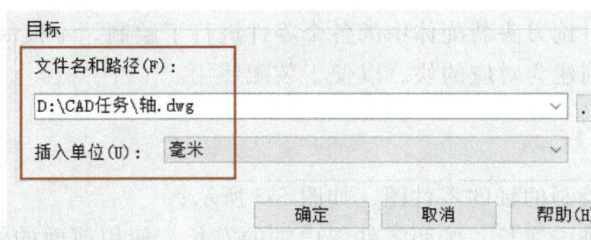

图 5-7　保存位置

5.2.2　创建座体的零件块

➤ 打开座体的零件图，如图 5-8 所示；

➤ 与创建轴的零件块操作相同，首先把标注图层关闭，得到图形，再应用创建块命令，选取图 5-9 中标记的座体左端与轴线的交点作为基点，将座体存为外部块。

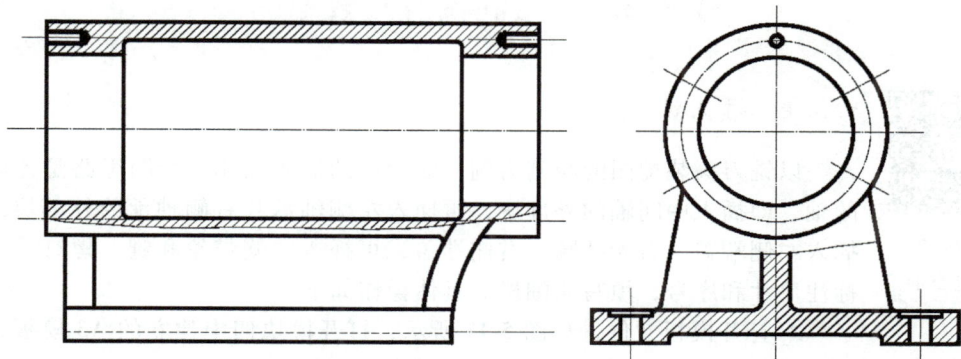

图 5-8　座体零件图

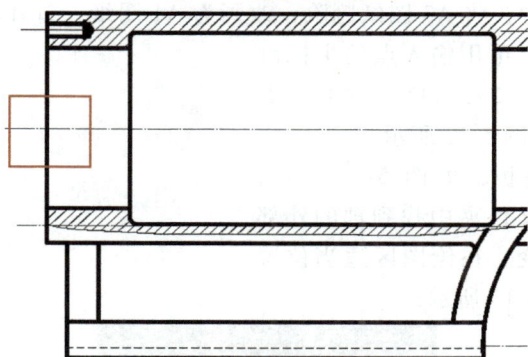

图 5-9　座体的基点

5.2.3　创建其他零件块

重复创建零件块的操作，将铣刀头中其他的零件图均存为外部块，如图 5-10 所示。

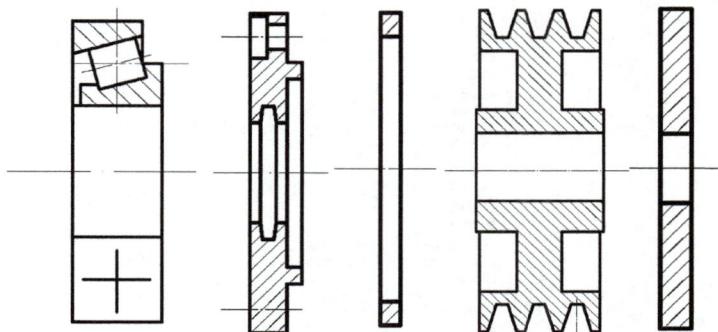

图 5-10　铣刀头所用的零件块

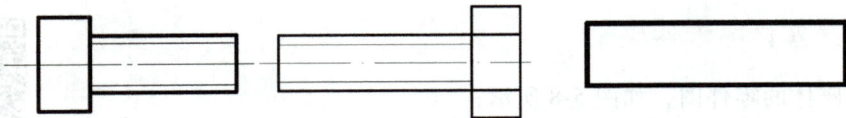

图 5-10　铣刀头所用的零件块（续）

任务 5.3　绘制铣刀头装配图

5.3.1　插入块

以铣刀头装配图的绘制为例，演示块的插入操作。绘图思路是先画中间的轴，即插入中间轴的外部块，再插入左侧轴承和右侧轴承的外部块，然后插入左侧端盖、右侧挡圈、右侧端盖，再插入左侧带轮和键、螺钉等，最后标注尺寸和序号，填写明细栏。具体操作如下。

➤ 打开模板文件，如图 5-11 所示，打开模块四中建立的 A3 模板，另存为在装配图的文件（图 5-12），可以命名为"铣刀头的装配图"；

➤ 在新建立的图纸中，将 A3 图纸删除，改画为 A1 图纸，打开粗实线图层；

➤ 图纸不留装订边，可用输入点的坐标画图框，左下角点坐标为（20，20），右上角点坐标为（800，554），如图 5-13 所示：

➤ 打开"块"选项板，如图 5-14 所示，单击"浏览"按钮，在文件夹中找到轴的外部块文件并单击，比例不变，在绘图区适当位置插入轴的外部块，如图 5-15 所示；

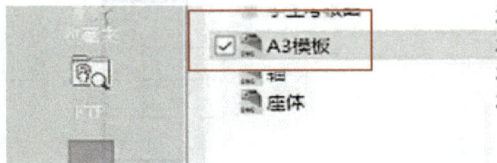

图 5-11　选择模板

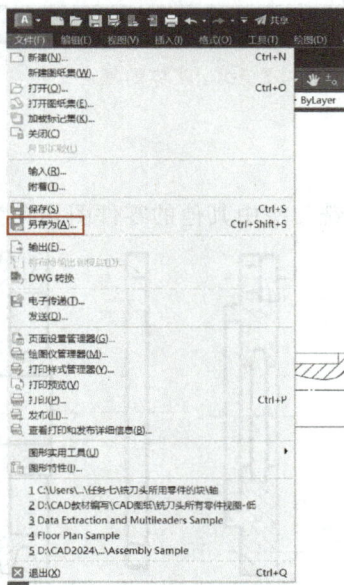

初步绘制装配图

图 5-12　另存文件

图 5-13　绘制 A1 图框

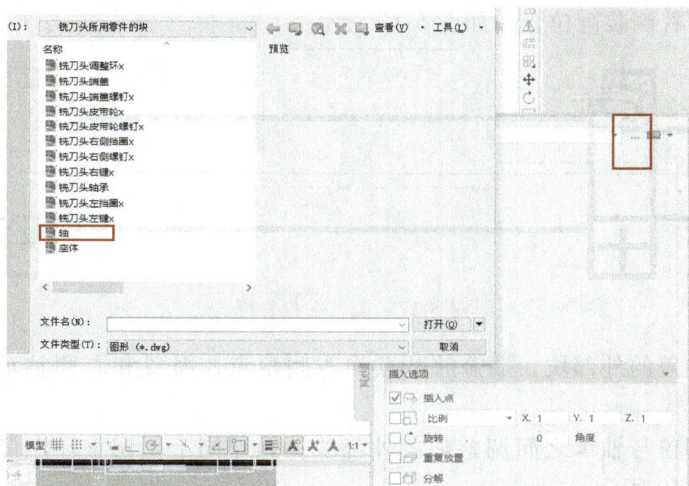

图 5-14　打开"块"选项板

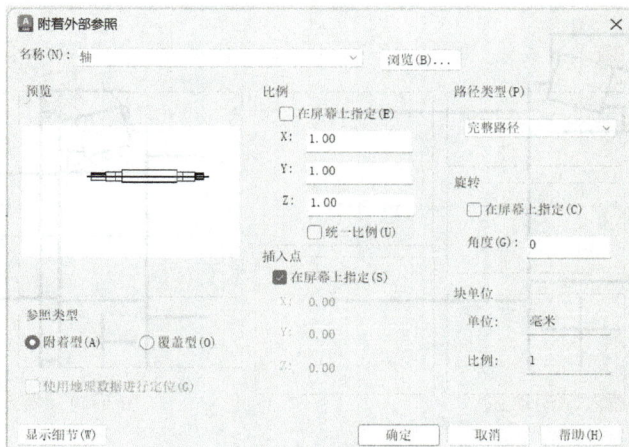

图 5-15　插入轴的外部块

➢ 再插入轴承的外部块，操作同插入轴的外部块。在文件夹中打开轴承的外部块时，注意轴承的基点需同轴的基点重合，如图 5-16 所示，完成轴承外部块的插入；

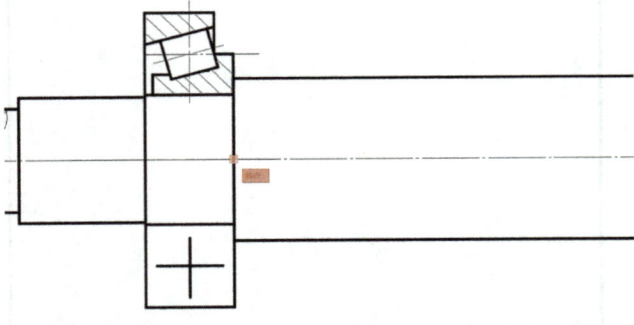

图 5-16　插入轴承的外部块

➢ 在轴的右侧需要插入相同的轴承，与左侧轴承方向相反，可以先将左侧轴承镜像操作，再放置到轴的右侧装配位置，如图 5-17 所示；

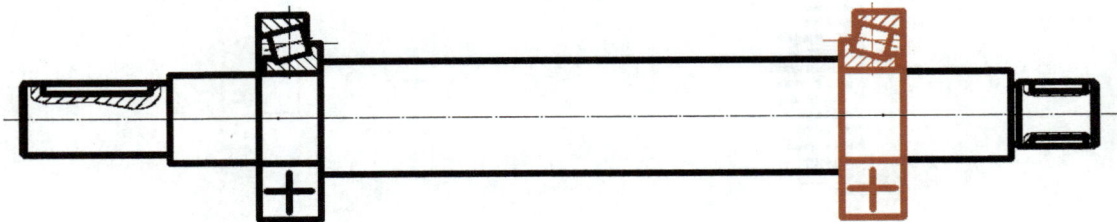

图 5-17　插入右侧轴承

➢ 插入左侧端盖的外部块，端盖的基点为右侧角点，需要和左侧轴承的角点对齐，如图 5-18 所示；
➢ 插入右侧端盖与轴承之间调整环的外部块，操作同上。调整环左侧基点同轴承右侧基点对齐，如图 5-19 所示；

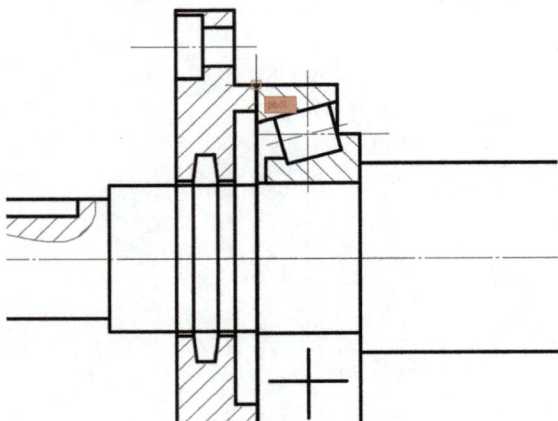

图 5-18　插入左侧端盖

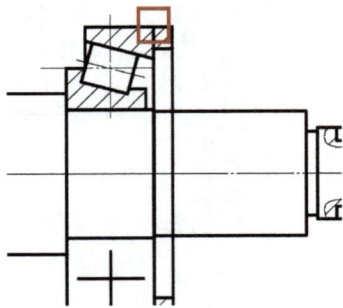

图 5-19　插入调整环

➢ 插入右侧端盖，如图 5-20 所示；

➤ 插入座体的外部块，座体的基点与端盖中心点对齐，座体的基点也可以设置为左上侧角点，结果如图 5-21 所示；

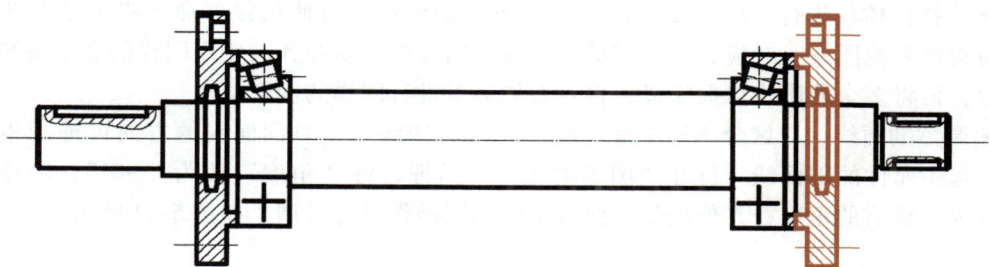

图 5-20 插入右侧端盖

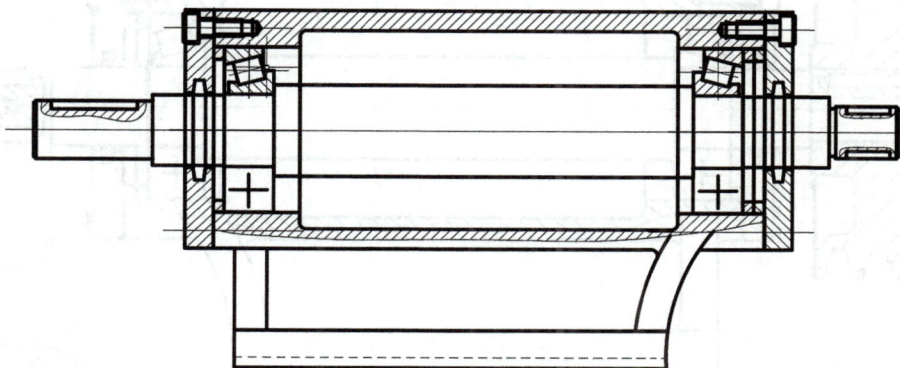

图 5-21 插入座体的外部块

➤ 再插入带轮的外部块、螺钉的外部块等，基本操作同上，不再赘述。

5.3.2 修改图形

运用组装法插入各个零件块，得到的装配图并不符合装配图的画法。部分图线需要修改，就要用到块分解命令。

修改装配图

1. 块分解

如果需要在一个块中单独修改一个或多个对象，可以将块分解为它的组成对象。在将块分解后，可以创建新的块；重定义现有的块；保留组成对象不组合，以供他用；分解的块参照已分解为其组成对象；但是，初始块定义仍存在于图形中，供以后插入。通过选择"插入"对话框中的"分解"选项，可以在插入时自动分解块参照。

分解块命令的输入方式如下。

◆ 菜单栏：【修改】→【分解】。

◆ 功能区："默认"选项卡→"修改"面板→ ▦ 。

◆ 命令行：EXPLODE ↙ 或 X ↙ 。

命令输入后，AutoCAD 提示"选择对象："，用任何一种选择对象的方法选择要分解的对象，完成后回车，所选对象即被分解。

被选定要分解的对象必须适合于分解，否则将出现错误提示信息。

2. 分解铣刀头装配体中的座体块

➤ 命令行输入：EXPLODE ✓ 或 X ✓；

➤ 选择座体块进行分解，将座体分解为单独的图线，再使用修剪命令将多余的图线减掉，与给定装配图一一对应，若有多剪的图线，则需要重新补齐；使用同样的命令将端盖块先分解，再将多余的图线修剪完成，再对右侧端盖进行同样的操作；

➤ 调整剖面线，以区分不同零件。修改完所有图线后，对剖面线的方向再进行相应的调整，选中座体的剖面线，打开"图案填充"对话框，将"角度"改为"90°"，座体中的剖面线为调整后的角度；其他块的剖面线按照相同操作进行微调，如图 5-22 所示。

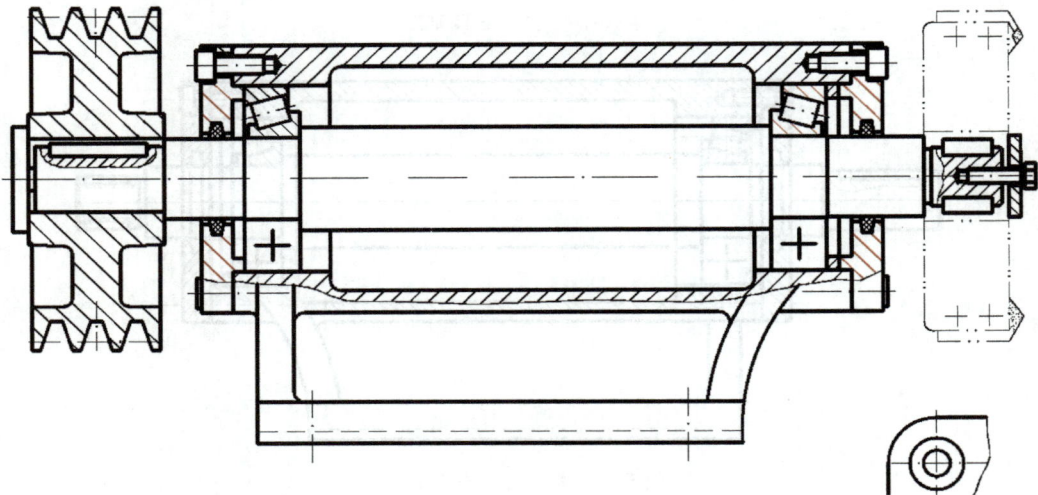

图 5-22　调整剖面线

任务 5.4　创建表格

装配图中需要在标题栏的上方绘制并填写明细栏，此时用到创建表格命令。创建表格时，需先设置表格样式。

5.4.1　设置表格样式

创建表格样式

表格样式命令的输入方式如下。

◆ 菜单栏：【格式】→【表格样式】。

◆ 功能区："默认"选项卡→"绘图"面板→"表格"按钮→"表格样式"按钮。

◆ 命令行：TABLESTYLE ✓。

执行表格样式命令后，系统将打开"表格样式"对话框，如图 5-23 所示；单击【修改】按钮，打开"修改表格样式"对话框，"表格方向"修改为"向上"，如图 5-24 所示。"单元样式"选择"表头"，对齐方式和页边距按照图 5-25 所示修改。单击"文字"选

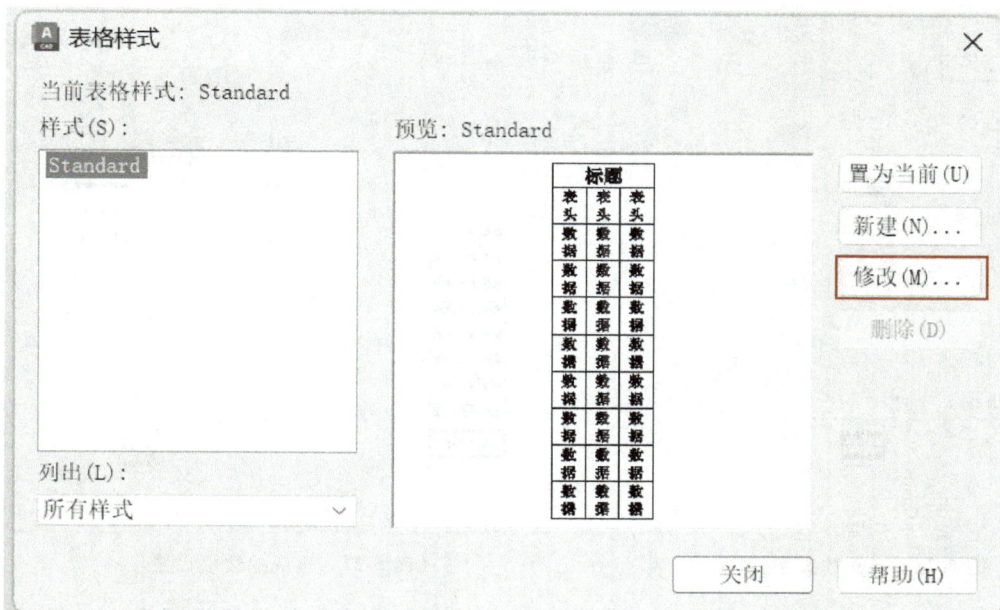

图 5-23　"表格样式"对话框

项卡，按照图 5-26 所示内容修改文字特性。打开"边框"选项卡，"线宽"选择
"0.5mm"，应用到所有边框线，预览可见，如图 5-27 所示。

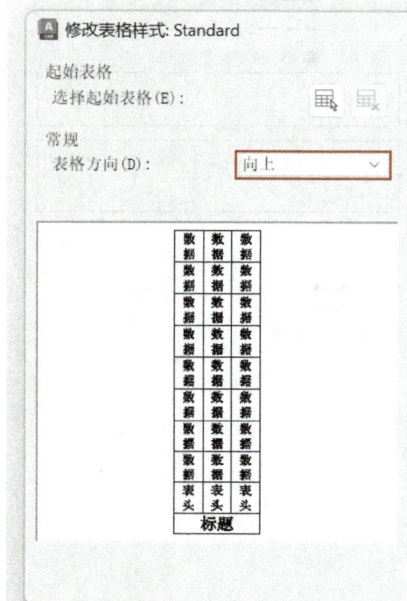

图 5-24　"修改表格样式"对话框

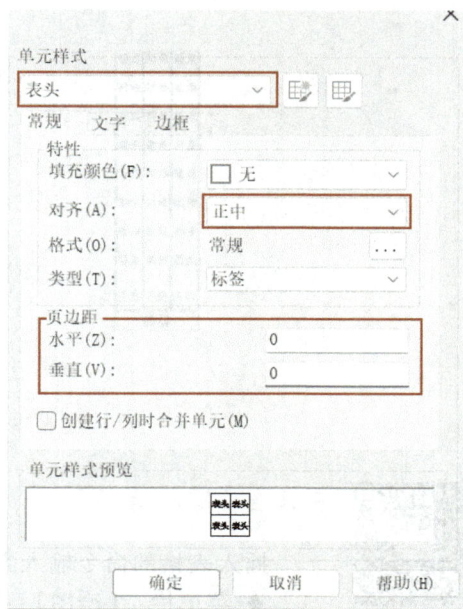

图 5-25　修改表头单元样式

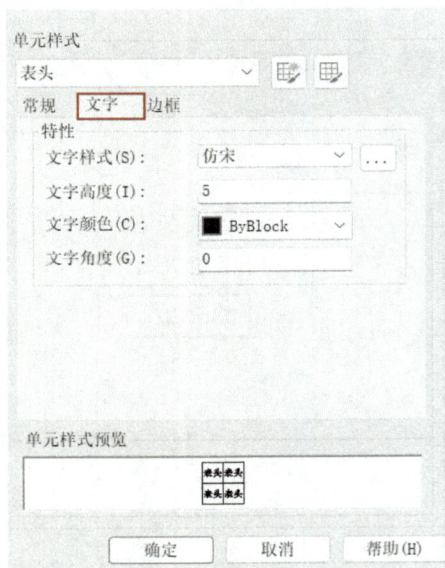

图 5-26　表头的文字特性

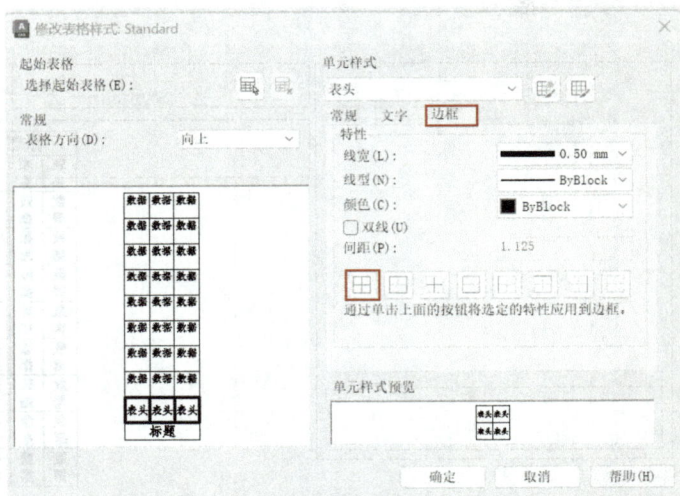

图 5-27　表头的边框设置

　　选择"单元样式"为"数据"，数据的边框、常规和文字特性设置同表头，不再赘述。设置边框时，粗实线应用到左侧和右侧边界线，如图 5-28 所示。

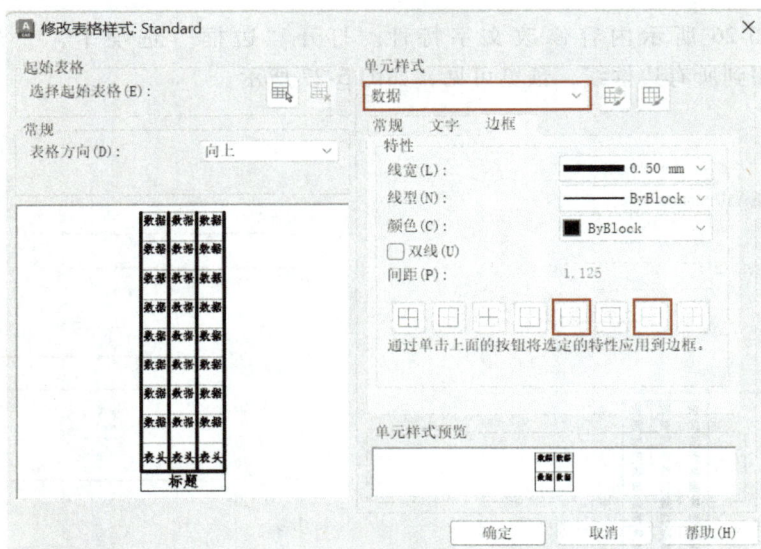

图 5-28　数据的边框设置

5.4.2　插入表格

插入表格

插入表格的命令输入方式如下。

◆ 菜单栏：【绘图】→【表格】。

◆ 工具栏："默认"选项卡"绘图"面板→"表格"按钮。

◆ 命令行：TABLE↙ 或 TB↙。

在菜单栏，单击"绘图"→"表格"命令，打开图 5-29 所示"插入表格"对话框，按照装配图上明细栏的行数、列数和尺寸数据画出需要的表格；设置单元样式时，第一行为"表头"，第二行设置为"数据"，"插入方式"选择"指定插入点"。

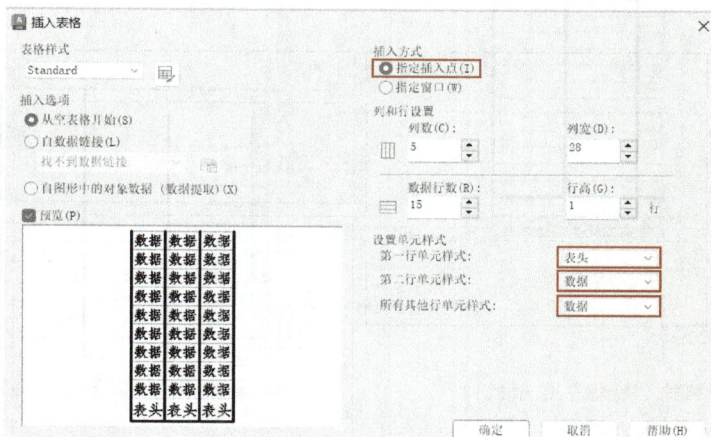

图 5-29 "插入表格"对话框

单击【确定】按钮，插入图 5-30 所示的表格。可以先插入到空白区域，编辑完成后再移动到装配图中。

图 5-30 插入的表格

5.4.3 填写表格

图 5-30 所示插入的表格需要修改列宽和行高。单击选中一个单元格，在右键快捷菜单中选择"特性"，如图 5-31 所示。第一列宽度设置为 10mm，回车，如图 5-32 所示，依次设置第二列宽度为 45mm，第三列设置为 10mm，第四列设置为 35mm，第五列设置为 40mm。再设置行高，所有数据的行高设置为 8mm，表头的行高设置为 16mm，得到图 5-33 所示的表

格。在图5-33所示的表格中表头栏输入序号、名称等内容，如图5-34所示。按照装配图在各表格填写内容即可，具体步骤略去，得到整个表格，如图5-35所示。

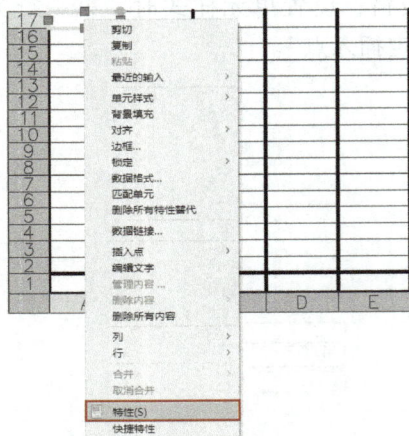

图 5-31   打开单元格的"特性"选项板

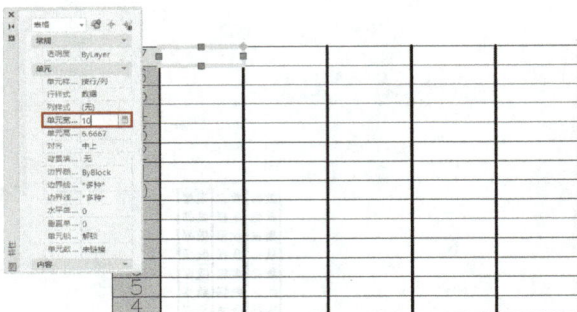

图 5-32   修改表格的列宽

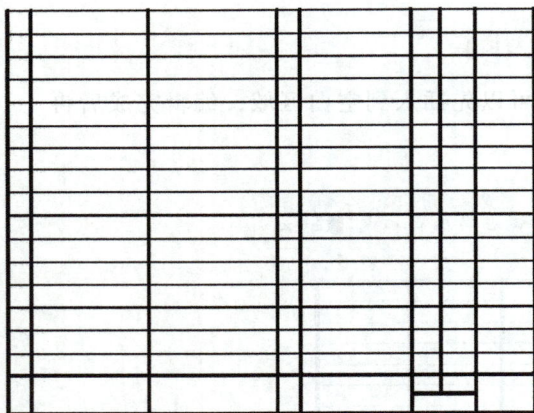

图 5-33   列宽和行高确定的表格

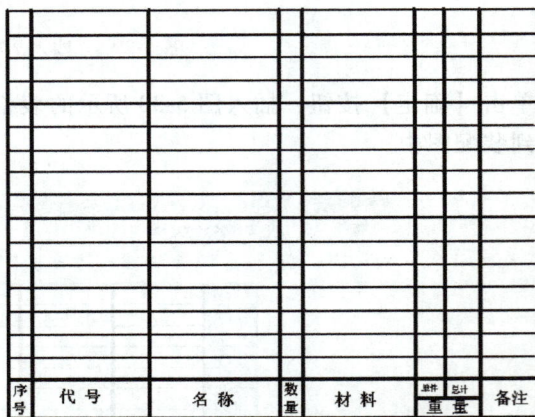

图 5-34   表头填写的内容

序号	代 号	名 称	数量	材 料	单件	总计	备注
16		垫圈	1	65Mn			GB/T93-1987
15		挡圈B32	1	35			GB/T892-1986
14		螺栓M6x20	1	Q235A			GB/T5783-2016
13		键6x6x20	1	45			GB/T1096-2003
12		毡圈	2	半粗羊毛			
11		端盖	2	HT200			
10		螺钉M8x20	12	Q235A			GB/T70.1-2008
9		调整环	1	35			
8		座体	1	HT150			
7		轴	1	45			
6		轴承30307	2				GB/T297-2015
5		键8x7x40	1				GB/T1096-2003
4		带轮A型	1	HT150			
3		销A3x12	1	35			GB/T119.1-2000
2		螺钉M6x20	1				GB/T68-2016
1		挡圈A35	1	35			GB/T891-1986
序号	代 号	名 称	数量	材 料	单件 总计 重量		备 注

图 5-35   填写好内容的表格

整个表格填写好内容后，可以移动到装配图中标题栏的上方，与样图的明细栏样式对比并进行修改，将明细栏中间断开，应用块分解命令将明细栏分解，再按照样图拆分成两部分，分别移动到对应位置。

任务 5.5　输出铣刀头装配图

5.5.1　输出打印设置

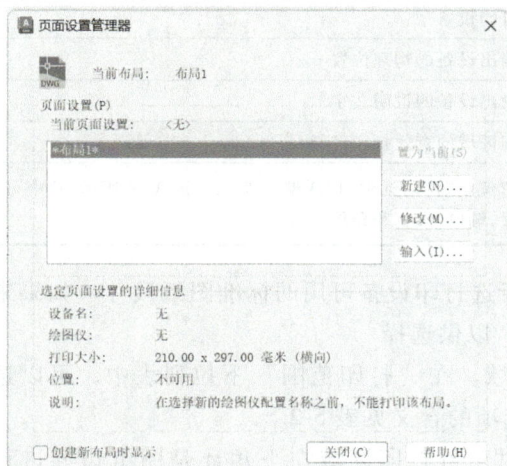

在完成图形的设计和绘制工作后，就要准备打印图形。可以直接在模型空间打印图形，也可以在图纸空间（"布局"标签）打印图形。但较好的方式是在模型空间完成图形后，使用布局功能来创建图形的一个或多个视图的布局，再打印图形。

输出打印设置

打印图形之前，应进行页面设置。页面设置是将有关打印设备、图纸设置、输出选项等进行选择或确定后，创建命名页面设置，而后应用于图形。对同一图形，可以建立多个不同的页面设置。对同一个"布局"或"模型"，可以应用不同的页面设置，因而打印出不同的效果。命名页面设置保存在图形中，还可以输入到其他图形文件中。

1. 页面设置管理器

用 PAGESETUP 命令打开"页面设置管理器"对话框（图 5-36）。命令的输入方式如下。

◆ 菜单栏：【文件】→【页面设置管理器】。

◆ 功能区："输出"选项卡→"打印"面板→ ⎙ 页面设置管理器 。

◆ 命令：PAGESETUP ↙。

命令执行后，系统弹出图 5-36 所示的"页面设置管理器"对话框，可以为当前布局或图纸指定页面设置。单击【新建】按钮，可在现有页面设置基础进行修改，或从其他图纸中输入页面设置，如图 5-37 所示；单击【确定】按钮，对新建页面进行设置，系统弹出图 5-38 所示的"页面设置"对话框。

图 5-36　"页面设置管理器"对话框

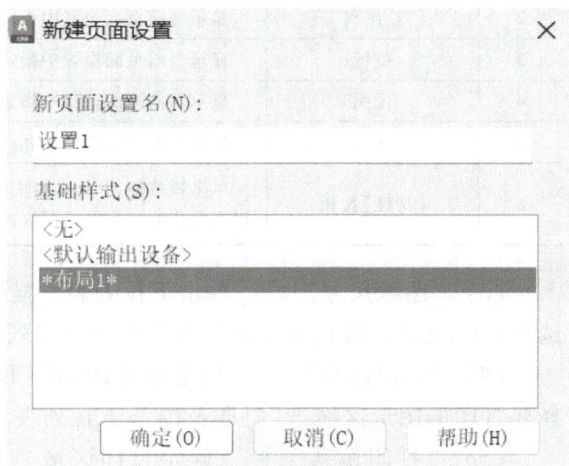

图 5-37　新建页面设置

2．"页面设置"对话框

下面对"页面设置"对话框进行详细介绍。

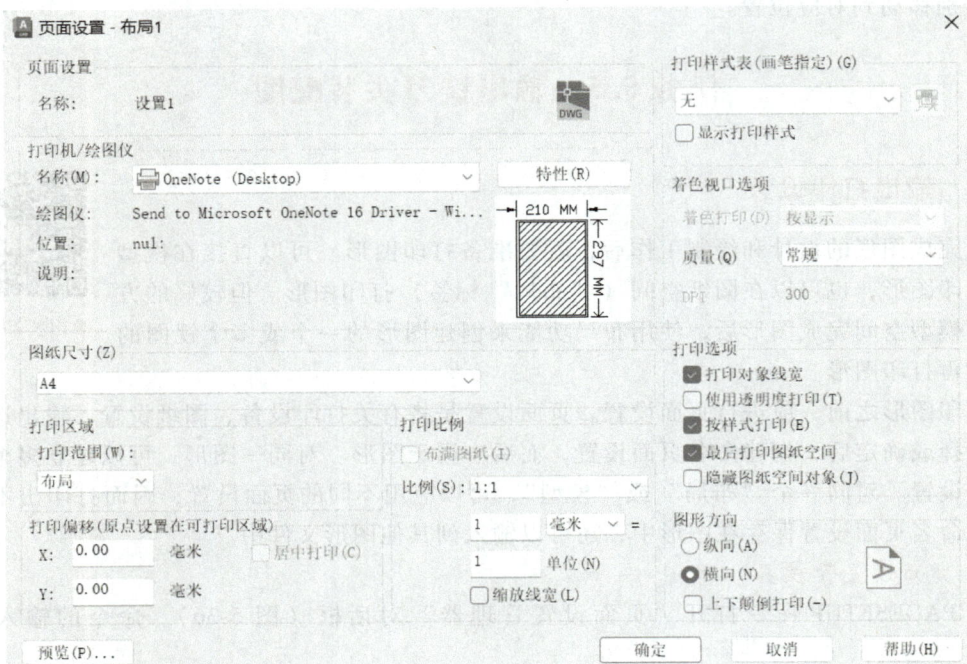

图 5-38 "页面设置"对话框

（1）"页面设置"栏　显示当前页面设置的名称。

（2）"打印机/绘图仪"栏　各选项的含义见表 5-1。

表 5-1 "打印机/绘图仪"栏选项及含义

序号	选项	含义
1	"名称"下拉列表框	列出可用的 PC3 文件或系统打印机，从中进行选择，以打印或发布当前布局或图样
2	绘图仪	显示当前页面设置中指定的打印设备
3	位置	显示当前页面设置中指定的输出设备的物理位置
4	说明	显示当前页面设置中指定的输出设备的说明文字
5	局部预览	显示相对于图纸尺寸和可打印区域的有效打印区域
6	【特性】按钮	单击该按钮，打开"绘图仪配置编辑器"对话框（PC3 编辑器），如图 5-39 所示，从中可以查看或修改当前绘图仪的配置、端口、设备和介质设置

（3）"图纸尺寸"栏　单击下拉列表，显示所选打印设备可用的标准图纸尺寸。如果未选择打印设备，将显示全部标准图纸尺寸的列表，以供选择。

（4）"打印区域"栏　指定要打印的图形区域。在"打印范围"下拉列表中，可以选择要打印的图形区域。"打印范围"下拉列表各选项的含义见表 5-2。

（5）"打印偏移"栏　确定打印区域是相对于可打印区域左下角还是图纸边界进行偏移。

1）在"选项"对话框的"打印和发布"选项卡中，"指定打印偏移时相对于"栏中有两个选项："可打印区域"和"图纸边缘"。选中"可打印区域"，"打印偏移"后面的括号中显示"原点设置在可打印区域"。选中"图纸边缘"，"打印偏移"后面的括号中显示"原点设置在布局边框"。

2）"居中打印"复选框：复选此框后，将自动计算 X 偏移值和 Y 偏移值，在图纸上居中打印。当"打印区域"设置为"布局"时，此选项不可用。

（6）"打印比例"栏　控制图形单位与打印单位之间的缩放比例。打印"布局"时，默认缩放比例设置为 1：1。从"模型"选项卡打印时，默认设置为"布满图纸"。

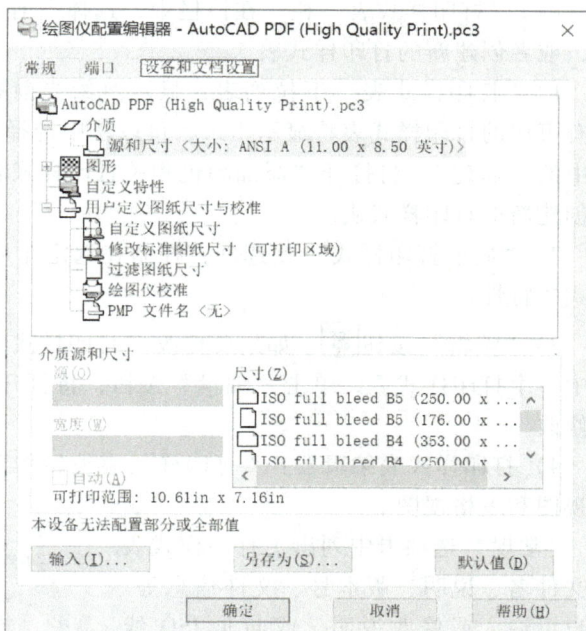

图 5-39　"绘图仪配置编辑器"对话框

表 5-2　"打印范围"下拉列表各选项的含义

序号	选项	含义
1	布局	从"布局"选项卡进行页面设置时，该选项默认显示"布局"。打印布局时，将打印指定图纸尺寸的可打印区域内的所有内容，其原点从布局中的(0,0)点计算得出
2	范围	在"布局"选项卡，打印"图纸尺寸"栏内的所有可见图形。在"模型"选项卡，当前图形中的所有图形对象（非隐藏图形）都将被打印。打印之前，可能会重新生成图形，以重新计算范围
3	显示	打印"模型"选项卡中当前视口中的视图或"布局"选项卡中当前图纸空间视口中的视图
4	视图	打印使用 VIEW 命令保存的视图。可以从列表中选择命名视图。如果图形中没有已保存的视图，则没有此选项
5	窗口	打印指定的图形部分。当在下拉列表中选择此选项时，对话框将暂时关闭，在命令行提示指定第一个角点和对角点。指定后，返回对话框，出现"窗口"按钮，可以通过单击此按钮重新指定窗口角点

1）"布满图纸"：缩放打印图形以布满所选图纸尺寸，并在"比例"下拉列表下面的"毫米/英寸＝"和"单位"框中显示缩放比例因子。

2）"比例"下拉列表：显示图形单位与打印单位之间的缩放比例。单击该下拉列表，用户可选择标准缩放比例，也可选择其中的"自定义"，然后在其下面的"毫米/英寸＝"和"单位"中输入用户定义的比例。

3）"毫米/英寸＝"和"单位"：输入用户自定义的比例。确定在打印时，1 毫米（或 1 英寸）等于多少图形单位。

4）"缩放线宽"复选框：确定线宽的缩放比例与打印比例成正比。通常，线宽用于指定打印对象线的宽度并按线宽尺寸打印，而与打印比例无关。

（7）"打印样式表"栏　在该栏中，选择当前布局或视口的打印样式表、编辑打印样式表，或者创建新的打印样式表。

1）"打印样式表"下拉列表：显示赋给当前布局的一种打印样式表。单击下拉列表，所有可用的打印样式表将显示出来，可以从中选择一个打印样式表用于当前布局。如果选择表中的"新建"，将打开"添加颜色相关打印样式表"向导，按照向导对话框的提示，分几步创建新的打印样式表。

2）"显示打印样式"复选框：控制在选定布局中是否显示和打印已指定给对象的打印样式的特性。

3）"编辑"按钮 ![icon]：如果要更改"打印样式"下拉列表中的一种打印样式的定义，在选中一个打印样式后，单击"编辑"按钮，将打开"打印样式表编辑器"，可对打印样式进行修改。

4）打印样式表编辑器："打印样式表编辑器"如图5-40所示，有三个选项卡：常规、表视图和表格视图。

"常规"选项卡中列出了打印样式表的文件名、说明、版本号、文件信息等。用户可输入或修改说明，或向非 ISO 线型和填充图案应用全局比例因子。

可以在"表视图"选项卡和"表格视图"选项卡中设置用户想要的打印样式，改变打印样式的颜色、淡显、线型、线宽及其他设置。通常，如果打印样式数目较少，使用"表视图"选项卡会方便一些。如果打印样式的数目较多，使用"表格视图"选项卡会更方便。下面以"表格视图"选项卡为例进行说明。

①"特性"栏：先在"打印样式"列表框选中一种样式，然后即可设置打印样式。主要的设置在"特性"栏进行，"特性"栏各项说明如下。

◆"颜色"下拉列表：从中选择对象的打印颜色。打印颜色默认为"使用对象颜色"。如果选择另外一种颜色作为打印颜色，则打印时该颜色会替代对象原来的颜色。如果从下拉列表中选择"选择颜色"，将打开"选择颜色"对话框，可从中选择更多的颜色。

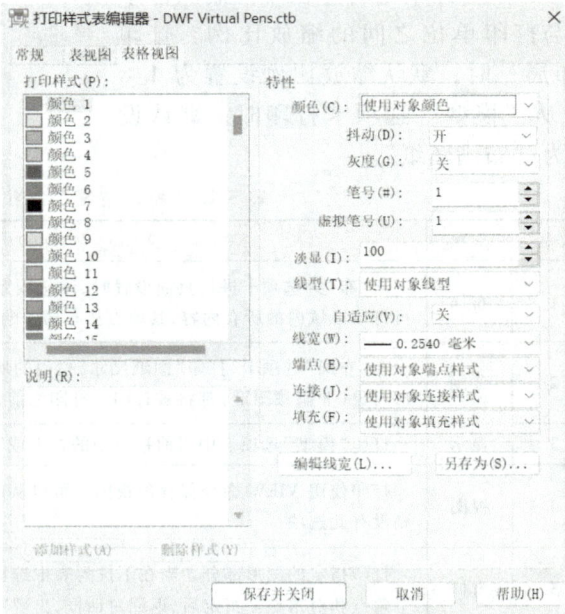

图 5-40　打印样式表编辑器

◆"抖动"下拉列表：如果"抖动"选择"开"，打印机采用抖动来靠近点图案的颜色，从而使打印图形的色彩表现比 AutoCAD 颜色索引（ACI）更为丰富。如果打印机不支持抖动，则抖动设置被忽略。通常情况下，抖动功能是关闭的，以避免由于细矢量抖动所产生的假线显示。关闭抖动也会使暗淡的颜色变得更清楚。当关闭了抖动时，AutoCAD 将颜色映射到最接近的颜色，这样打印时可以使用的颜色会减少。不论使用对象颜色还是指定打印样式颜色，都可以使用抖动。

◆ "灰度"下拉列表：如果打印机支持灰度，当灰度"开"时，则将对象颜色转换为灰度。如果不选择"转换为灰度"选项，AutoCAD 使用对象颜色的 RGB 值。

◆ "笔号"（仅用于笔式绘图仪）：指定打印对象（使用该打印样式）时要使用的笔。

◆ "虚拟笔号"：指定范围为 1~255 的虚拟笔号。许多非笔式绘图仪可以使用虚拟笔来模拟笔式绘图仪。

◆ "淡显"：指定颜色浓度，以确定打印用墨的量。有效范围是 0~100。选择 0 将使颜色变为白色，选择 100 将使颜色以最浓的方式显示。要启用"淡显，则必须选择"启用抖动"选项。

◆ "线型"下拉列表：显示每种线型的样例和说明列表。打印线型默认为"使用对象线型"。如果指定了打印线型，在打印时该线型将替代对象线型。

◆ "自适应"下拉列表：调整线型的比例，以完成线型图案。如果不选择"自适应调整"，则线条有可能在图案的中间中断。如果线型比例比较重要，则应关闭"自适应调整"。如果完成线型图案比正确的线型比例还重要，则应启用"自适应调整"。

◆ "线宽"下拉列表：显示线宽的样例和数值。可以以毫米为单位指定线宽的数值。打印线宽默认为"使用对象线宽"。如果指定了打印线宽，则在打印时该线宽将替代对象线宽。

◆ "端点"下拉列表：线条端点样式默认为"使用对象端点样式"。可从该下拉列表选择"柄形"等端点样式。如果指定了线条端点样式，则在打印时该线条端点样式将替代对象端点样式。

◆ "连接"下拉列表：线条连接样式默认为"使用对象连接样式"。可从该下拉列表选择"斜接"等连接样式。如果指定了一个线条连接样式，则在打印时该线条连接样式将替代对象连接样式。

◆ "填充"下拉列表：填充样式默认为"使用对象填充样式"。可从该下拉列表选择其他填充样式。如果指定了一个填充样式，则在打印时该填充样式将替代对象填充样式。

② "打印样式表编辑器"的几个命令按钮。

◆【编辑线宽】按钮：单击该按钮，将打开"编辑线宽"对话框。有 28 种线宽可以用于打印样式表中的打印样式。如果在打印样式表的线宽列表中不存在需要的线宽，则可以编辑一个已有的线宽。不能向打印样式表列表中添加线宽，也不能从中删除线宽。

◆【另存为】按钮：单击该按钮，将显示"另存为"对话框，可将打印样式表保存到一个新文件。

◆【添加样式】按钮：用于向一个命名打印样式表添加一个新的打印样式。

◆【删除样式】按钮：用于从打印样式表中删除选定样式。

（8）"着色视口选项"栏　指定着色和渲染视口的打印方式，并确定它们的分辨率大小和每英寸的点数（DPI）。

1）"着色打印"下拉列表：指定视图的打印方式。仅在"模型"选项卡中才可用。从下拉列表中可选择的项目如下。

① 传统打印选项。

◆ "按显示"：按对象在屏幕上的显示方式打印，即屏幕怎样显示，就怎样打印。

◆ "线框"：在线框中打印对象，不考虑对象在屏幕上的显示方式。

◆ "消隐"：打印对象时消除隐藏线，不考虑对象在屏幕上的显示方式。

② 按打印质量的选项：常规、预览、草稿、演示、最高、自定义。

2）"质量"下拉列表：指定渲染和着色模型空间视图的打印分辨率。从下拉列表中可选择的项目如下。

◆ 草图：将渲染和着色模型空间视图设置为线框打印。

◆ 预览：打印分辨率设置为当前设备分辨率的四分之一，DPI 最大值为 150。

◆ 常规：打印分辨率设置为当前设备分辨率的二分之一，DPI 最大值为 300。

◆ 演示：打印分辨率设置为当前设备的分辨率，DPI 最大值为 600。

◆ 最大值：打印分辨率设置为当前设备的分辨率。

◆ 自定义：打印分辨率设置为 "DPI" 框中用户指定的分辨率，最大为当前设备的分辨率。

3）"DPI" 文本框：指定渲染和着色视图每英寸的点数，最大可为当前打印设备分辨率的最大值。只有在 "质量" 下拉列表中选择了 "自定义" 后，此选项才可用。

（9）"打印选项" 栏　指定打印对象使用的线宽、打印样式、隐藏线和次序选项。

◆ "打印对象线宽"：指定是否打印指定给对象和图层的线宽。

◆ "使用透明度打印"：指定是否打印对象透明度。仅当打印具有透明对象的图形时，才应使用此选项。

◆ "按样式打印"：指定是否打印应用于对象和图层的打印样式。

◆ "最后打印图纸空间"：首先打印模型空间的图形。通常是先打印图纸空间几何图形，然后再打印模型空间几何图形。

◆ "隐藏图纸空间对象"：指定是否在图纸空间视口中的对象上应用 "隐藏" 操作。此选项仅在布局选项卡中可用。此设置的效果反映在打印预览中，而不反映在布局中。

（10）"图形方向" 栏　为支持纵向或横向的绘图仪指定图形在图纸上的打印方向。

◆ "纵向"：纵向放置并打印图形，使图纸的短边位于图形页面的顶部。

◆ "横向"：横向放置并打印图形，使图纸的长边位于图形页面的顶部。

◆ "上下颠倒打印"：上下颠倒地放置并打印图形。

◆ 图标：指示选定图纸的介质方向并用图纸上的字母表示页面上的图形方向。

（11）【预览】按钮　按执行 PREVIEW 命令时在图纸上打印的方式显示图形。要退出打印预览并返回 "页面设置" 对话框，可单击预览窗口的 "关闭预览窗口" 按钮，或按 <Esc> 键，或右击并在快捷菜单上单击 "退出"。

5.5.2　页面设置操作过程

1. 页面设置

➢ 输入 PAGESETUP 命令，打开 "页面设置管理器"。在 "页面设置管理器" 中单击【新建】按钮，创建新的页面设置；或单击【输入】按钮，输入其他文件中的页面设置；

➢ 将页面设置应用于布局。激活某一布局，在 "页面设置管理器" 的 "页面设置列表" 中选择一个页面设置，单击【置为当前】按钮，关闭 "页面设置管理器"；

➢ 查看效果。从当前画面观察效果或单击标准工具栏（或 "草图与注释" 工作空间下 "输出" 选项卡→"打印" 面板）上的 "打印预览" 按钮，观察打印效果。如果满意，页面设置完成。如果不满意，重新打开"页面设置管理器"，选择另外的页面设置并应用到当前布局；或新建另外的页面设置并应用到当前布局；或选中一个页面设置，单击【修改】按钮，修改该页面设置，而后应用到当前布局。

2. 打印图纸

在"页面设置"对话框中选择、修改或确定页面设置的内容。

➤ 在"打印机/绘图仪"栏选择一个打印机。如果需要查看和修改打印机的配置，单击【特性】按钮，显示"绘图仪配置编辑器"对话框，以查看和修改打印机的配置信息；

➤ 从"打印样式表"栏的下拉列表中选择一个打印样式表或新建打印样式表，以应用到当前布局中；如果需要修改打印样式表，单击"编辑"按钮，显示"打印样式表编辑器"对话框，以查看和修改打印样式；

➤ 在"图纸尺寸"栏选择"ISO A1"，如图 5-41 所示；

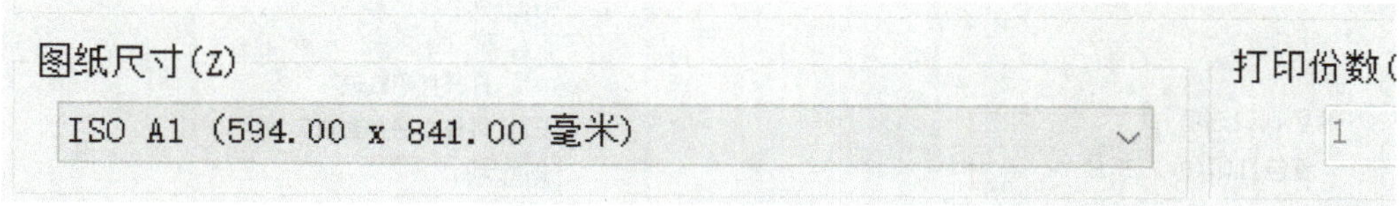

图纸尺寸(Z)　　　　　　　　　　　　　　　　　　　　　　　　打印份数(

ISO A1 (594.00 x 841.00 毫米)　　　　　　　　　　　1

图 5-41　图纸尺寸选择

➤ 在"打印区域"栏选择要打印的范围，选择"窗口"选项，选择范围如图 5-42 所示；

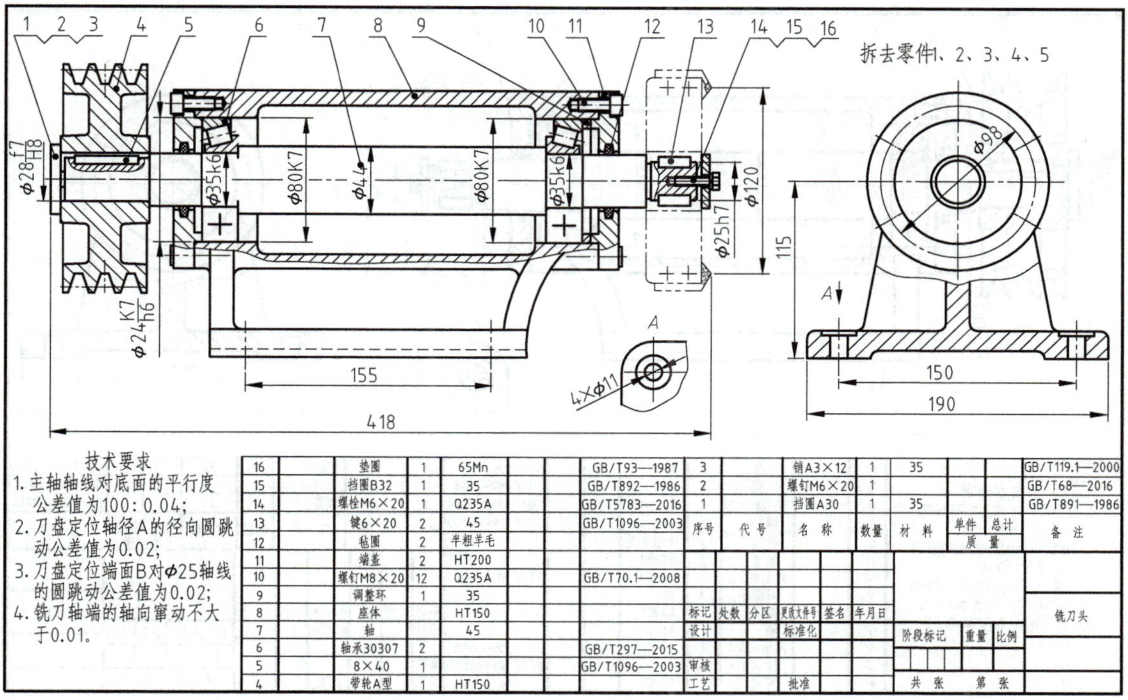

图 5-42　打印区域设置

➤ 在"打印偏移"栏，选择"居中打印"即可；

➤ 在"打印比例"栏，选择 1：1 打印；

➤ 在"着色视口选项"栏，"着色打印"选择"按显示"，"质量"选择"常规"，如图 5-43 所示；

➤ 在"打印选项"栏，选择"打印对象线宽"和"按样式打印"。

➤ 在"图形方向"栏，选择打印方向为"横向"，如图 5-44 所示；

➤ 单击【预览】按钮，结果如图 5-45 所示。

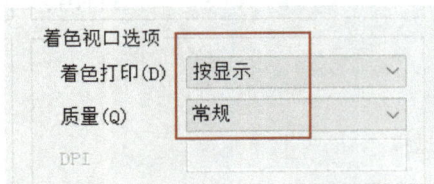

图 5-43　"着色视口选项"设置

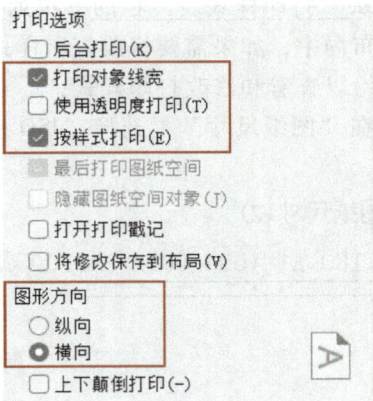

图 5-44　图形方向设置

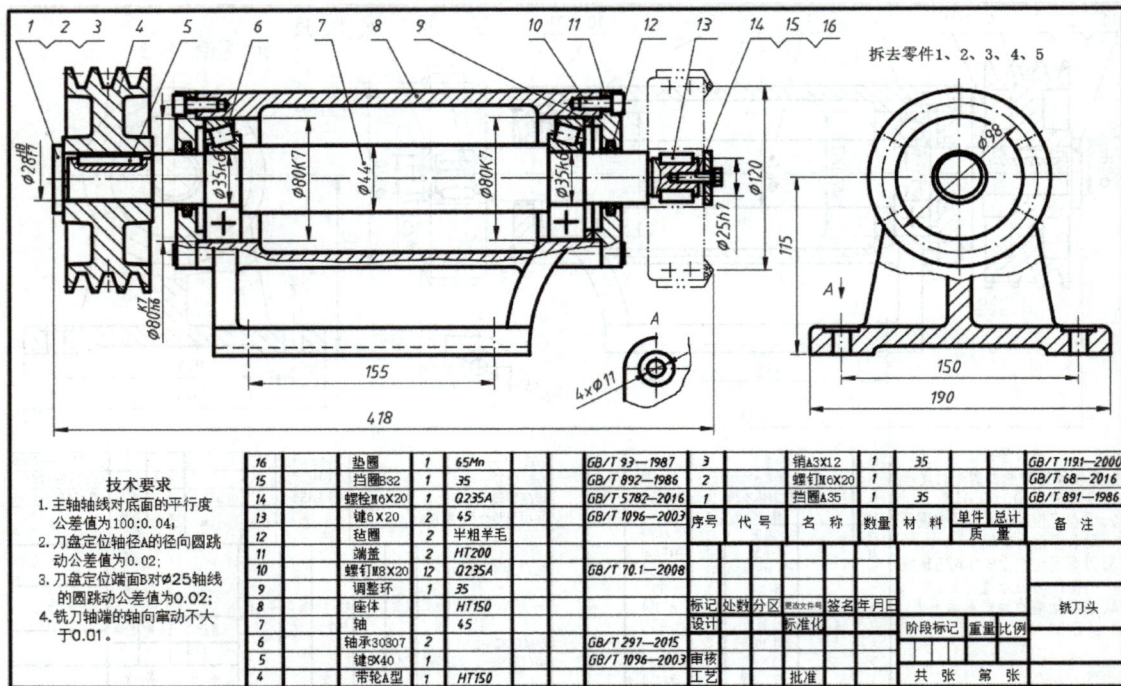

图 5-45　打印预览

技术要求

1. 主轴轴线对底面的平行度公差值为100:0.04；
2. 刀盘定位轴径A的径向圆跳动公差值为0.02；
3. 刀盘定位端面B对∅25轴线的圆跳动公差值为0.02；
4. 铣刀端面的轴向窜动不大于0.01。

16		垫圈	1	65Mn		GB/T 93—1987	3		销A3X12	1	35		GB/T 1191—2000
15		挡圈B32	1	35		GB/T 892—1986	2		螺钉M6X20	1			GB/T 68—2016
14		螺栓M6X20	1	Q235A		GB/T 5782—2016	1		挡圈A35	1	35		GB/T 891—1986
13		键6X20	1	45		GB/T 1096—2003	序号	代号	名 称	数量	材料	单件 总计 质量	备 注
12		毡圈	2	半粗羊毛									
11		端盖	1	HT200									
10		螺钉M8X20	12	Q235A		GB/T 70.1—2008							
9		调整环	1	35								铣刀头	
8		座体	1	HT150			标记 处数 分区	更改文件号	签名 年月日				
7		轴	1	45			设计		标准化		阶段标记	重量 比例	
6		轴承30307	2			GB/T 297—2015	审核						
5		键8X40	1	45		GB/T 1096—2003	工艺		批准			共 张 第 张	
4		带轮A型	1	HT150									

习　题

1. 根据图 5-46~图 5-50 所示的手压阀各零件图，按 1：1 比例画手压阀装配图（装配示意图如图 5-51 所示），标注必要尺寸。

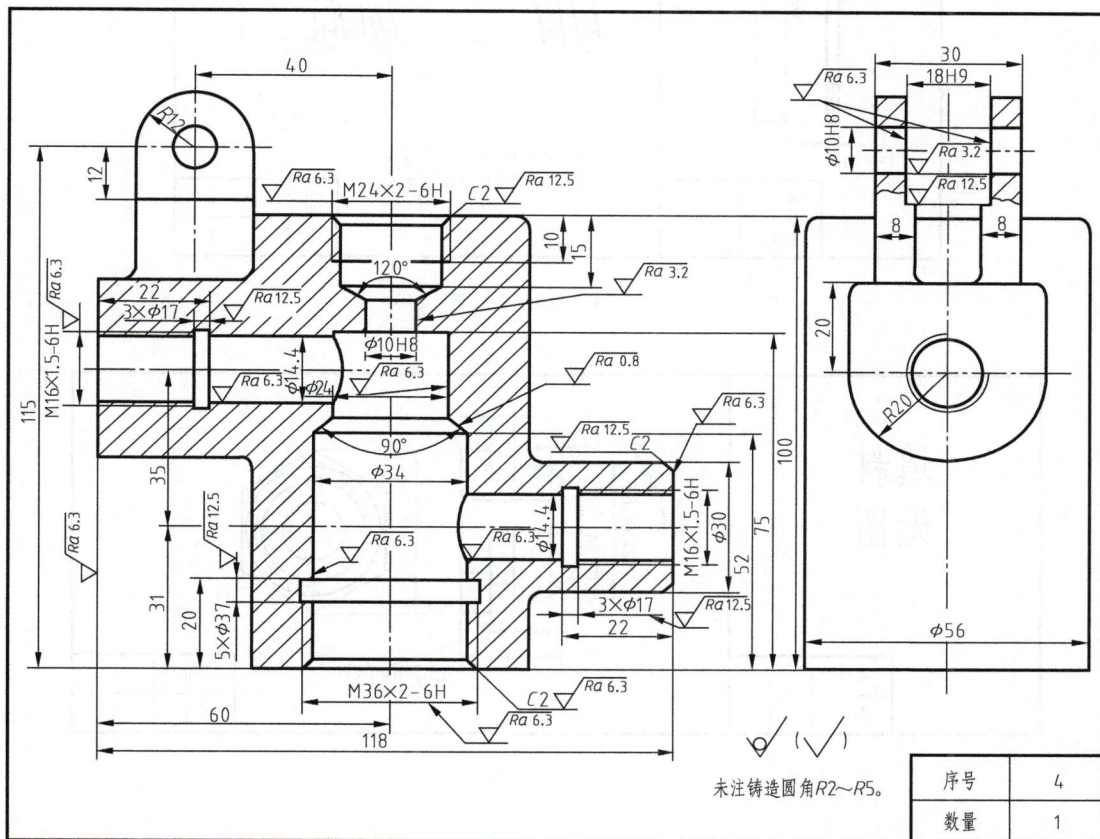

图 5-46　阀体

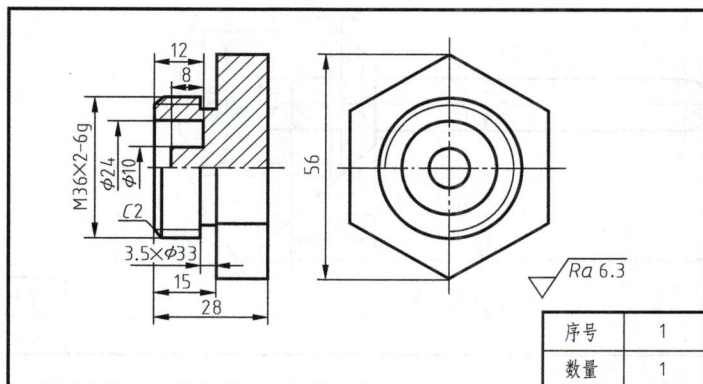

图 5-47　螺母

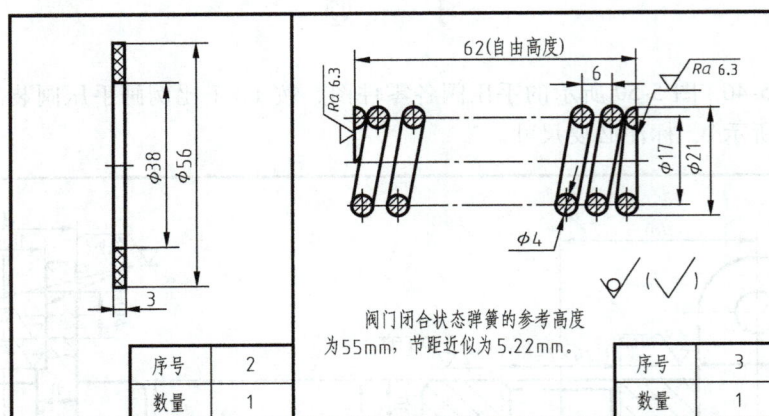

图 5-48　垫片、弹簧

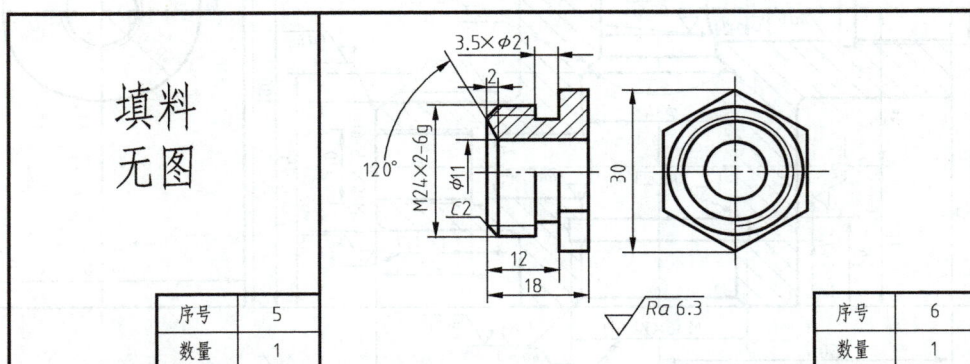

图 5-49　压盖

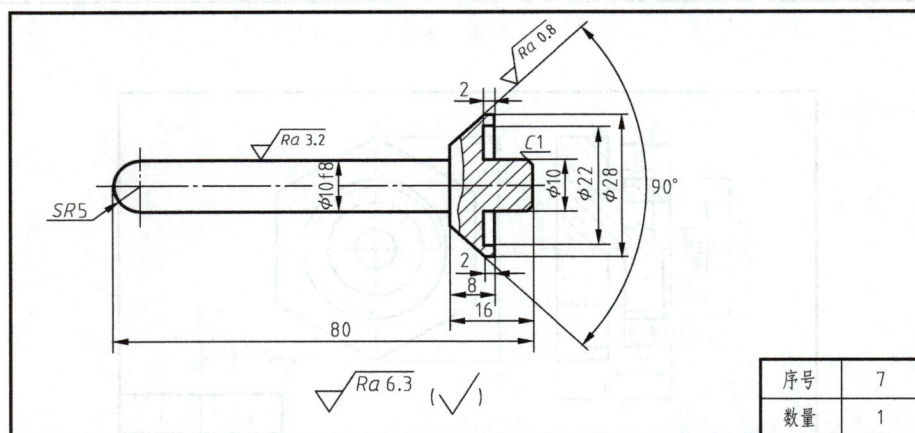

图 5-50　阀杆

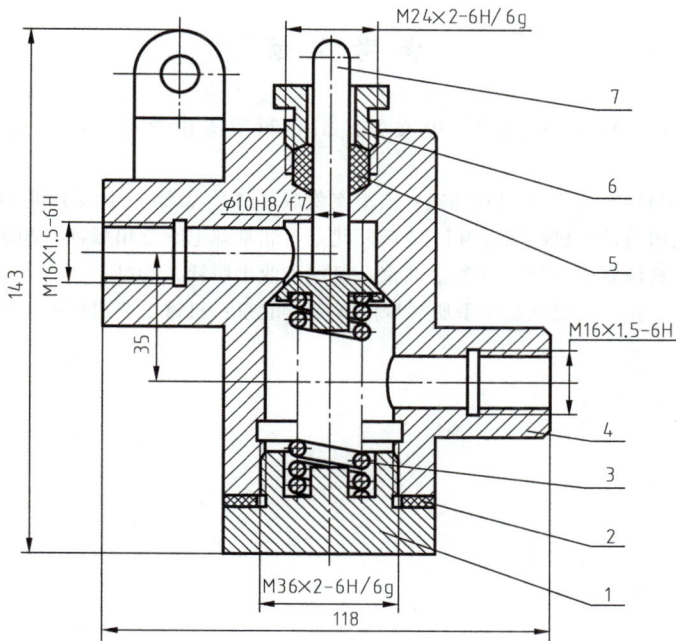

图 5-51　手压阀的装配示意图

2. 识读图 5-52 所示柱塞泵装配图，拆画件 1、6、12 和 13 的零件图。

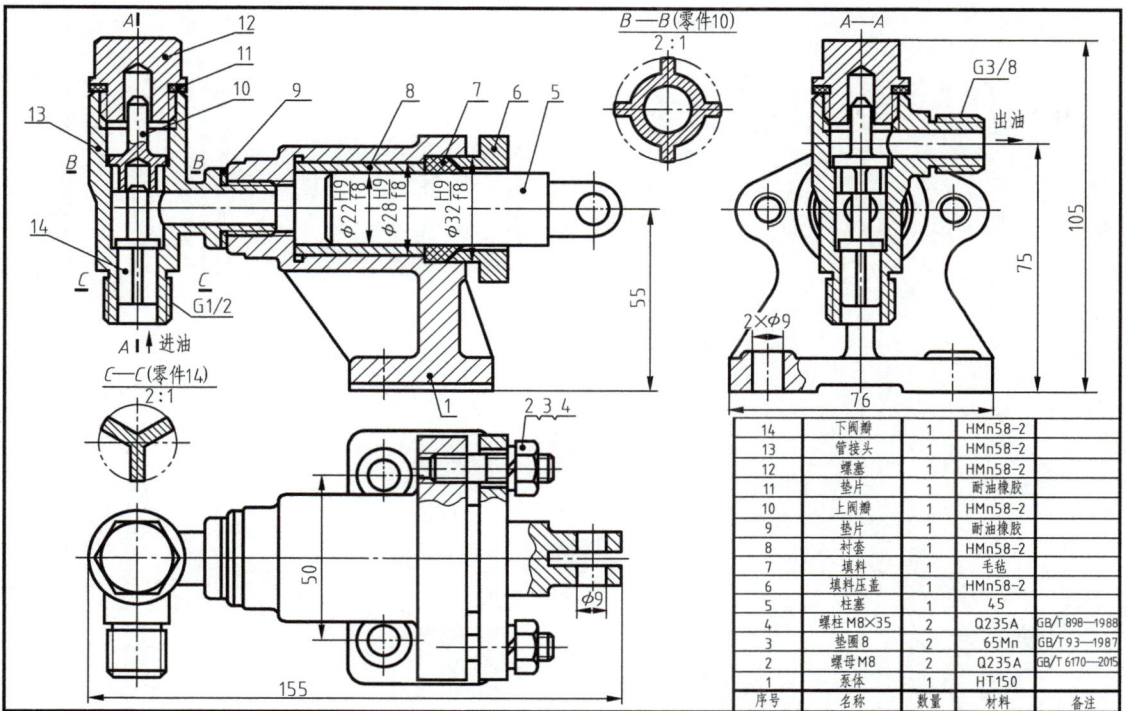

14	下阀瓣	1	HMn58-2	
13	管接头	1	HMn58-2	
12	螺塞	1	HMn58-2	
11	垫片	1	耐油橡胶	
10	上阀瓣	1	HMn58-2	
9	垫片	1	耐油橡胶	
8	衬套	1	HMn58-2	
7	填料	1	毛毡	
6	填料压盖	1	HMn58-2	
5	柱塞	1	45	
4	螺柱 M8×35	2	Q235A	GB/T 898—1988
3	垫圈 8	2	65Mn	GB/T 93—1987
2	螺母 M8	2	Q235A	GB/T 6170—2015
1	泵体	1	HT150	
序号	名称	数量	材料	备注

图 5-52　柱塞泵装配图

参 考 文 献

［1］ 杨老记，梁海利. AutoCAD 2013（中文版）工程制图实用教程［M］. 北京：机械工业出版社，2014.

［2］ 天工在线. AutoCAD 2024从入门到精通：实战案例版［M］. 北京：中国水利水电出版社，2023.

［3］ 邵娟琴. 机械制图与计算机绘图［M］. 3版. 北京：北京邮电大学出版社，2020.

［4］ 马英，杨老记. 机械制图［M］. 4版. 北京：机械工业出版社，2021.

［5］ 叶玉驹，焦永和，张彤. 机械制图手册［M］. 5版. 北京：机械工业出版社，2012.